石油科技知识系列读本
SHIYOU KEJI ZHISHI XILIE DUBEN

储层

地震学

Reservoir Seismology: Geophysics in Nontechnical Language

作者：Mamdouh R.Gadallah

翻译：刘怀山

U0350089

石油工业出版社

内 容 提 要

本书用简练的语言全面系统地介绍了储层地震学。内容包括地震勘探基本原理、地震数据采集、地震数据处理、偏移、模拟、垂直地震剖面、AVO 分析、三维地震勘探、层析成像、地震解释、应用实例等。在各章提供了小结和讨论、习题，以及一些主要关键词和参考文献。

本书可供从事储层地球物理专业的科研和工程技术人员、地质人员、野外工作人员、勘探管理人员、大学本科生、研究生参考。

图书在版编目（CIP）数据

储层地震学 /（美）Mamdouh R. Gadallah 著；刘怀山译 .
北京：石油工业出版社，2009.12
（石油科技知识系列读本）
书名原文：Reservoir Seismology
ISBN 978－7－5021－6194－1

Ⅰ . 储…
Ⅱ . ① M…②刘…
Ⅲ . 储集层－地震勘探
Ⅳ . P618.130.8

中国版本图书馆 CIP 数据核字（2007）第 113873 号

本书经 PennWell Publishing Company 授权翻译出版，中文版权归石油工业出版社所有，侵权必究。著作权合同登记号：图字 01-2002-3655

出版发行：石油工业出版社
　　　　　（北京安定门外安华里 2 区 1 号　　100011）
网　　址：www.petropub.com.cn
发 行 部：(010) 64210392
经　　销：全国新华书店
印　　刷：石油工业出版社印刷厂

2009 年 12 月第 1 版　　2010 年 10 月第 2 次印刷
787×960 毫米　开本：1/16　印张：21.75
字数：350 千字

定价：58.00 元

（如出现印装质量问题，我社发行部负责调换）

版权所有，翻印必究

《石油科技知识系列读本》编委会

主　　任：王宜林

副 主 任：刘振武　袁士义　白泽生

编　　委：金　华　何盛宝　　　　张　镇

　　　　　刘炳义　刘喜林　刘克雨　孙星云

翻译审校：（按姓氏笔画排列）

尹志红　王　震　王大锐　王鸿雁　王新元

王瑞华　艾　池　乔　柯　刘　刚　刘云生

刘怀山　刘建达　刘欣梅　刘海洋　孙晓春

朱珊珊　吴剑锋　张　颖　张国忠　李　旭

李　莉　李大荣　李凤升　李长俊　李旭红

杨向平　杨金华　汪先珍　苏宇凯　邵　强

胡月亭　赵俊平　赵洪才　唐　红　钱　华

高淑梅　高雄厚　高群峰　康新荣　曹文杰

梁　猛　阎子峰　黄　革　黄文芬　黎发文

丛书序言

石油天然气是一种不可再生的能源，也是一种重要的战略资源。随着世界经济的发展，地缘政治的变化，世界能源市场特别是石油天然气市场的竞争正在不断加剧。

我国改革开放以来，石油需求大体走过了由平缓增长到快速增长的过程。"十五"末的 2005 年，全国石油消费量达到 3.2 亿吨，比 2000 年净增 0.94 亿吨，年均增长 1880 万吨，平均增长速度达 7.3%。到 2008 年，全国石油消费量达到 3.65 亿吨。中国石油有关研究部门预测，2009 年中国原油消费量约为 3.79 亿吨。虽然增速有所放缓，但从现在到 2020 年的十多年时间里，我国经济仍将保持较高发展速度，工业化进程特别是交通运输和石化等高耗油工业的发展将明显加快，我国石油安全风险将进一步加大。

中国石油作为国有重要骨干企业和中央企业，在我国国民经济发展和保障国家能源安全中，承担着重大责任和光荣使命。针对这样一种形势，中国石油以全球视野审视世界能源发展格局，把握国际大石油公司的发展趋势，从肩负的经济、政治、社会三大责任和保障国家能源安全的重大使命出发，提出了今后一个时期把中国石油建设成为综合性国际能源公司的奋斗目标。

中国石油要建设的综合性国际能源公司，既具有国际能源公司的一般特征，又具有中国石油的特色。其基本内涵是：以油气业务为核心，拥有合理的相关业务结构和较为完善的业务链，上下游一体化运作，国内外业务统筹协调，油公司与工程技术服务公司等整体协作，具有国际竞争力的跨国经营企业。

经过多年的发展，中国石油已经具备了相当的规模实力，在国内勘探开发领域居于主导地位，是国内最大的油气生产商和供应商，也是国内最大的炼油化工生产供应商之一，并具有强大的工程技术服务能力和施工建设能力。在全球500家大公司中排名第25位，在世界50家大石油公司中排名第5位。

尽管如此，目前中国石油仍然是一个以国内业务为主的公司，国际竞争力不强；业务结构、生产布局不够合理，炼化和销售业务实力较弱，新能源业务刚刚起步；企业劳动生产率低，管理水平、技术水平和盈利水平与国际大公司相比差距较大；企业改革发展稳定中的一些深层次矛盾尚未根本解决。

党的十七大报告指出，当今世界正在发生广泛而深刻的变化，当代中国正在发生广泛而深刻的变革。机遇前所未有，挑战也前所未有，机遇大于挑战。新的形势给我们提出了新的要求。为了让各级管理干部、技术干部能够在较短时间内系统、深入、全面地了解和学习石油专业技术知识，掌握现代管理方法和经验，石油工业出版社组织翻译出版了这套《石油科技知识系列读本》。整体翻译出版国外已成系列的此类图书，既可以从一定意义上满足石油职工学习石油科技知识的需求，也有助于了解西方国家有关石油工业的一些新政策、新理念和新技术。

希望这套丛书的出版，有助于推动广大石油干部职工加强学习，不断提高理论素养、知识水平、业务本领、工作能力。进而，促进中国石油建设综合性国际能源公司这一宏伟目标的早日实现。

2009 年 3 月

丛 书 前 言

为了满足各级科技人员、技术干部、管理干部学习石油专业技术知识和了解国际石油管理方法与经验的需要，我们整体组织翻译出版了这套由美国 PennWell 出版公司出版的石油科技知识系列读本。PennWell 出版公司是一家以出版石油科技图书为主的专业出版公司，多年来一直坚持这一领域图书的出版，在西方石油行业具有较大的影响，出版的石油科技图书具有比较高的质量和水平，这套丛书是该社历时 10 余年时间组织编辑出版的。

本次组织翻译出版的是这套丛书中的 20 种，包括《能源概论》、《能源营销》、《能源期货与期权交易基础》、《石油工业概论》、《石油勘探与开发》、《储层地震学》、《石油钻井》、《石油测井》、《油气开采》、《石油炼制》、《石油加工催化剂》、《石油化学品》、《天然气概论》、《天然气与电力》、《油气管道概论》、《石油航运（第 I 卷)》、《石油航运（第 II 卷)》、《石油经济导论》、《油公司财务分析》、《油气税制概论》。希望这套丛书能够成为一套实用性强的石油科技知识系列图书，成为一套在石油干部职工中普及科技知识和石油管理知识的好教材。

这套丛书原名为"Nontechnical Language Series"，直接翻译成中文即"非专业语言系列图书"，实际上是供非本专业技术人员阅读使用的，按照我们的习惯，也可以称作石油科技知识通俗读本。这里所称的技术人员特指在本专业有较深造诣的专家，而不是我们一般意义上所指的科技人员。因而，我们按照其本来的含义，并结合汉语习惯和我国的惯例，最终将其定名为《石油科技知识系列读本》。

总体来看，这套丛书具有以下几个特点：

（1）题目涵盖面广，从上游到下游，既涵盖石油勘探与开发、工程技术、炼油化工、储运销售，又包括石油经济管理知识和能源概论；

（2）内容安排适度，特别适合广大石油干部职工学习石油科技知识和经济管理知识之用；

（3）文字表达简洁，通俗易懂，真正突出适用于非专业技术人员阅读和学习；

（4）形式设计活泼、新颖，其中有多种图书还配有各类图表，表现直观、可读性强。

本套丛书由中国石油天然气集团公司科技管理部牵头组织，石油工业出版社具体安排落实。

在丛书引进、翻译、审校、编排、出版等一系列工作中，很多单位给予了大力支持。参与丛书翻译和审校工作的人员既包括中国石油天然气集团公司机关有关部门和所属辽河油田、石油勘探开发研究院的同志，也包括中国石油化工集团公司江汉油田的同志，还包括清华大学、中国海洋大学、中国石油大学（北京）、中国石油大学（华东）、大庆石油学院、西南石油大学等院校的教授和专家，以及BP、斯伦贝谢等跨国公司的专家学者等。需要特别提及的是，在此项工作的前期，从事石油科技管理工作的老领导傅诚德先生对于这套丛书的版权引进和翻译工作给予了热情指导和积极帮助。在此，向所有对本系列图书翻译出版工作给予大力支持的领导和同志们致以崇高的敬意和衷心的感谢！

由于时间紧迫，加之水平所限，丛书难免存在翻译、审校和编辑等方面的疏漏和差错，恳请读者提出批评意见，以便我们下一步加以改正。

《石油科技知识系列读本》编辑组
2009 年 6 月

译 者 的 话

由 Mamdouh R. Gadallah 所著的《储层地震学》(Reservoir Seismology) 可以说是近年来国外地球物理界广泛使用的一部教材，受到许多地球物理工作者的欢迎。这本书几乎囊括了储层地震学各方面的内容，包括地震勘探基本原理、地震数据采集、地震数据处理、偏移、模拟、垂直地震剖面、AVO 分析、三维地震勘探、层析成像、地震解释、应用实例等。各章还提供了小结和讨论、习题，以及一些主要关键词和参考文献等。

本书语言通俗易懂，概念清晰，叙述简练，图形清楚明了。正文公式并不很多，但几幅简单的图形，就可以将复杂的原理介绍得一清二楚。本书可供从事储层地球物理专业的科研和工程技术人员、地质人员、野外工作人员、勘探管理人员、大学本科生、研究生参考。

曾经有很多人希望能够将这本书介绍到中国。经过半年多的工作，我们将该书翻译成了中文。全书共 14 章，由中国海洋大学海洋地球科学学院刘怀山教授负责翻译和统稿，参加翻译的还有童思友高级工程师，张进博士，王兴芝、周青春、涂齐催、焦叙明、马光华、韩晓丽、贺懿、崔树果和刘兵等研究生。

在翻译的过程中，我们自己也进行了重新学习。每一个参加这项工作的人都从中受益匪浅，对地球物理和储层地震学的许多概念都有了更深的理解，同时对原书中存在的某些错误，我们在翻译过程中都一一作了修改。由于经验不足，译文难免存在不妥之处，欢迎批评指正。

前　言

在过去 40 多年里，石油工业得到了突飞猛进的发展。在早期，钻井位置的确定主要基于地面地质异常和人们的直觉。虽然发现了许多大构造，但小构造越来越难以发现。

现在，虽然美国的探明储量在下降，但世界范围内的探明储量基本保持不变，在某些地区甚至有所增加。造成这种现象的原因之一是先进的勘探技术的广泛应用。

随着磁法、电法以及地震方法在勘探地下构造中的应用，勘探钻井的成功率大大提高。地球物理技术已经得到广泛应用，甚至包括井孔中的岩性参数，如密度、声波速度和其他参数的获取。

目前，石油勘探行业已经形成了详细的分工。不同部门在不同勘探阶段具有不同的职责，出现了勘探开发的新领域。在生产过程中，不同部门通过分析得到大量信息，这些信息通常仅由勘探部门保存，而其他部门却无法从中受益。尽管各独立部门可以很好地完成信息的处理解释工作，但由于各部门间缺乏交流，最终得到的综合结果常常不如人意。

编写本书的目的之一是让非地球物理人员熟悉地震方法，提高团体协作的效率。通过本书，地球物理学家、工程师和其他工作者可以学会利用各种已有资料，增加本部门资料结论的可靠性。

储层地震学家将不同部门所代表的学科知识结合在一起，而地质科技人员把地质和岩石物理特性的信息与储层地震学信息结合在一起。他们的任务是把观测研究获得的地震波振幅、地震波速度、岩石弹性参数与储层的岩性（岩石类型）或流体含量联系起来。

通过分析井间地球物理参数的横向和纵向变化特征，储层地震学家可以预测储层的横向范围、厚度变化、地下构造和介质不均匀性（岩石参数变化），从而设计出更好的开采方法。

本书将为工程人员、地质人员、测量人员和管理人员介绍地震方法的基础知识、地震方法的应用和局限性、分辨率不准而造成的缺陷等。这些知识将作为学习地震前沿技术（如高分辨率地下成像、储层描述、油藏特征描述，以及预测钻头前方的地层情况等）的基础，这些地震前沿技术将通过一些史例加以说明。

书中介绍了大量的史例，用以指导所有与石油有关的专业人员，这些例子同样适用于负责勘探开发项目的管理者。这些资料按时间顺序组织，并包括一些史例。任何人都可以轻而易举地理解本书内容。在每章后面列出了关键词，在书后列出了专业术语表，从而有助于读者更好地理解本章内容。对于希望更详细了解相关知识的读者，本书给出了一些章节的附录，附录中包括了更多的理论和数学原理，同时还为想进一步研究的人员列出了非常完整的参考文献。

致 谢

感谢 Seismograph Service Corporation 的 Dale Stone 和 Doyle Fouquet 为本书提供了部分资料。感谢 Larry Lines 博士和 Terry Watt 博士在层析成像和 AVO 方面的建设性提议。感谢 SEG 允许我应用大量文献。特别要感谢 Yilmaz 博士。

感谢哥伦比亚大学的 E. A. Robinson 博士在百忙之中阅读了本书，并给予积极评价。

感谢埃及开罗 Ain Shams 大学的 Osman M. Osman 先生为本书收集参考资料，并细心校对。感谢他花费大量时间检查本书细节。

感谢 Norman James 先生修订了初稿。

感谢 Norman Hyne 博士给予我的鼓励和建议。

感谢 Seismograph Service Corporation, Bolt Technology Corporation, Halliburtion Geophysical Services, Geophysical Press, Schlumberger, Western Geophysical 和 GX Technology 让我引用他们文献中的插图和地震剖面。

特别感谢为本书提供了大量典型应用实例和新技术信息的作者的慷慨大方。感谢在本书写作和出版过程中，所有给予支持和帮助的人们。

M. R. Gadallah, Petroleum consultant
4-D International
Tulsa, Oklahoma

目　　录

1 绪 论

在油田中有一句谚语叫做"石油就在你寻找之处",意思是说钻头是主要的勘探工具。在过去,这样说毫无疑问是正确的,只是钻井找油的成功率很低。但是,地球科学的发展改变了一切。现在众多现代化的勘探方法在50年前只能是梦想的技术和方法。然而,由于对勘探和开发各个阶段中所包括的方法认识和了解不够,这些方法的潜力还没有发挥出来。

石油勘探和开发的方法一直都在发展变化。作为地质学家,我们需要想象。作为地球物理学家,我们仍要想象。但是作为工程师,我们要预测和估计其未知的区域。即使地质学家利用地下信息来控制和类推识别储层,他们仍需要想象。因此人们说:"石油就在地质学家的脑子里"。

地球物理学家需要从地表来寻找和细化他们的想象。地质学家和地球物理学家是否需要共同工作,并转换思路,使彼此的努力达到最佳效果,产生在地质和地球物理上都合理的(在经济上可行的)勘探方案呢?在初探井之前工程师是否需要预测储层的品质和产量呢?工程师需要考虑勘探方案的有效因素吗?例如:储层厚度、孔隙度、饱和度、采收率和其他参数。通常,初探井成果是由勘探部门来承担的。即使在勘探部门内部,地质学家和地球物理学家的交流也很少。一般地质学家和地球物理学家独立进行各自的解释工作。直到最近,也只有少数石油公司采用有较好交流理念的团队,以便成果更好地交流和综合。

现在让我们来讨论钻井的实施。地质学家决定在构造高点位置钻井,也许掌握地震资料的地球物理学家也参与了这一决定。他们把钻井的位置、合理的钻井参数、所要取的岩心和其他的一些信息提供给钻井工程师,由钻井工程师设计大致符合区域地质背景的合理钻井方案。

在地震剖面上,某一深度上的异常现象可能代表着异常高压区的存在。工程师必须控制好异常高压区,不论是通过下套管还是通过增加钻井液密度。在浅部地层层序的钻井中,直到发生井喷事故,地震剖面上的许多高振幅异常才会引起足够的重视。

如果地质学家和工程师不能确定异常类型,地球物理学家可以在钻头到达前对异常区域进行 VSP 测井，这将有助于预测钻头前方的目标区和高压异常区的深度。在何时停止钻井进行 VSP 测井呢？回答是什么时候都行，这比发生井喷井毁要便宜得多。此外，通过 VSP 测井，地质学家和地球物理学家可以得到更好的下一地震标志层的信息，并能检查他们的钻井预测方案。

迄今为止，任何部门可以从地质学家和地球物理学家的交流和沟通中获益。若已经完成钻井，我们可能得到两种结果：一是干井（无油）或仅为储层边缘将被封堵的低效井；二是通过努力成功了的油井，我们将加速完井并开发这个油田。

通常，这个时候勘探部门的任务已经完成，它将开始寻找新的初探井远景区。地质学家又重新开始研究钻探记录，地球物理学家又重新开始研究地震剖面和波形。开发工程师和开发地质学家们，或储层地质学家和工程师们又重新绘制初探井所发现的油藏范围，进行计算和确定开发油藏所需打井的间距和所需打井数。

钻井工程师将开始他的工作，通常除了每天的钻井报告和偶尔的交流外，操作部门和开发部门之间没有信息交流。除了例行公事和日常工作外，没有人进行职能部门之间的交流以便优化方案和交换想法，从而更好地解决问题。

在常规情况下，如果钻出的井是一口油井（生产井），钻机将从一个位置移动到下一个位置，直到钻到干井，从而界定储层边界。钻探很可能超出储层的范围，如果钻出的井是干井，其结果是令人沮丧的。这时，某些部门应负责任，可能是勘探部门没有做好他们的工作。我们有可能是在一个质量不好的、地震测网不够密的位置钻的井，也可能是在断层的下降盘上钻的井。事后，我们将以更密的地震数据来确定构造的界限，并希望在确定下一个钻井位置时，不会有意外情况发生。

我们考虑过更密的二维地震测网或三维地震勘探吗？为什么三维地震勘探比二维地震勘探更好？用更密测网的二维地震勘探能满足勘探目的吗？地震测网要多密才能详细地描述探测目标？所有的数据移交到开发部门后，地球物理学家和勘探地质学家给过开发部门什么建议吗？答案很可能是"没有"，只因为那不是勘探部门的责任。勘探部门的责任是找到另一个潜在的成功初探井远景区。我们需要在开发部门安排一个地球物理学家继续开展他在勘探部门所做的工作吗？如果我们需要学科之间的交流和交换观点，答案可能就是"需要"。

现在回到正题上来。油田已经开发，一次采油产量在下降，我们准备提高采收率（EOR）。现在我们需要收集更多有关渗透性、饱和度和其他的横向变化特征的信息。如果我们能得到一些垂向上的更多信息，对提高采收率也将有所帮助。

我们怎样从空间上相隔100m的5口或10口井中得到这些信息呢？我们将在井之间进行内推吗？在井之间进行外推吗？用井间的最佳推测吗？或者我们能找到其他方法得到储层在垂向和横向上变化特征的更好图像吗？

我们早就知道储层岩石是非均质的。假设储层特性为均质的是危险的，因此我们肯定需要对储层成像。我们需要对微小的地质体、薄层的几何形态和它们的储层特性成像。如果我们能很好地解决储层分辨率问题，我们就能通过大量的钻井找到巨大的石油储量。如果我们在井中放入震源和接收器，通过激发和接收高频能量以详细地描述薄层和它们的特性，我们就能解决上述问题。为了找到正确方案，我们需要通过反演或层析成像将地震速度和储层特性联系起来，然后共同进行交流。关键是要通过不断的交流和讨论，将各个学科的知识结合起来。

对于所有应用于石油技术的现代科学，石油勘探和开发与其他应用科学一样包含着相当多的技术。远景圈闭可能从地质学家的想象开始，但是经济价值方面的成功可能依赖于地球物理学家和工程师的贡献，以及他们在各自的领域正确解释数据的能力。解释人员的技术和经验将影响到数据的使用效率。若这些人无法正确地应用他们自己的知识，或者无法将自己的知识与其他专家的专业知识相结合，都可能导致经济上的灾难。作为地球科学家，我们怎样才能阻止这样的灾难呢？可以通过相互之间的交流和汲取每个学科的专业知识优势。我们必须学习相互专业的知识，以便我们能够了解所有学科的价值、潜力和局限，从而能有效地交流。然后，我们就能朝着同一个目标一起工作——发现并开采更多的石油。

考虑到现在石油价格的不稳定和初探井的水平低，必须将勘探中的风险降到最小。储层地球物理学通过井孔的地震勘探更好地描述储层特性，将会在帮助石油开发者提高油田采收率方面起到重要的作用。

地震勘探在勘探地质学中的价值是众所周知的。然而，工程师们曾经怀疑过地震数据是否有足够的分辨率来帮助油田开发。这曾经可能是真实的，但是地震勘探的进步，诸如垂直地震剖面、三维地震勘探、层析成像和大大提高的数据处理技术正在改变着这种观念。通过监视提高采收率是地震技术对石油开发的一项重要应用。

就像应用于石油工业的其他方法一样，地震学也有其局限性。地震数据必须与其他信息和方法联合使用，以提高可信度，将风险降到最小。所有方法都是有区域局限性的，一种方法在某个地区用得很好，应用到其他地区可能就会失败。

石油工业的未来不仅依赖于发现新的储量，而且依赖于开发现有的储量。必须将地质学、地球物理学和工程学的所有信息结合起来，开发地下所有可能的油藏或"储量"。其关键在于了解每个学科的知识，通过建立知识交流来缩短这些学科工作人员之间的距离。

让我们来研究图1.1的地震剖面。该"地震剖面"是地下切面的声波成像。垂直轴代表时间，总时间通常只有几秒。如果我们知道速度，垂直轴可以转换为深度。横轴以英尺为单位，典型的采样间隔为200ft（60m）。

通常，地震道上的黑色区域代表着速度和岩石密度的增加，在剖面上呈现出正极性的波至（即正幅度）。信号起跳越高，速度和密度变化就越大。相反，像砂岩这样的软岩石将会显示速度和密度的降低。在剖面上将表现出负极性的波至，并且颜色是白色的。

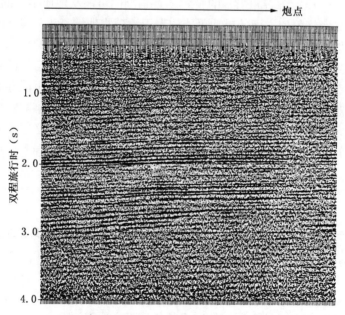

图1.1 地震剖面（地震仪器服务公司提供）

时间采样率可能是1ms，2ms或4ms（或更大），采样率的选择通常都是为了提高垂向分辨率或分辨薄层顶底界面的能力。在剖面上我们经常能够看到斜坡、断层、背斜构造、不整合、横向上的变化和其他一些岩石特性的变化。对于任何图像，就像在医学中的图像一样，我们看到的都有些模糊。解释人员应用他们的知识和经验对这些图像进行解释。

为了学习地震记录的意义和评价这些图像的效用，我们接下来会介绍地震波传播的基本物理知识。

关 键 词

异常高压带（Abnormally high pressure zones）

振幅（Amplitude）

异常（Anomaly）

井喷（Blowout）

外推（Extrapolation）

断层（Fault）

频率（Frequency）

岩层（Formation）

不均匀的（Heterogenous）

均匀的（Homogenous）

碳氢化合物（Hydrocarbons）

内插（Interpolation）

反演（Inversion）

石灰岩（Limestone）

钻探记录（Logs）

泥浆重量（Mud weight）

渗透性（Permeability）

极性（Polarity）

套管（Casing）

岩心（Cores）

停钻时间（Down time）

开发（Exploitation）

孔隙度（Porosity）

开采因素（Recovery factor）

储层（Reservoir）

分辨率（Resolution）

饱和度（Saturation）

地震标志层（Seismic marker）

地震速度（Seismic velocity）

炮点（Shotpoint）

地层层序（Stratigraph column）

层析成像（Tomograph）

不整合（Unconformity）

垂直地震剖面（VSP）

钻井预测（Well prognosis）

初探井［Wildcat（well）］

2 地球物理技术概论

2.1 概　　述

2.1 概　　述

地球物理勘探方法大部分可以用于陆地或海上勘探。每种方法所测量的是与岩石物理性质有关的参数。表 2.1 列出了不同的勘探方法及其所测量的参数和与之对应的岩石特性。

表 2.1　地球物理勘探方法

方　法	测 量 参 数	推测的物理特性
地震	反射或折射地震波的旅行时	地震波传播速度和弹性模量等
重力	地下重力场强度的空间变化	密度
磁法	磁场强度的空间变化	磁场的磁化率和谐振
电阻率	地下电阻	电导率
激发极化	与频率相关的地下电阻	电容
自然电位	电位	电导率
电磁	电磁辐射响应	电导率和电感系数

从表 2.1 中可以看出，每种方法对应的物理特性决定了该方法的适用范围。例如，磁法勘探用于埋藏有磁性矿石体的地方很合适。同样，地震勘探或电法勘探适用于地下含水的地方，因为含水岩石具有较高地震波速度和较高电导率，可以将含水岩石和干燥岩石区分开来。

地球物理方法通常都是联合应用的。例如，在大陆架区域的石油初探通常同时使用重力、磁力和地震等勘探方法。

2.2 地 震 方 法

目前最完善、最昂贵、最有效的勘探方法就是地震方法。

正如前面所讨论的，重力和磁法用于普查确定有利目标区域，而地震方法是作为详细描述有利目标区域地下地质体的工具。地震勘探通常用折射波方法或反射波方法。

折射波法的优点在于当声波速度已知的情况下，解释人员可以通过折射波法提供的数据识别地层单元。近年来，折射勘探已成为详细描述深部高速碳酸盐岩和蒸发岩岩石结构的一种重要方法，而在这方面，反射勘探不能提供高质量的数据。下面将介绍反射波地震勘探方法。

反射波法已经成为识别岩层顶面的一种最成功的地震方法，这种方法应用最广。这种方法将在下面的章节中详细讨论。

2.2.1 地震记录

在讨论地震勘探基本原理之前，让我们先认识一下地震道、地震记录和地震剖面。

地震道或"波形道"（图 2.1）就是某个检波器由地震能量引起的地

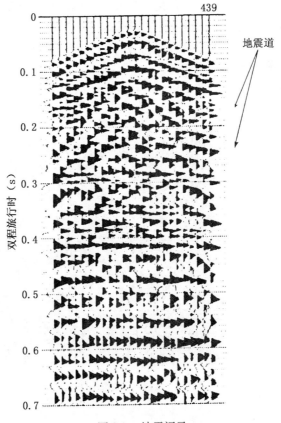

图 2.1 地震记录

下运动的响应。波形道的每个部分都有其意义，它是源自地下某一岩层或某种噪声的反射或折射能量。波形道上偏离中心线的部分表现为波峰和波谷，波峰代表"正的"信号电压，波谷代表"负的"信号电压。

地震记录或共炮点记录，就是同时记录一个炮点所有检波器信息对应波形道的并列显示。"波峰"在波形道显示的右边，为了看得更清楚，用黑色将它充填。零时间在记录的最顶部，向下时间增大（图 2.1）。该显示的记录是地下局部区域的原始图像，它包括噪声和其他信号畸变。

地震勘探在研究区内获得大量的炮点记录。利用许多步骤对数据进行处理，它包括信号增强、压制噪声和提高分辨率。把对应地下某一特定深度点的所有道叠加成一道，称为共深度点（CDP）叠加。

2.2.2　地震剖面

当数据处理完成后，所有的共深度点叠加道并列显示就构成了地震剖面，它是地震勘探的最终成果。地震剖面是地下界面的图像，它可用于设计钻井位置和制订开发方案。图 2.2 中的剖面显示了许多岩层和一个潜在的含油气构造。

地面位置

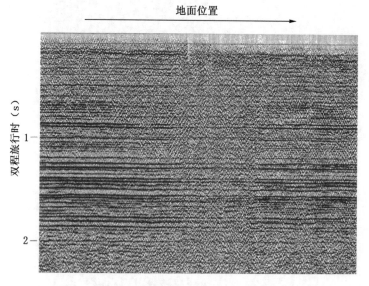

图 2.2　地震剖面（Yilmaz，1987）

2.3　小结和讨论

本章简单地介绍了用于石油勘探和开发的地球物理方法。

重力和磁法用来进行普查以确定勘探区域中的有利目标区。它们应在地震勘探方法之前（或与地震勘探方法一起）实施。

随着地震数据分辨率的不断提高和通过三维地震勘探获得的大量信息，有些记录系统能够记录多达1024道的数据。仪器制造商们正在研制能够记录多达19000道的记录系统。

地震勘探还在不断地发展。为了找到更多的油气储量和发现微小储层，就需要更精确的信息来更详细地研究储层。

关　键　词

碳酸盐岩（Carbonate）

共深度点（CDP）

共中心点（CMP）

共炮点（Common shot point）

电导率（Electrical conductivity）

电法（Electrical method）

蒸发岩（Evaporite）

重力方法（Gravity method）

磁力方法（Magnetic method）

噪声（Noise）

普查勘探（Reconnaissance survey）

反射波法（Reflection method）

折射波法（Refraction method）

地震检波器（Seismic detector）

地震记录（Seismic record）

地震道（Seismic trace）

地震剖面（Seismic section）

信号（Signal）

叠加（Stacking）

3 地震勘探基本原理

3.1 地震波传播

追踪地震脉冲在地下的传播是非常困难的，由于这个问题如此复杂，也许是不可能的。作为替代，我们可以用大大简化的地下模型来追踪脉冲。当用简单模型时，我们有时会遇到一些问题使相关的任务难以完成。然而，野外技术和处理方法是基于这些简单模型发展起来的。为了了解如何追踪地震脉冲，我们先建立一些指导性的原理和讨论一些简化的地下模型。

虽然声波的传播是一个非常复杂的现象，但是声波传播的原理我们是相当熟悉的。就像向静水中投入一个石子，当石子击到水面，我们就看到有波纹从中心以圆的形式向外传播，直径越来越大。如果我们仔细观察，可以看到水的质点不是从震动中心向外传播，而是垂直于与之相邻的质点移动，然后回到它们的原始位置。这种连续的不断前进的相邻水质点的移动就是该震动点的传播方式。我们可在垂直平面上得到同样的过程，因此，波的传播是一种三维现象。

地震波传播的原理在本质上与上面讨论的过程是一样的。当我们用炸药震源或可控震源激发地震能量时，能量就通过地下介质以向四周扩展的球面形式开始传播。如果我们在任何时候都可以对正在传播的地震波进行快照，就可以观测到波是从中心向外传播的。能量的最前端称为波前。地震波借助于这些波前在三维空间中传播。

3.2 波前和射线

如果我们从震源出发，将连续波前上的相同点用直线相连，就形成了对波的传播的直观描述。连线形成射线，它是三维现象的简化表示。记住，当我们使用射线图时，我们认为波沿着特定的方向传播，即波前上所有点都垂直于射线（图3.1）。

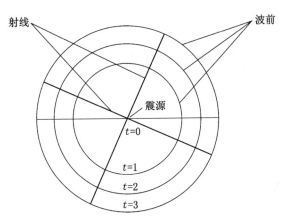

图 3.1　波前和射线

波前是震源激发以球面形式向外扩展的能量，射线代
表波前传播的方向并与波前相垂直

3.3　波 动 理 论

波动理论阐明了地震波的波至、传播时间、形式和大小。当它应用到地下传播的地震波能量时，波动理论就成了一门非常复杂的课题。当应用简化的模型时我们才能理解这一现象。

最简单的模型是将地下当作均匀的、无限大的、由无限小立方体组成的弹性固体。研究每个立方体的应力和应变发现，这些应力和应变从一个立方体传到另一个立方体是由波动方程给定的。

由波动方程可得到波运动的很多类型。我们要观测的主要反射波至是胀缩波（纵波），纵波传播过程中质点的移动和波动传播方向一致。横波包含很多重要信息，因而也是一种很重要的波，它的质点振动与波动传播方向垂直，很像水面上波纹的传播。图 3.2 说明了纵波和横波的特性。

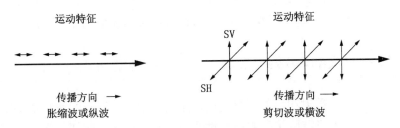

图 3.2　纵波和横波

在不同性质介质的界面之间能产生更复杂的波的传播类型。其中一种称为面波，它只在界面附近传播。面波中的一种称为瑞利波，它的质点运动按逆时针的椭圆方向运动。瑞利波能在地震记录剖面上被记录下来，称作地滚波（图3.3）。

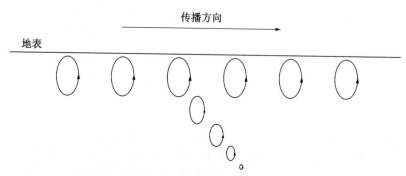

图 3.3　瑞利波（地滚波）
质点按椭圆形状逆时针方向运动，即椭圆的顶点向震源方向运动，运动幅度随深度增加而减小

3.4　反射和折射

在地下层状介质中波前的传播符合一些基本原理。当入射纵波到达具有不同波速的两层介质的界面时，一部分能量从界面反射回来，剩余的那部分能量透射进入到下面的地层。虽然入射波的能量分成了不同分量，但总和等于入射能量。

3.4.1　费马原理

地震脉冲在介质中传播时，从震源到接收器遵从一定的传播路径。费马原理承认可能存在多个传播路径或多种一次反射波至。我们以传统的地下聚焦（"回转波"）效应为例来阐述费马原理（图3.4）。

3.4.2　反射和透射系数——策普里兹方程

透射和反射能量的比例是由界面两侧岩石的波阻抗决定的。很难精确地将波阻抗和岩石特性联系起来，但在一般情况下，岩石越硬波阻抗越高。

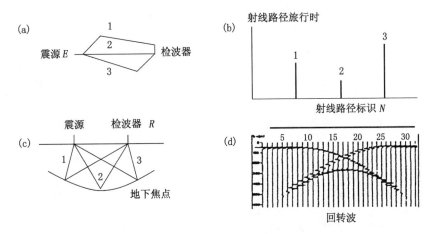

图 3.4　费马原理和回转波

（a）通过非均匀介质（例如向斜反射层）的 3 条射线的传播路径；（b）每条射线路径的传播
时间；（c）用一个检波器接收来自向斜的 2 个甚至 3 个部分的信息时，射线路径在下面交
叉；（d）记录剖面显示了 2 个"回转波"形状交叉的反射能量线，称为"地下聚焦"效应

　　岩石的波阻抗（ρv）是由岩石的密度（ρ）和地震波在其中传播
的速度（v）所决定的，以 Z 表示。

　　考虑振幅为 A_0 的纵波垂直入射到速度和密度不同的两种介质之间
的界面上 [图 3.5（a）]。振幅为 A_2 的透射波沿着与入射波相同的方向
透过界面继续向下传播，振幅为 A_1 的反射波沿着入射波的传播路径返
回到震源。

　　反射系数 R 是反射波的振幅 A_1 与入射波的振幅 A_0 的比值。用两种
介质的波阻抗来表述，对于垂直入射波，策普里兹方程为

$$R=（Z_2-Z_1）/（Z_2+Z_1）$$

式中，Z_1 和 Z_2 分别是第一层和第二层的波阻抗。

　　下面，给出近地表反射层和某些良好的地下反射层的反射系数典型
值。

近地表反射层：

　　　　柔软的海底（砂岩 / 页岩）　　　　　　　0.33

　　　　坚硬的海底　　　　　　　　　　　　　　0.67

　　　　风化层底　　　　　　　　　　　　　　　0.63

良好的地下反射层：

　　　　4000ft 深处的砂岩 / 页岩与石灰岩　　　　0.21

　　　　12000ft 深处的页岩与基底　　　　　　　0.29

4000ft 深处的含气砂岩与页岩	0.23
12000ft 深处的含气砂岩与页岩	0.125

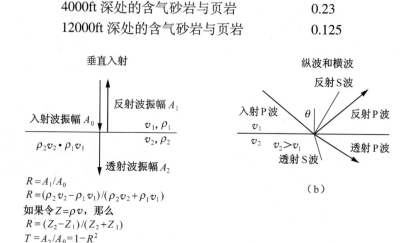

图 3.5　策普里兹方程

(a) 垂直入射到波阻抗界面上的入射波产生的反射波和透射波；
(b) 倾斜入射到波阻抗界面上的入射 P 波产生的反射 P 波和 S 波与透射 P 波和 S 波

你可以看到柔软的、泥质的海底仅能反射大约 1/3 的入射能量，而坚硬的海底能反射大约 2/3 的能量。

透射系数是透射波振幅与入射波振幅之比，即

$$T=A_2/A_0$$

当纵波以某一角度到达界面的时候会产生反射纵波和透射纵波，这与垂直入射时的情形是一样的。然而，有些入射纵波能量转换成反射横波和透射横波 [图 3.5 (b)]，在垂直面内它们是偏振的。策普里兹方程给出了 4 种波的振幅与入射角的函数关系。转换波包含能够帮助我们识别储层岩石中裂缝的信息。然而，在本文我们只讨论纵波。

3.4.3　斯内尔定律

斯内尔定律最初应用于光学和光学介质中，应用到地震波和地下介质中同样适用。对于反射射线，斯内尔定律为：反射射线和反射面的法线的夹角 θ 等于入射射线和反射面的法线的夹角。当然，在地震学上，反射面是波阻抗不同的两个地层之间的界面。

没有被反射的那部分入射能量透过界面透射到下一层。透射射线改变传播方向在下一层中传播，也称为折射射线。

透射射线的斯内尔定律表明角度 θ 的正弦与速度的比值是常数。对于透射纵波射线有

$$\sin \theta_1 / \sin \theta_2 = v_1 / v_2$$

公式中的角标分别代表层一和层二。它们之间的关系如图 3.6（a）所示。

3.4.4　临界角和首波

当下层速度较高时，有一个特定的入射角叫临界角，记做 θ_c，以这个角度入射时透射角度为 90°。

这将产生沿反射面以高速 v_2 传播的临界折射射线，即

$$(\sin \theta_c) / v_1 = (\sin 90°) / v_2 = 1 / v_2$$

$$\theta_c = \sin^{-1} (v_1 / v_2)$$

这种波称为首波，它沿倾斜方向穿过上层到达地表，如图 3.6（b）所示。

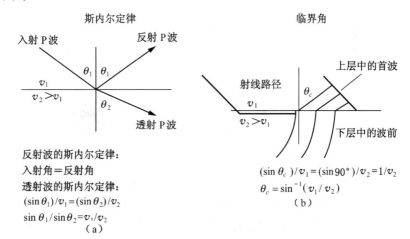

图 3.6　斯内尔定律和临界角

（a）一部分倾斜入射线以入射角反射，一部分以依赖于两层速度比所确定
的角度透射；（b）在下层中由沿着界面传播的波通过上层产生首波

3.4.5　惠更斯原理

该原理为：主波前面上的每个点都是次级子波震源。下一时刻的波前位置可以通过与所有次级子波波前公切的面来得到。这个概念对理解

所有波传播类型，从电磁波到地震波是一个强有力的工具。

如图3.7所示，惠更斯原理将地下传播波前的每一点作为产生新的波前的震源，这些新的波前向各个方向传播。它也解释了地震脉冲随着传播深度的增加，能量减少这一重要机制。

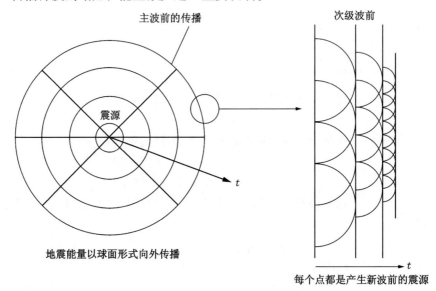

图 3.7　惠更斯原理

3.5　勘探地震学传播模型

勘探地震学是为了探测倾角较缓、在大区域上横向连续和为层状结构的沉积盆地而发展起来的。后来，它用具有基本特征的简单模型模拟地震波的传播，这对我们理解和解释实际地震学有很大的价值。

我们将要考虑的模型是假设地震能量沿多条路径传播到多个检波器，震源可以在多个位置激发。从以下的传播模型可知，利用大量信息可以估算出速度信息。由于速度是地下模型中一个最重要的参数，我们在对地震波的追踪中要考虑用于估算速度的传播特性。

不管是应用到野外还是应用到数据处理中心，倾斜反射层在目前勘探方法的发展中是一个最重要的模型之一 [图3.8 (b)]。

时间剖面上倾斜反射层的出现依赖于用哪些记录道来构成时间剖面。例如，共炮点道集是记录某个震源激发的所有检波器记录道的集合体，各记录道是依据震源到检波器的距离来排列的。反射记录的时距曲线为其顶点偏离震源位置的双曲线。

当反射层为水平时［图3.8（a）］，双曲线的顶点在$x=0$处，并关于该点对称。

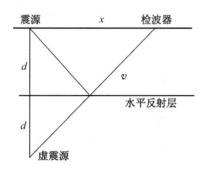

对于均匀介质水平反射层，时距方程为：

$$T_x^2 = T_0^2 + (x/v)^2$$

这是关于$x=0$点对称的双曲线方程

（a）

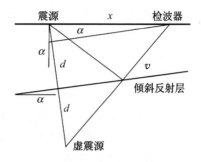

对于均匀介质的倾斜反射层，时距方程为：

$$T_x = \frac{1}{v}(x^2 + 4d^2 - 4xd\sin\alpha)^{\frac{1}{2}}$$

这也是双曲线方程

（b）

图3.8　倾斜和水平反射层模型

3.6　小结和讨论

地震波的传播是一种三维现象，在地下追踪地震波是非常困难的工作。但是，我们可以用大大简化的地下模型来追踪地震波。

当用炸药震源或可控震源向地下激发地震能量后，能量就开始以球面扩散的形式在地下传播。波前面是地震波的等旅行时面。

射线路径垂直于波前面，因此，当我们在特定方向使用射线图时，各点上的波前面都垂直于过该点的射线。

同时介绍了一个非常重要的理论，即"费马原理"，它阐述了多种传播路径或多个一次反射波至存在的可能性。地震方法应用了光学中的很多理论，例如反射波和折射波的斯内尔定律，它是地震能量在地下传播的基础理论。

关　键　词

波阻抗（Acoustic impedance）　　　　惠更斯原理（Huygens' principle）

胀缩波（Compressional wave）　　射线（Ray）

临界角（Critical angle）　　剪切波（Shear wave）

密度（Density）　　斯内尔定律（Snell's law）

费马原理（Fermat's principle）　　波动方程（Wave equation）

面波（Ground roll）　　波前（Wave front）

习　题

3.1　列举并描述 3 种类型的地震波。

3.2　写出下列名词的定义：（1）波阻抗；（2）折射波的斯内尔定律；（3）临界角。

3.3　由界面隔开的两层介质，上层波速为 3.3km/s，厚度为 0.5km，下层波速为 6.6km/s。如果一条射线以 20°的入射角从上层向下层传播，射线在下层中传播的角度是多少？临界角是多少？偏移距为 20km 首波的旅行时是多少？

3.4　假设 $\theta_1 = 30°$，用斯内尔定律计算下列情况下的 θ_2：

（1）$v_1 = 1600\text{m/s}$，$v_2 = 2100\text{m/s}$；

（2）$v_1 = 2000\text{m/s}$，$v_2 = 1200\text{m/s}$；

（3）$v_1 = 3000\text{m/s}$，$v_2 = 4000\text{m/s}$。

3.5　大部分地震子波的能量都包含在以主频为中心的频带内，周期可以定义为两个主波峰之间的时间间隔，主频是周期的倒数，计算波长 λ 的方程为：λ ＝速度 / 频率。

计算下列情况下的波长：

（1）浅层岩石：2000m/s，50Hz；

（2）深层岩石：6000m/s，25Hz。

参 考 文 献

[1] Bath, M. *Introduction to Seismology*. Basel-Stuttgart: Birkhauser Verlag, 1973

[2] Birch, F. "Compressibility, Elastic Constants." S. P. Clark, ed., *Geological Society of America Memoir* 97（1966）：97—173

[3] Dix, C. H. Seismic Velocities from Surface Measurements. *Geophysics* 20（1955）：68—86

[4] Ewing, M., W. Jardetzky, and F. Press. *Elastic Waves in Layered Media.* New York: McGraw-Hill, 1957

[5] Faust, L. Y. Seismic Velocity as a Function of Depth and Geological Time. *Geophysics* 16 (1951) : 192—196

[6] Gardner, G. H. F., L. W. Gardner, and A. R. Gregory. Formation Velocity and Density—the Diagnostic Basis for Stratigraphic Traps. *Geophysics* 39 (1974) : 770—780

[7] Koefoed, O. Reflection and Transmission Coefficients for Plane Longitudinal Incident Waves. *Geophysics Prospect* 10 (1962) : 304—351

[8] Muskat, M., and M. W. Meres. Reflection and Transmission Coefficients for Plane Waves in Elastic Media. *Geophysics* 5 (1940) : 115—148

[9] Sharma, P. V. *Geophysical Methods in Geology.* Amsterdam: Elsevier, 1976

[10] Sheriff, R. E.Addendum to Glossary of Terms used in Geophysical Exploration. *Geophysics* 34 (1969) : 255—270

[11] Telford, W. M., L. P. Geldart, R. E. Sheriff, and D. A. Keys. *Applied Geophysics.* Cambridge: Cambridge Univ. Press, 1976

[12] Trorey, A. W. A Simple Theory for Seismic Diffractions. *Geophysics* 35 (1970) : 762—764

4 地震数据采集

4.1 野外地震数据采集

地震数据的采集通常都由承包商完成，其质量由承包商的经验决定，而没有考虑过数据采集的最终目的是为了得到一个地质上合理的地震剖面。采集参数设计的不合理或质量差将严重制约地震数据的质量和效果。只有基于工区条件和勘探目标合理设计的参数，才能得到高品质和易于解释的地震剖面。下面将介绍地震勘探采集设计的方法、流程和设备。

4.1.1 野外参数的设计

高质量的地震采集设计是从对勘探目标整体上有清晰认识开始的。在最终设计野外参数时，有很多因素值得考虑，它包括经济因素、勘探时间、震源类型、地震检波器类型及其组合方式。

4.1.2 将勘探目标转化为野外参数

选择合理参数依赖于总体的和特定的勘探目标，以及施工环境和地理环境。对勘探性质具有很大控制作用的一个环境条件就是勘探的地点——在陆上还是在海上。影响勘探性质的其他因素有荒凉地带、过多的人为的和自然的声波噪声和电磁噪声，以及人造建筑的存在。

地震采集方案参数的选择包括以下方面：

（1）最大偏移距。震源到最远的检波器的距离。

（2）最小偏移距。震源到最近的检波器的距离。

（3）道间距。两个记录道之间的距离，对于一个勘探项目是不变的。

（4）炮间距。两个震源之间的距离。

（5）覆盖次数。地下同一点被不同的震源和检波器探测的次数。

（6）采样间隔。信号数字采样之间的时间间隔，范围为从 1ms 到 4ms。采样率的选择以不降低垂直分辨率和记录所需的最大频率为宜。

（7）震源和检波器组合的选择。

（8）记录道数的选择。

4.1.3　采集参数和噪声

除反射波以外的任何信号都认为是噪声。为了得到一个易于解释的、地质上合理的地震剖面，我们需要增强信号和压制噪声。如果经济条件允许，一些噪声可以通过设计最优的道间距或通过选择合适的检波器组合来衰减甚至消除。这也可以通过切除信号的低频来实现，条件是噪声的频率和所期望数据的频率不同。

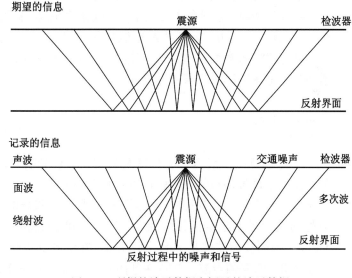

图 4.1　理想的地震数据和记录的地震数据

图 4.1 是理想的信息与实际记录的信息对比的示意图。

图 4.2 是一个地震剖面示意图，表明了主要信号和噪声特征。该图已经做过正常时差校正（NMO），它是根据偏移距的大小计算出校正时间并应用于每个记录道上的。在记录顶端最先到达的初至波标记为纵波，它们是来自典型的近地表地层的折射波。紧跟在它们后面的是两个相干噪声。第一个是面波或地滚波，它的特征是频率低，速度从 3500ft/s 到 5500ft/s。第二个是声波，它是通过空气从震源传播到检波器的，它具有

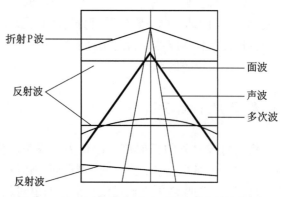

图 4.2　地震记录示意图（已做过正常时差校正）

高频成分和 1100ft/s 的低速。第三种类型的噪声是多次波，它是在同一界面上多次重复的反射波。它可能是来自某一浅层反射的单一多次波，也可能是在两个反射层之间多次反射最后回到地表的层间多次波，也可能是反射射线在某点倒转方向传播的其他各种类型多次波的一种。

切记，地震数据处理方法不能增加任何没有被记录的频率，也不能增强野外地震数据采集频带宽度以外的信息。

4.1.4　野外噪声测试

在每个新区，都需要进行噪声测试来分析和研究区的主要噪声类型，然后设计野外参数以增强信号和衰减噪声。

图 4.3 是一个噪声测试示意图，图中显示了噪声的类型。两个折射类型的噪声被确定为速度分别为 9700ft/s 和 15300ft/s。其后是速度为 5400ft/s 的面波，波长从 108ft 到 173ft。在记录的 100ms 处看到了速度为 1120ft/s 的高频声波。注意在剖面右侧，有一个来自反射界面的速度为 5200ft/s 的反射波的双曲线形式。

4.2　数据采集系统构成

地震数据采集系统的构成包括：

（1）震源及其组合；

（2）检波器及其组合；

（3）仪器设备；

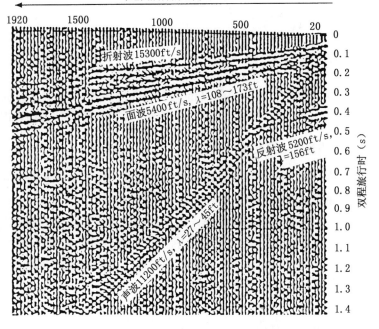

图 4.3　噪声分布（Brasel，1973）

（4）野外观测系统或观测方式；

（5）测量、定位和导航。

4.2.1　地震震源

用于勘探中的地震震源有多种类型，它们均属于以下两类：（1）脉冲型震源，例如炸药震源；（2）能量按时间分配或分开的连续类型，例如可控震源。

可控震源对环境的影响较小。然而，由于可控震源的能量较小，因此需要采取诸如多个可控震源组合来补偿的措施。另一做法是在同一个位置重复振动多次，然后将这些连续振动垂直叠加求和，即把记录的数据相加形成一个数据记录。垂直叠加求和压制了随机噪声，增强了地震记录的质量。

4.2.1.1　施工因素

可以通过多种方法得到频率范围在 5 ~ 80Hz 或者更高的地震能

量。这些方法在以下几点有所不同：

（1）施工成本；

（2）能量输出；

（3）施工速度；

（4）产生的子波。

当我们要研究数据的某一变化时，例如用地震数据进行地层解释时，上面提到的因素都要考虑到。频带宽度在选择震源时起关键作用。

4.2.1.2　多震源组合

震源组合是几个震源同时激发或为实现特定目标适当延迟激发，例如形成波束传播。

在海洋地震勘探中，震源组合用于增加输出能量和改善波形特征。

在陆上地震勘探中（除了增加输出能量和改善波形特征外），设计震源组合可以衰减频散的近地表波，例如面波。在炮井中的垂直组合可以压制虚反射（图 4.4）。

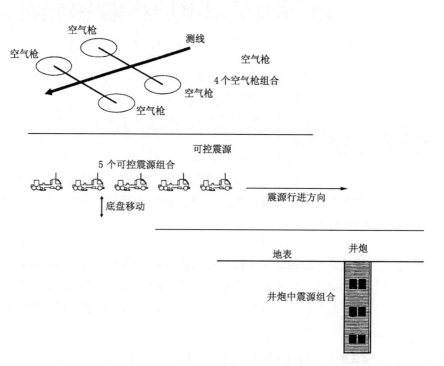

图 4.4　震源组合

4.2.2　地震检波器

检测地震波的检波器类型多种多样。在陆地上，我们可以使用检波器，这种检波器对垂向和水平位移运动都有响应。垂向位移运动的检波器在陆上地震数据采集中普遍应用。它们可以测量位移运动的变化率或速度。实际上，它可以测量位移运动的二次导数，即加速度。

位移运动可以沿着三个主轴方向进行测量。这种信息可以帮助识别面波和其他复杂波的运动轨迹。图 4.5 所示的为检波器组成的形式。

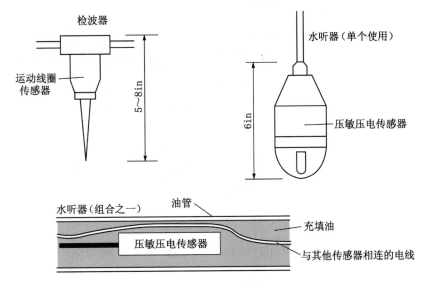

图 4.5　检波器组成

在海洋勘探中使用的是压电水听器。在组合中可以将多个检波器相连从而增强信号压制噪声。所用的检波器组合类型包括：

（1）线性组合。许多单个检波器排成一条直线。

（2）加权组合或锥形组合。直线上检波器的数量在每点都不同，因此在远离中心位置的检波器数量最少（权重较小），中心位置的检波器数量最多（权重最大）。在各个位置上检波器数量的变化呈锥形组合。

图 4.6 所示为线性组合的理论响应曲线，并说明改善信噪比与波长的关系。在图中可看出，曲线的位置越低其信噪比越高。当频率低于 70Hz 时，噪声水平至少比信号低 13dB。图 4.7 所示为一个锥形加权组合的理论响应曲线。在此信噪比从 20 ～ 70Hz 至少相差 38dB。

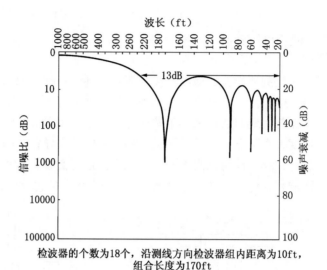

检波器的个数为18个，沿测线方向检波器组内距离为10ft，
组合长度为170ft

图 4.6　典型的检波器线性组合响应曲
线（Brasel，1973）

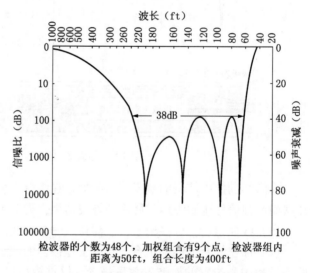

检波器的个数为48个，加权组合有9个点，检波器组内
距离为50ft，组合长度为400ft

图 4.7　强的锥形检波器组合的特性曲
线（Brasel，1973）

在实际应用中，由于检波器在野外与地下耦合而信噪比增强比预期
要小一些。

4.2.3　仪器

地震数据质量的许多提高都归功于仪器的改进，例如二进制增益记录仪和其后续的瞬时浮点记录仪。这意味着地震信号记录的大大改善，记录过程中没有信息损失并且能够恢复真振幅。

去假频滤波器使得我们的数字采样能够顺利完成，并且通过去假频使高频噪声成分不能混杂在低频成分中。去假频是采样系统的一个特性，在采样系统中输入某一频率的信号能够以另外频率的信号输出。去假频滤波器的频率等于假频的 0.6 倍，在 0.6 ~ 1.0 倍假频频率上至少有72dB❶ 的压制效果。

数字转换器将检波器记录的模拟电信号转换为离散的数字采样数据。为了实现这个转换，有必要保持模拟的微小信号来转换成等效的数字信号。这就是采样与保持功能。

图 4.8 所示的为典型的仪器（主要功能部分）。

```
— 放大滤波记录仪
      普通模式抑制
      窄带或宽带
— 去假频滤波器
      去假频滤波器频率 = 0.6 倍假频
      振幅的 72dB+
      识别范围从 0.6FA 到 1.0FA
— 数字转换器
      14 位 + 符号位
      分辨率（dB）= 6N + 8.8
— 增益变化范围和增益控制
      用于记录的编组自动增益控制
      用于增益编码的二进制增益
      瞬时浮点（增益 4 个一组）
— 采样和保持记录仪
      在采样时间中的时间不确定性
```

图 4.8　仪器（主要功能部分）

---

❶分贝（dB）表示的是两个数值或振幅的比值。例如，2 : 1 的值是 6dB, 200 : 100 的值也是 6dB。3 : 1 的值是 10dB, 10 : 1 的值是 20dB。A_1 和 A_2 这两个数比值的分贝数由此式计算：$1dB = 20·lg (A_1/A_2)$。

4.2.4 共深度点野外观测系统

共深度点（CDP）道集是记录水平界面上反射点信息的一组地震道集合。共中心点（CMP）道集是记录倾斜界面上反射点信息的一组地震道的集合。

共深度点（或共中心点）道集的所有道被放在一起。每一个道都来自不同的震源和检波器，但是记录的都是地下的同一点的信息。将所有记录道叠加（将它们一起求和），就衰减随机干扰和像多次反射波这样的干扰波组，多次反射波记录随偏移距的变化与一次反射波不同，从而提高了信噪比。

地震数据能以 CMP 和 CDP 中抽道集，为后续分析做准备，例如：速度分析、静校正等。这些应用将在下面的章节讨论。

图 4.9 所示的是一条测线上用了 6 个炮点、12 个检波器接收的几何射线路径图。距炮点最近的 4 个测点的偏移距最小，炮点每向前移动一个测点，该观测系统保持不变。从图中可以看出在炮点位置 S_1 激发，我们得到了 12 个地下反射点，它们分别用短的垂线段 Tr.1 ～ Tr.12 表示。

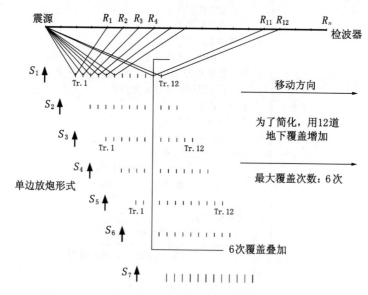

图 4.9 共深度点野外观测系统图

震源移动一个道间距到 S_2 位置，接收点通过记录车上的 CDP 转换开关移动一个测点。这样得到了另外覆盖的 12 个地下反射点。

通过不断地移动震源和检波点，得到了给定的地下反射点的道集。这些道集是用不同的震源和检波器得到的。获得共深度点的记录道的数目被称为覆盖次数。在本例中，最大的覆盖次数是 6 次。直到测线末尾覆盖次数都将保持不变，除非地面有某些位置障碍而不能激发。在地面位置 R_4，能看到地下共深度点确实是 6 次覆盖。这种激发模式被称为单边放炮。如果第 1 道最靠近震源，这种激发方式被称为推排列激发，如果第 1 道最远离震源，这种激发方式被称为拉排列激发。

另一种激发方式是中间放炮形式（或叫跨立式激发），这种激发方式的震源在中间，排列在两边对称分布，两边的排列长度相同。为了使倾斜构造更好地成像，可以设计对称排列形式以得到所研究区地下的细节。

有一种方法叫做沿排列激发形式，这种方法可以用来将深度点尽可能地靠近排列的末端。在这种方法中，检波器排列不动，震源沿测线移动。

有时由于地面障碍很难保持测线上的观测系统不变。因此，有些炮点就要跳过，覆盖次数就会降低。可以通过变观（将炮点置于障碍物的一端，检波器测线置于另一端）来弥补缺失的覆盖数据。

4.2.5　通过多次叠加衰减噪声

利用多次接收增强了信噪比。它是将对应地下同一点的两个记录道或多个记录道求和或叠加，压制了随机干扰，加强了"真实"信号。求和记录道数越多效果越明显。

多次覆盖可以通过增加震源位置的炮点数或接收位置的检波器数来实现，或者将两者都增加来实现。它通常以这样方式获得，即对应于地下给定点的各道来自于不同的震源和检波器，但是都代表着地下同一点的信息。这种方法称为共深度点（CDP）或在倾斜界面的情况下称为共中心点（CMP）。

4.3　海上数据采集

海洋调查队致力于采集广泛的数据信息，从用回声测深仪绘制海底剖面到应用地震、重力、磁力和电法勘探。

海上勘探船在海上的时间从一个星期到几个月不等。由于经济原因，他们仅通过无线电、供给船或直升机与陆地联系，因为勘探船一天可能要花费数千美元。

野外采集参数（例如在那里激发、勘探多少英里或者公里、激发顺序、采集信息的类型等等）在航次开始以前就决定了。

4.3.1　海上装备

地震船携带的仪器包括地震记录系统，它是拖在船后的装有地震传感器的电缆。还包括记录用的回声测深仪，它是随时精确确定船和电缆所处位置的系统。还包括产生地震波能量的震源，例如空气枪、水枪和电火花。

4.3.2　海上电缆

有许多种类型的电缆，它们在细节上有所不同，但通常是由记录道一段电缆组成的。每段都有几个对压力变化敏感的压电晶体。这些段连在一起形成一条称为拖缆的长电缆。拖缆通过一个牵引段与船体相连，它的作用可以减小由于在水中拖动拖缆所产生的震动。

电缆的沉放深度影响地震资料的信噪比，因此使电缆保持在同一深度上是必要的。在电缆上每一小段上，有一个叫做深度传感器的装置，它的作用是测量水中电缆的深度。如果电缆沉放的太浅或太深，可改变电缆的重量或拖拽速度来调整。

电缆深度可以通过一个叫做"水鸟"的小装置来控制。沿电缆以等间隔放置几个水鸟。在电缆末端有一个浮标，它的作用主要有3个：（1）它表明了水中电缆的末尾端；（2）它防止电缆末端下沉；（3）它在三维勘探中用于等浮电缆定位（例如，用于确定等浮电缆末端的坐标）。图4.10所示的是一个海上地震拖缆的布置图。

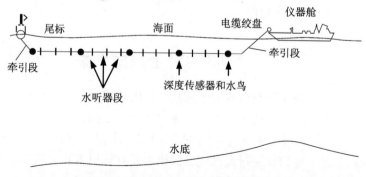

图 4.10　海上地震拖缆布置图

4.3.3   电子测量系统

在海上地震勘探中主要问题之一是要知道船在海上的精确位置。显然陆上的测量方法和一般的导航方法都是不适用的，因为它们都不能满足海上地震勘探中所需要的精度。

LORAC系统是一套无线电定位系统，它能由来自岸上基地发射台发射的几组信号来提供连续的位置坐标。

当美国海军TRANSIT卫星导航系统成为民用时，电子定位系统发生了巨大的突破。该系统可以从绕轨道飞行的卫星提供在世界上任何位置的坐标。由于不需要岸上基地发射台的支持，SAT/NAV系统不用从岸上基地发射台得到的"检测点"来检查定位，因此该系统更节省时间。这些系统已经随GPS（全球定位系统）和DGPS（差分全球定位系统）进行了升级，它们都能提供更高的精度。

两种不同的定位系统自动组合，使每个系统都提高了另一个系统的精度。像SAT/NAV或LORAC/NAV这样的系统可以进行组合。

4.3.4   震源

在海上地震数据采集中可用的震源较少。我们将对它们中的几种进行简单的讨论。在本章的结尾列出了一些发表的论文，感兴趣的读者可以从中了解关于震源的更多知识。

当今最广泛使用的两种震源是空气枪和套筒式空气枪。第一种是利用在被称为空气枪的气缸里的高压空气。第二种是将在橡皮套筒中引爆高压空气，引起套筒的扩张和收缩。

在上述两种情况下，释放的能量都是短脉冲。每一种激发方式释放的能量都远少于炸药震源释放的能量，因此需要用多条枪（典型为16～32条枪）同时激发。从几个高压空气枪得到的数据，可以用计算机中称为垂直叠加程序相加以增强信号。

空气枪释放的空气泡就像二次震源一样，看起来好像是又激发了第二枪。可通过几种可行的方法对数据进行去气泡效应处理。

这种震源被广泛使用，且能每天24h使用。它对海洋生物无害，几乎没有环境保护者的反对。

另一种用于浅海高频数据采集的震源是电火花，在水中它的两个电

(a)空气枪　　　　　　　(b)套筒式空气枪

图 4.11　　海上空气枪照片图

极之间产生电火花。在这种类型的震源中，在电容上聚集高电压，聚集的高电压在油中放电。在高频地震勘探中的结果是获得了高分辨率的地震信号。然而，这种信号穿透到地下的能力弱，它仅用于高分辨率、小电缆长度的浅海地震勘探中。图 4.11 是空气枪的照片。

4.3.5　激发方式

最简单和明了的勘探方法是用一条船拖着一条有水听器的电缆。如果所用震源是空气枪，有 48 个水听器，在每个水听器站点上激发就可得到 24 次覆盖的 CMP 记录。然而，电缆可能有 72 个或 120 个站点，在两个站点之间可能有 2 个、3 个、4 个或可变的炮数。

在两个站点之间激发次数是经常变化的，因为要船保持恒速是不可能的，而且通常都是固定时间间隔激发。随着船速增加，站点间的炮数将减少，然而当船速减小时，将会得到更多的炮数。枪控系统与船的导航系统是相连的。

最近在船和拖缆之间拖拽了一条微型电缆。在该微型电缆上的水听器间隔比拖缆上的间隔小。这样设计的目的是增加覆盖次数和浅层反射的可靠性。

在现今的常规地震勘探中微型电缆很少使用，原因是现代记录系统没有更多的记录能力。

海上三维地震勘探利用多条拖缆和多个震源，其操作比二维地震勘探更复杂。

4.3.6　海上激发和陆上激发比较

海上激发比陆上激发有许多优点，这些优点如下：

（1）在数据记录中海上激发环境是几乎不变的；

（2）容易允许激发区域；

（3）相对容易地记录到非常高的覆盖次数的数据；

（4）记录操作可以每天连续 24h 工作，可以不间断地连续记录；

（5）通常激发是网格状的，因此各条线可以闭合到一起，整个工区可以被当成一个整体进行处理和检查；

（6）海上激发更快，因此更便宜。海上地震勘探一天采集的地震数据相当于中等难度陆上记录一个月的数据量。

4.4　小结和讨论

地震数据野外采集将包含所期望的分辨率和地质信息是至关重要的。

为记录高质量信号所做的努力是从野外施工开始的。然而，为了衰减各类噪声所做的努力要考虑到经济限制。

某些类型的噪声可能是随机噪声，例如风、交通等等，或者是由于占优势的近地表地震波引起的相干噪声。在界面上的噪声，例如面波或声波，甚至于一些转换波能够和纵波一样被记录下来。

加权的震源和检波器组合是用来衰减噪声的。共中心点技术在衰减随机噪声和激发／接收的噪声方面是有效的。

对于陆上数据采集最佳野外参数的设计方法有两种不同的形式。第一种是先进行噪声试验，然后设计野外参数。因为在对试验数据进行处理和分析可能需要几天时间，在此期间野外工作人员可能处于空闲状态，这种方式的成本很高。

另一种形式则是在野外采集数据的同时修改采集参数。将采集的数据进行现场处理，再按需要修改参数。

任何一种形式都是用于选择地震数据采集的最佳参数，通过经济分析决定所加强数据质量的额外费用是否值得。

地震数据采集每英里的费用取决于勘探的类型（陆上或海上）、地理位置和季节。还取决于野外观测方式，例如道数、记录长度、覆盖次数、采样间隔、需要特殊的检波器组合来解决的探区噪声问题、需要特定形式的震源来解决的近地表问题、某些加权组合。施工测线前期的准备和施工结束的清理也增加了每英里的费用。

陆上地震数据采集通常需要更加注意设计经济合理的野外参数。然而，海上地震数据采集并不是没有问题。通常情况下，在大多数探区比较容易获得费用较低且相当好的海上地震数据。

很难估算每英里的地震数据采集费用。就像你所看到的，有许多可变因素包含在里面。地震队在所规定的时间内能否完成工作量也增加了这些问题的可变性。

关 键 词

假频（假频滤波器）[Aliasing (Alias filter)]

带宽（Band width）

二进制增益（Binary gain）

数字转换器（Digitizer）

频散波（Dispersive wave）

噪声试验（Noise test）

随机噪声（Random noise）

中间放炮（Straddle-shooting, Split-spread）

浮点记录（Floating-point recording）

覆盖次数（Fold）

虚反射（Ghost）

多次波（Multiple）

干扰模式（Noise pattern）

垂直叠加（Vertical stacking）

波长（Wave length）

习 题

4.1 描述并比较下列地震震源，包括每种震源的优点和缺点。

（1）炸药震源；

（2）可控震源；

（3）空气枪。

4.2 列出 3 种形式的干扰模式。

4.3 在时间域绘出以 2000m/s 传播的 50Hz 的正弦波。什么是周期和波长？

4.4 一个地震队用一辆有 24 道记录系统的记录车上施工。测线为东西方向的，第一个站点为 101，最后一个站点为 160，道间隔为 100m。由于有水库，可控震源不能在站点 127 和 128 工作，由于有压缩天然气站，可控震源也不能在站点 147，148 和 149 工作。也就是说，这 5 个站点不能作为震源点。

用 3 个站点距离作为最近偏移距（中间 5 个空的间隔）的中间放炮观测形式：

（1）绘出地表和地下代表 12 次覆盖的野外观测系统示意图。用方格纸统一绘制观测系统图。

（2）做出由于地面障碍有 5 个可控震源点跳过的 12 次覆盖的规划。

（3）在站点 101 你将后退多远开始使用可控震源来形成 12 次覆盖？

如果你完成这些习题有困难，请参照书中的 CDP 方法。

参 考 文 献

[1] Courtier, W. H. and H. L. Mendenhall. Experiences with Multiple Coverage Seismic Methods. *Geophysics* 32（1967）：230—258

[2] Dix, C. H. Seismic Velocities from Surface Measurements. *Geophysics* 20（1955）：68—86

[3] Dobrin, M. B. *Introduction to Geophysical Prospecting*. New York: McGraw-Hill, 1960

[4] Gardner, D. H. Measurement of Relative Ground Motion in Reflection Recording. *Geophysics* 3（1938）：40—45

[5] Giles, B. F. Pneumatic Acoustic Energy Source. *Geophysics Prospect* 16（1968）：21—53

[6] Godfrey, L. M., J. D. Stewart, and F. Schweiger. Application of Dinoseis in Canada. *Geophysics* 33（1968）：65—77

[7] Griffiths, D. H. and R. F. King. *Applied Geophysics for Engineers and Geologists*. London: Pergamon, 1965

[8] Marr, J. D. and E. F. Zagst. Exploration Horizons from New Seismic Concepts of CDP and Digital Processing. *Geophysics* 32 (1967) :207—224

[9] Mayne, W. H. Common Reflection Point Horizontal Stacking Techniques. *Geophysics* 27 (1962) : 927—938

[10] Mayne, W. H. Practical Considerations in the Use of Common Reflection Point Technique. *Geophysics* 32 (1967) : 225—229

[11] Mayne, W. H. and R. G. Quay. Seismic Signatures of Large Air Guns. *Geophysics* 36 (1971) : 1162—1173

[12] Neitzel, E. B. Seismic Reflection Records Obtained by Dropping a Weight. *Geophysics* 23 (1958) : 58—80

[13] Nettleton, L. L. *Geophysical Prospecting for Oil*. New York: McGraw-Hill, 1940

[14] Parr, Jr., J. O. and W. H. Mayne. A New Method of Pattern Shooting. *Geophysics* 20 (1955) : 539—564

[15] Peacock, R. B. and D. M. Nash, Jr. Thumping Technique Using Full Spread of Geohones. *Geophysics* 27 (1962) : 952—965

[16] Poulter, T. C. The Poulter Seismic Method of Geophysical Exploration. *Geophysics* 15 (1950) : 181—207

[17] Shultze-Gatterman, R. Physical Aspects of the Air Pulser as a Seismic Energy Source. *Geophysics Prospect* 20 (1972) : 155—192

5 地震数据处理

5.1 概　　述

对解释人员来说，了解在地震资料数据处理中遇到的所有问题是很重要的。地球物理学家必须知道并了解每一个处理的细节。另外，每一步的质量控制需要有高水平的经验，确保能够适用于下步的工作。然而，为了更好地理解地震方法的应用和其局限性，工程师和地质师应该了解每个处理阶段的物理意义。

最终的解释取决于地震数据处理的质量。对于小圈闭地区和岩性与岩相变化快速的地区，需要特别注意地震数据在地层上的应用。

将野外记录转化为有用的地震剖面要经过很多数据处理步骤。在CMP道集进行动校正和叠加之前，应该先进行数据的近地表时间延迟校正，这些调整称为"静校正"。

另外，进行各种反褶积与滤波试验，然后可以设计参数来提高信噪比和增加垂向分辨率。最后，我们需要将地震反射数据转换成代表真实地下地质情况的图像，这个过程由"偏移"来完成。

在数据处理的过程中，没有唯一的处理流程或现成的详细手册可以遵循。每个地质构造都有所不同。对每步数据处理的流程中需要进行大量的试验，以研究存在的问题并确定最佳参数。

对盆地的区域地质情况和地震数据采集区域存在的特殊问题有一个很好的了解是重要的。

在除新区以外的所有情况下，解释人员和从事处理的地球物理学家之间应该经常进行直接的交流。有时解释人员可能给处理人员提供所需的速度范围，并提醒他们在该区已知的多次波和其他噪声的情况。

5.1.1　解编和增益

野外原始数据以一种多路编码格式记录在磁带上，它先记录每道数据的第1个采样点，然后是每道数据的第2个采样点，依次类推。数据处理的第一步是将每个接收/激发数据的组合体进行重新排列。"多路解编"就是重排这些数据，使第1道采样的全部数据从0时刻开始到记录末尾的顺序排列，接着是第2道顺序排列的数据，依次类推。信号是由振幅值组成的，振幅值之间有一定的采样间隔（通常为4ms），采样间隔与一定的分辨率对应。在高分辨率勘探中，通常采用更小的采样间隔（1ms或2ms），这样能够记录更高频率和避免假频。

输出是按道序形式进行的。每个记录的道数等于每个炮点对应的野外检波点数。每一个检波器接收的信号叫作一道，所有道记录按照距离震源的远近排列并编号。

图5.1说明了多路编码和多路解编的过程。

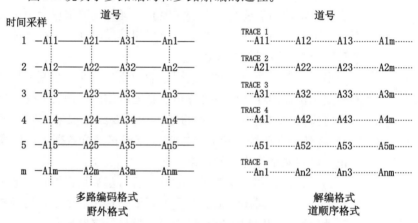

图 5.1　解编示意图

根据球面扩散原理，反射振幅随着深度的变化而衰减，通常野外数据是二进增益的，由增益对所有采样值进行调整使其处于同一水平。在处理时除去该增益，然后应用一个指数增益恢复曲线使信号放大到一个较低的参考水平。其他与增益有关的比例均衡也要应用到数据上，例如由于吸收造成的衰减补偿处理。

5.1.2　振幅恢复与增益

因为反射振幅的横向变化包含很多有用的信息，普遍的做法是避免人为的改变记录的振幅值。当然，进行校正由于球面扩散和吸收衰减造成的振幅衰减也是非常重要的。

由于在多路解编阶段，已消除了二进制增益，因此需要应用增益曲线补偿能量随深度的衰减。

图 5.2 是几何扩散校正前后的野外记录对比图。在较大时间处的振幅已经恢复，但遗憾的是环境噪声也被加强了。

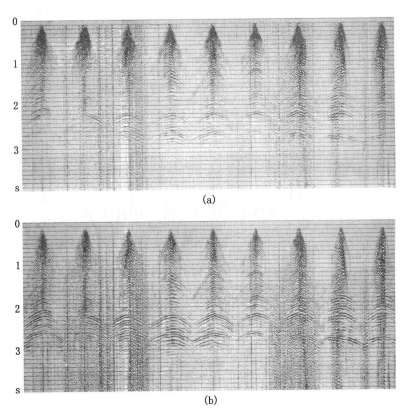

图 5.2 几何扩散校正（Yilmaz，1987）

(a) 陆上地震勘探的原始记录。注意较大时间处的振幅衰减很快；(b) 对（a）中的原始记录进行几何扩散校正处理。较大时间处的振幅得到了恢复，但噪声也加强了

5.1.3 增益类型

实际工作中基于所需标准，使用了多种类型的增益。从数据中得到增益函数并应用于地震道每个时间样点的振幅上。

常用的增益类型有 3 种：程序增益控制、地表一致性增益和自动增益控制（AGC）。这些方法将在下面给予解释。

5.1.3.1 程序增益控制（PGC）

PGC 是最简单的增益形式。它可以通过在指定时间样点的增益值之间内插得到增益曲线。那么，时间越大样点的增益也就越大。通常单一的 PGC 函数应用到道集或剖面中的所有地震道，以保持横向上真振幅的相对变化。

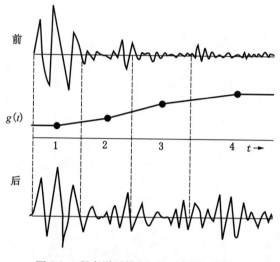

图 5.3 说明了 PGC 法恢复振幅的方法。增益函数由黑圈标定的时间样点值估计得到，然后在这些样点之间进行插值。

图 5.3 程序增益控制（Yilmaz，1987）

5.1.3.2 地表一致性增益

它与 PGC 增益基本相同，但它对 CMP 道集中的每道都计算增益值。对于每个炮点和接收点分别提取并应用增益曲线，对于球面扩散引起的振幅衰减给出了更精确补偿。

这种形式的增益校正应用到 CMP 道集的每一道，保持了振幅随偏移距的变化。换句话说，它保留了振幅随入射角的变化（图 5.4）。

这种方法应用于振幅与偏移距（AVO）分析技术中。

5.1.3.3 振幅自动增益控制（AGC）

这是最常用的增益类型。

自动增益控制是一个处理过程，它可以自动地控制每一道地震道的增益，而且道与道之间是独立的。输出数据量级控制着增益，以保持在定义时窗内所限制范围内，使期望输出数据量级输出数据。它被用于地震道的每个样点。不需要用插值的方法定义增益函数。

图 5.5 说明了用 64ms、128ms、512ms 和 1024ms 时窗的 AGC 结果。

时窗越小，振幅越大；时窗越大，振幅越小。

震源位置

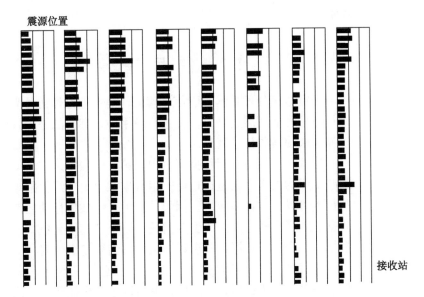

接收站

图 5.4   地表一致性增益（地震仪器服务公司提供）

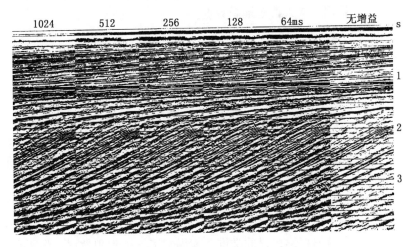

图 5.5   自动增益控制（AGC）（Yilmaz，1987）

总之，对地震数据应用增益的原因有以下几个方面：

（1）几何扩散校正补偿由于远离震源引起的振幅减弱；

（2）应用 AGC 增益函数能够提高弱信号能量，其增益函数是时变的；

（3）程序增益控制可用于保持真振幅的相对关系；

（4）增益必须谨慎使用，因为它能够破坏信号特征，如小时窗

AGC 所示。

<h1 style="text-align:center">5.2 信 号 理 论</h1>

地震数字处理技术源于信号理论，信号理论最初是为了改善雷达和无线电信号而发展起来的。在这些应用中，其目的是增强信号和削弱干扰噪声来使接收信息清晰。

这些技术是将两组数据组合得到第三组数据，它与前两组数据具有某些期望的关系。它是通过由一组数据乘上另一组数据来完成的。用这些技术可以完成许多应用。例如，在另一组数据移动之前，可以将一组数据的顺序反转过来。或者专门设计一个"算子"数据，它通常比其他数据少，将算子数据与一组数据组合得到第三组数据。

这些数据是接收数据的数值表示，它们是数字形式的地震道，实际上是数据记录的格式。这些数据可以绘制成曲线，形成数据的模拟显示。这些运算用到了信号理论，例如相关、褶积和反褶积，它是用数字处理方法来改善地震数据。

5.2.1 相关

相关是信号理论在地震数据处理中的应用之一。

记录剖面中的一个模拟地震道是在中心线左右摆动的曲线。它近似地代表了由地震波引起的地下振动。在数字记录形式中，它是每 1ms、2ms 或 4ms 采样的一个数字数据。正值和负值代表了波形道左边和右边的摆动（波峰和波谷）。

当我们将两道以数字形式并列排放之后，用第 1 道的第 1 个数值与第 2 道的第 1 个数值相乘，然后用第 1 道的第 2 个数值与第 2 道的第 2 个数值相乘，以此类推，就得到了一列乘积数据。将所有的乘积数据相加得到一个数值，它表示了这两道的相似程度。数值越大，这两道就越相似。因为每对数据在一起相乘，相匹配的两个波谷相乘和相匹配的两个波峰相乘得到的乘积都是正的。

波峰与波谷相乘得到一个负数，就像正数与负数相乘得到一个负数一样。所以，好的匹配是正的，不匹配是负的。

5.2.2　时间超前与延迟

在这里我们需要定义时间超前与延迟的意义。请看一个例子，如果一个会议安排在 4 点举行，但是我们将会议提前到 3 点，也就是我们已经在时间轴上移动了会议。按约定，时间向右运动，这样超前就通过向左的移动来表示。时间延迟，当然，是一种负向超前，因此也就是向右移动。

现在让我们回到讨论过的相关。图 5.6 列举了两个数字形式子波的互相关过程。考虑两个子波，每个都由 3 个数字的数据表示：

$$A = (2, -1, 1) \text{ 和 } B = (2, 1, -1)$$

让子波 B 固定在某个位置，而子波 A 相对于它超前。在图的右上角是一个代表子波位置的数字表，子波 A 超前 -3 到 $+3$。在图表接近底线处展示了子波 B 的位置。

将子波 A 超前 -1 个时间单位，我们将它向右移动一格。现在我们有

$$A \text{（超前} -1 \text{ 个单位）} = (2, -1, 1) \text{ 和 } B = (2, 1, -1)$$

乘积求和为

$$(2)(1) + (-1)(-1) + (1)(0) = 3$$

因为两个符号相同的数相乘是正的，就像匹配的波峰或匹配的波谷得到了正的数值一样。这使求和的数值增大。和值是时间移动的互相关（超前 -1），在这种情况下，有最大值为 3。

现在，让我将子波 A 超前 $+1$ 个时间间隔；也就是说，我们将它向左移动一格。这时有

$$A = (2, -1, 1) \text{ 和 } B = (2, 1, -1)$$

时移 $+1$ 的互相关为

$$(2)(0) + (-1)(2) + (1)(1) = -1$$

子波 A 的波谷（-1）和子波 B 的波峰（2）的相乘是一个负数 -2，它使得和值下降，因此该位置的波形是负相关。

现在我们重复时移、相乘、相加这个处理过程。其和值就是对应的每次时移的互相关值。子波 A 和 B 的互相关值是由时移子波 A 和位置不变的子波 B 相乘的和值组成的函数。

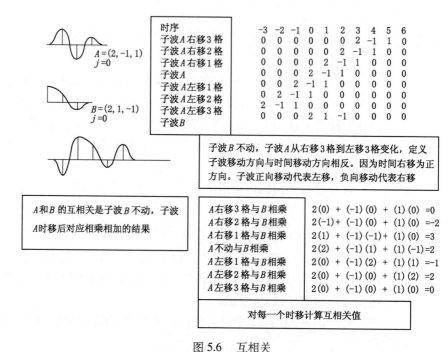

图 5.6　互相关

将时移和互相关值绘成图形成第三个子波，它被称为互相关函数。

在可控震源数据的情况下，在解编阶段要进行另一种互相关。它是通过用扫描信号与全部数据体相关来提取数据，并输出接收时间，即实际记录长度。解编数据通常每隔多道显示一道来进行质量控制，甚至是在较短的陆上地震测线或存在问题测线时显示每一个记录。在存在不正常扫描信号或短的记录情况下，最好的方法就是输出测线上的所有扫描记录，并将它们排列在一起绘图，以检查所有扫描记录同相性，并进行编辑。

5.2.3　自相关

自相关是互相关的一个特殊情况。它不是将两个不同的子波波形进行相关，而是将子波与其自身进行相关。用于处理的两列数据是由同一个数字形式构成的。自相关是对称的零相位函数，而互相关不一定是对称的。

图 5.7 显示了一个自相关函数和由两个不同波形得到的互相关函数。

5.2.4　褶积

褶积是一种类似于相关的处理，但有一个重要的差别。当我们在对两个数字波形进行相关运算时，我们将一个放在另一个的上面，将其中的一个向右或左时移，上下（垂直）对应相乘，然后对乘积求和。结果就是在该问题中时移的相关值。

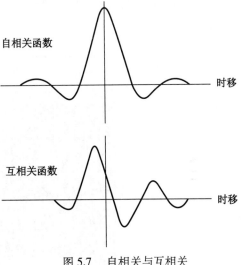

图 5.7　自相关与互相关

为了对两个数字波形褶积，先将其中一个反转，使它的值在时间上是逆序排列。然后进行上述讨论的相关过程处理。图 5.8 说明了这个过程。

褶积过程的一个应用就是对地震数据进行带通滤波以衰减不想要的频率范围。它可以通过对一个地震记录利用不同的带通滤波器滤波显示

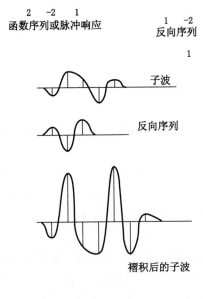

```
    2  -2  1                      0  -1   2   1  -2   1   0     子波求和
函数序列或脉冲响应          1  -2   2  _____
                                  2
                            0   0   0   0   0   0   0    … 0
                            0  -1   2   1  -2   1   0
                         1 -2   2  _____
                         1
                        -2   2  _____
                            0  -2   0   0   0   0   0    … -2
                            0  -1   2   1  -2   1   0
                            1  -2   2  _____
子波                        0   4   2   0   0   0   0    … 6
                            0  -1   2   1  -2   1   0
                                1  -2   2
                            0  -1  -4   2   0   0   0    … -3
                            0  -1   2   1  -2   1   0
反向序列                        1  -2   2
                            0   0   2  -2  -4   0   0    … -4
                            0  -1   2   1  -2   1   0
                                    1  -2   2
                            0   0   0   1   4   2   0    … 7
                            0  -1   2   1  -2   1   0
                                        1  -2   2
                            0   0   0   0  -2  -2   0    … -4
                            0  -1   2   1  -2   1   0
                                            1  -2
褶积后的子波                 0   0   0   0   0  -2   … 1
                            0  -1   2   1  -2   1   0
                                                1
```

图 5.8　褶积

来实现。图 5.9 为滤波试验分析图。

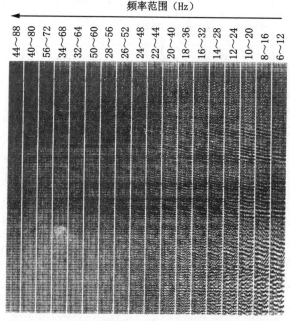

图 5.9　滤波试验（地震仪器服务公司提供）

5.2.5　反褶积

反褶积（decon）是通过压缩基本子波来提高地震数据垂向分辨率的处理过程。它也称为"反滤波"。

反褶积一般在叠加前应用（DBS），但有时也在叠加后进行（DAS）。

地球是由不同物理性质、不同岩性的层状岩层组成的。从地震角度讲，岩层是由它们的密度和地震波在其中传播的速度来定义的。密度与速度的乘积称为波阻抗。地层间的阻抗不同引起了反射，从而在地表剖面上记录到反射波。

地震道可以用输入信号与反射系数序列或地下脉冲响应的褶积来模拟。记录的地震道包含很多成分，它包括震源子波、大地滤波、地表反射和检波器响应。它也包含了一次反射波（反射序列）、多次波和所有其他类型的噪声。

在理想情况下，反褶积能压缩子波长度并衰减多次波，最后在地震道上仅保留地下反射系数。

实质上，如果反滤波是用地震子波来褶积，当它应用到地震记录时将会得到一个脉冲。反滤波将得到地下脉冲响应，这被称为脉冲反褶积。

图 5.10 显示了如何对一个地震子波进行反褶积。注意旁瓣代表不期望的信号，就如前面讨论的某些或全部噪声那样。我们希望利用最佳反褶积参数与地震子波褶积，从而衰减这些不期望的信号。质量控制的手段就是对反褶积后的地震道进行自相关，检查它的旁瓣是否被衰减。

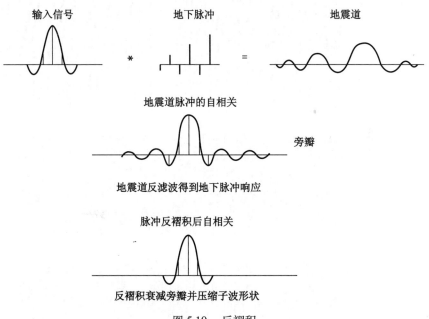

输入信号　　　　　地下脉冲　　　　　地震道

地震道脉冲的自相关

旁瓣

地震道反滤波得到地下脉冲响应

脉冲反褶积后自相关

反褶积衰减旁瓣并压缩子波形状

图 5.10　反褶积

为了选择最佳参数对地震数据进行反褶积，需要在叠前或叠后进行反褶积试验。图 5.11 是利用不同反褶积参数进行叠前反褶积试验的结果。

图 5.12 说明了反褶积前后的叠加剖面的不同。可见在反褶积后的剖面上反射波分离，并且多次波得到了衰减。

叠前反褶积通常是为了衰减短周期多次波。另一方面，可以在叠后用一个长的反褶积算子衰减长周期多次波。

如果叠后反褶积没有效果，那就不要用它。为了避免损害有效数据

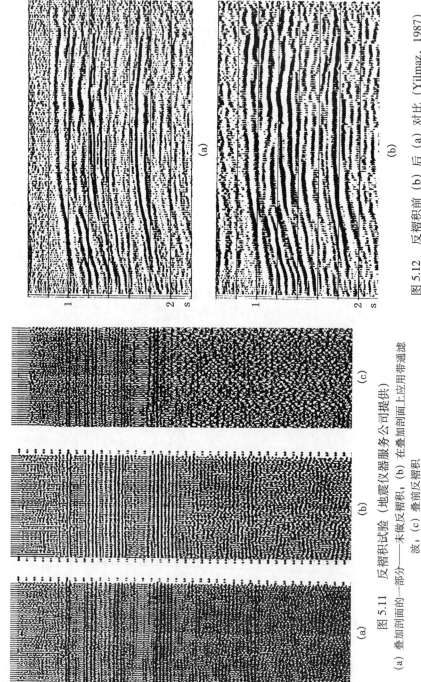

图 5.11　反褶积试验（地震仪器服务公司提供）
(a) 叠加剖面的一部分——未做反褶积；(b) 在叠加剖面上应用带通滤波；(c) 叠前反褶积

图 5.12　反褶积前 (b) 后 (a) 对比 (Yilmaz, 1987)

可以取消它。图 5.13 显示了叠后的反褶积的例子。这个反褶积剖面应
用了叠后滤波。

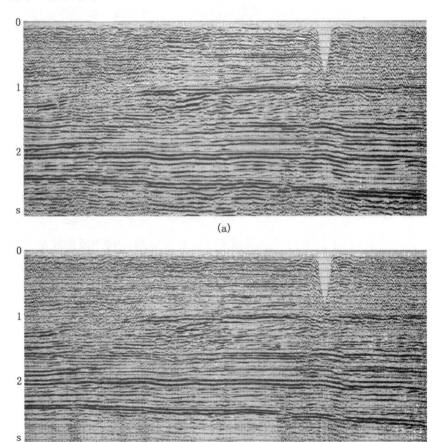

(a)

(b)

图 5.13　反褶积前（b）后（a）对比（Yilmaz，1987）

5.2.6　褶积处理小结

褶积、互相关和相加（叠加）组成了时间域数字处理的三个基本处
理方法。

地震道叠加简单地说就是将两道或更多道的时间序列的采样点的数
据对应相加的处理方法。叠加的目的是提高信噪比。

互相关和褶积遵循同样的操作流程，都是将两个时移序列上相应的
采样点相乘，然后将乘积相加得到第 1 个点的输出值。将一个时间序列

移动一个样点，重复这个操作，得到第 2 个点的输出值，依此类推。互相关与褶积操作上唯一的不同之处，就是褶积在计算之前先把一个时间序列反转。反褶积就是反滤波，它通过衰减不期望的信号手段来获得原始地震脉冲的形状。

5.3 正常时差校正

正常时差校正（NMO）就是为了消除由震源与检波点之间的偏移距引起时移的方法，它将所有道校正到零偏移距，即震源和接收点在地表的同一点上，这个点就是实际震源和接收点的中点。

5.3.1 对水平层的正常时差校正

图 5.14 为一个简单例子，它是对单一水平反射层的正常时差校正几何示意图。在给定的中点 M，$t(x)$ 为沿射线路径 SDG 的旅行时，x 为从震源到接收点位置的偏移距。如果 v 为反射界面以上介质的速度，那么 $t(0)$ 就是沿着垂直路径 MD 的双程旅行时。

$$t(x) = SDG/v$$

定义 $t(0) = 2MD/v$

$$t(x)^2 = t(0)^2 + x^2/v^2$$

这是一个双曲线方程。

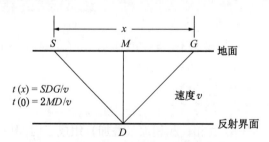

$t(x) = SDG/v$
$t(0) = 2MD/v$

图 5.14　水平反射层的正常时差校正
对于一个水平反射层的正常时差校正的简单情况。在给定中点 M 处沿射线路径 SDG 的旅行时为 $t(x)$。x 为震源到接收点位置的偏移距。v 为反射界面以上介质的速度。$t(0)$ 为沿垂直路经 MD 的双程旅行时。$t(x)^2 = t(0)^2 + x^2/v^2$ 为双曲线方程

5.3.2　多层反射界面的正常时差校正

　　假设介质模型由层状速度界面组成的，如图 5.15 所示。每一层的厚度可以由双程旅行时来定义。这些层的层速度分别为 $v_0, v_1, v_2, \cdots, v_n$，$n$ 为地层层数。

　　Dix（1955）对这些关系进行了研究，Taner 和 Koehler（1969）推导出了均方根（RMS）速度和层速度的关系，如图 5.15 中的方程（1）所示。

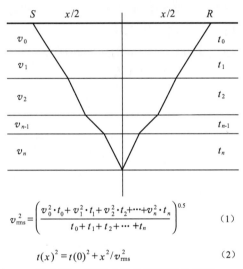

$$v_{\text{rms}}^2 = \left(\frac{v_0^2 \cdot t_0 + v_1^2 \cdot t_1 + v_2^2 \cdot t_2 + \cdots + v_n^2 \cdot t_n}{t_0 + t_1 + t_2 + \cdots + t_n} \right)^{0.5} \qquad (1)$$

$$t(x)^2 = t(0)^2 + x^2 / v_{\text{rms}}^2 \qquad (2)$$

图 5.15　层状介质的正常时差校正

　　方程（2）给出了多层情况下的正常时差校正方程。它与单一层状介质的 NMO 方程类似，除了速度之外，它用的是 RMS 速度。

5.4　速　度　分　析

　　声波测井提供了地层速度与深度对应的直接测量方法。从另外方面来说，地震数据间接地给出了地层速度的测量方法。利用这两种信息，勘探工作者可以推导出多种类型的速度，例如层速度、视速度、平均速度、均方根（RMS）速度、瞬时速度、相速度、正常时差校正（NMO）速度、叠加速度、偏移速度等。

　　基本目的是测得"真实"的层速度，利用所用的数据通常很难得到准确的层速度，或者说根本就是不可能的。地震数据的功效在很大程度上依赖于地质学家、地球物理学家和工程师对速度信息的利用。

速度是所用量中最没有得到充分利用的量。如果了解它的作用，并且充分发挥它的作用，那么它就会成为一种非常有利的参量。

5.4.1 速度术语

在地震勘探中，简单地说速度就是地震波在介质中旅行距离与时间的比值。然而，就如我们所知的，有好几种速度类型。速度可由地震波运动的类型或它的测定方法来定义。在讨论特定的速度分析之前，我们必须了解这些术语。图 5.16 是一个简单的层状介质模型。假设地震波能量在地表激发，其时间为 t_0，地震波穿过深度分别为 h_1，h_2 和 h_3 的不同反射界面，对应的速度分别为 v_1，v_2 和 v_3。在深度 h_1 之内，有时间分别为 t_1，t_2，t_3 和 t_4 的几个反射层。

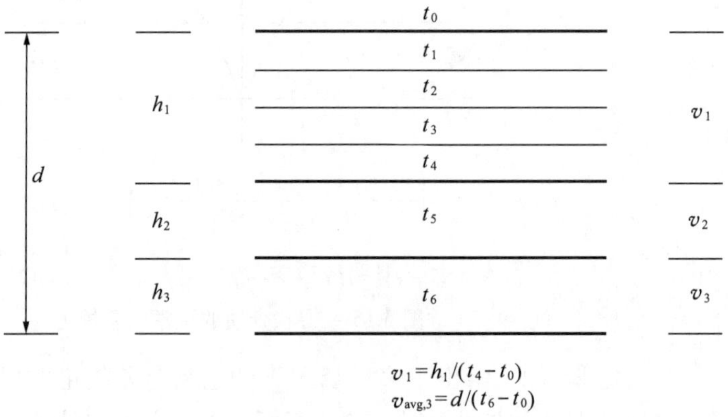

$$v_1 = h_1/(t_4-t_0)$$
$$v_{avg,3} = d/(t_6-t_0)$$

图 5.16　速度术语图解

（1）层速度：两个反射界面之间测得的速度。

$$v_1 = h_1/ (t_4-t_0)$$

（2）平均速度：深度除以地震波到达这个深度的旅行时。

$$v_{avg,3} = d/ (t_6-t_0)$$

（3）均方根（RMS）速度：均方根速度从地震数据的 CDP 处理技术求得的。

$$v_{\mathrm{rms},n}^2 = \sum_{i=1}^{n}(v_i^2 \Delta t_i)/\sum_{i=1}^{n}\Delta t_i$$

例如：

$$v_{\mathrm{rms},2}^2 = v_1^2\ (t_4-t_0)\ +v_2^2\ (t_5-t_4)\ /t_5$$

（4）叠加速度：直接从地震数据的 CDP 中得到。

（5）偏移速度：从地震波前面求得。

（6）井中测量速度：由井中检波器求得。

（7）横波速度：质点运动方向垂直于传播方向的波速。

5.4.2　影响速度分析的因素

利用地震数据的共深度点道集进行速度分析的几个影响因素：

（1）野外观测系统——偏移距的长度；

（2）多次覆盖——叠加次数；

（3）信噪比；

（4）浅层初至切除；

（5）速度分析的时间窗长度；

（6）速度增量——采样大小；

（7）相干属性量的选择；

（8）数据频率——数据带宽；

（9）静校正——偏离双曲线的时差量。

排列长度是很重要的因素，长排列能够给出更好的 NMO 值，可更好地将一次反射波与多次波分离。

根据探区的记录质量，覆盖次数能影响到信噪比。通常，覆盖次数越高，信噪比也越高，因为高的覆盖次数能压制随机噪声。

"切除"是影响速度分析质量的一个处理过程。浅层初至切除用于消除噪声串，例如体波。更多近道（靠近震源）必须谨慎选择切除与保留（未切除部分），以提高浅层标志层的相干性。局部切除用于记录内部，常在相干噪声严重的情况下使用，例如声波和某些频散波。在这种情况下不能使用数字滤波，原因是噪声的频率与地震道该深度上的数据频率是相等的。

速度分析的分辨率依赖于在垂向上进行正常时差校正计算的时窗长度。这个时窗一般是 20ms；在水平方向的分辨率依赖于速度的增量和速度变化范围。这两个参数影响了速度分析的精度和计算时间。

数据的频率成分影响速度的精度，特别是剖面的浅层部分。它影响了相干性、横向和垂向的分辨率。速度谱方法即使在较强随机干扰的情况下也能够沿着双曲线将信号分辨出来。这是因为在测量相干性的互相关的有效性。如果信噪比太低，则速度谱的精度受到限制。

速度谱是对应于某一范围内以一个固定速度值或固定的正常时差间隔沿双曲线搜寻路径进行计算的。在零偏移距时双曲线路径取一定的双程时间窗口范围。如果窗口选择太小，就会消耗大量的计算时间；如果窗口太大，速度谱就会损失垂向分辨率。

5.4.3　叠加速度与速度分析

正常时差是从地震数据求得速度的基础。计算得到的速度可用于正常时差校正，以便在叠加之前使 CMP 道集上反射层排齐。

速度分析得到的叠加速度能够得到"最佳"的叠加效果，这个速度称作 v_{NMO}。

由图 5.15 方程（2）可知，RMS 速度或叠加速度可由在全部排列长度上最佳拟合的双曲线上求得。

图 5.17 说明方程（2）中的 $T^2(x) - X^2$ 平面关系。直线的斜率是 $1/v_{NMO}^2$，在 $x=0$ 时的截距是 $t^2(0)$。在实际计算中，用最小平方拟合法来确定直线斜率。

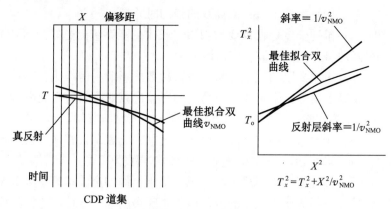

图 5.17　最佳叠加速度（$T^2 - X^2$ 法）

$T^2 - X^2$ 法是求叠加速度的可靠方法。其计算精度依赖于信噪比，因为信噪比影响着速度拾取的质量。

5.4.4　速度分析类型

5.4.4.1　常速扫描

在 CMP 道集上进行常速扫描方法是一种速度分析技术。图 5.18 和图 5.19 是对一个 CMP 道集反复应用正常时差校正的道集显示，它所用速度范围为 5000 ~ 13600ft/s，速度扫描增量为 300ft/s。正常时差校正后的道集以条带的形式并列显示。

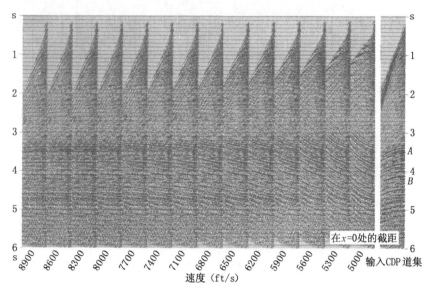

图 5.18　对一个 CDP 道集进行常速时差校正（速度范围 5000 ~ 13600ft/s）（Yilmaz，1987）

两条目的层的同相轴（A 和 B）需要进行正常时差校正。在低速校正时，同相轴校正过量（减去正常时差过大）。同相轴 A 在速度等于 8300ft/s 时校平，这个速度就是同相轴 A 的最佳叠加速度。注意在速度较高的情况下，同相轴 A 校正不足（减去正常时差过小）。请参考正常时差校正方程。

同相轴 B 在速度为 9200ft/s 时校平。这是同相轴 B 的最佳叠加速度。在这个过程中，我们可以建立速度函数，用它近似地对这个道集进行正常时差校正。

得到可靠叠加速度的最主要的因素是使叠加有最佳的相干性。出于

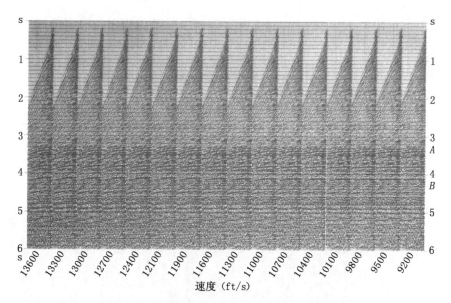

图 5.19 对一个 CDP 道集进行常速时差校正（速度范围 5000 ～ 13600ft/s）（Yilmaz，1987）

这个原因，可以在常速叠加图版上估算速度。

5.4.4.2 常速叠加（CVS）

叠加速度经常由道集估算得到，它是依据在一定速度范围内基于叠加同相轴的振幅和连续性的。

图 5.20 显示了这种叠加速度估算的方法。在这个例子中，该测线部分包含 24 个 CDP 道集，这些道集已经在速度范围 5000 ～ 13600ft/s 内进行了正常时差校正和叠加。一个条带图中的 24 个叠加道代表一个常速处理结果。这些条带图并列显示，并标有速度值，从右至左增大。叠加速度从这些条带图中直接选取，选择标准是该叠加速度能够产生最佳相干性和在某一时间中心点得到最强的振幅。

注意在深部 3.0 ～ 4.0s 之间的同相轴在大速度范围内叠加效果很好，说明了随着深度增加，速度分辨率降低，这是由于深部的正常时差校正量减小（深部速度增大）。

图 5.21 是低信噪比叠加剖面的常速叠加，速度增量为 200ft/s。多次反射波占据了主要成分。

用这种速度分析方法估算最佳叠加速度必须谨慎。需要了解一个地区的速度范围，特别是当存在构造变化的时候更应如此。速度增量的选

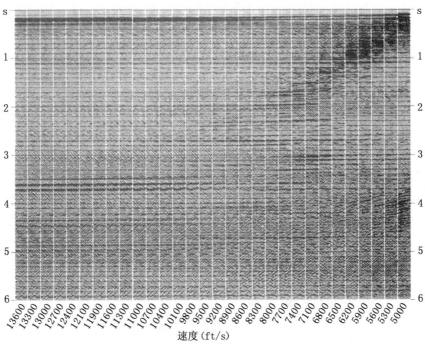

图 5.20　常速叠加显示（Yilmaz，1987）

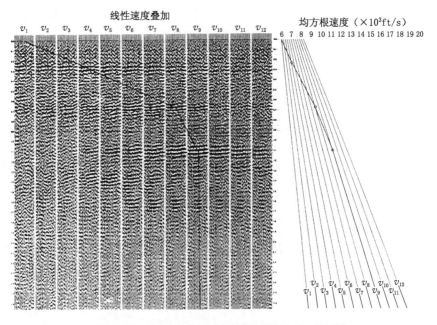

图 5.21　常速叠加显示（地震仪器服务公司提供）

择必须确保所有横向和垂向微小变化都能叠加。在这种情况下，建议用统一的速度增量。

5.4.4.3　速度谱方法

速度谱方法与 CVS 法不同，它是根据 CMP 道集中地震道的互相关而不是叠加同相轴的连续性。与 CVS 法相比，更适合处理多个反射层的情况，但不适合处理复杂构造问题。

为了说明这种估算叠加速度的方法，我们利用图 5.22（a）中所示的含有单一反射层的模型。输入道集含有一个对应水平反射层的一条双曲线。假设利用速度范围 2000～4300m/s 的常速度值反复对道集进行校正，然后把每一叠加结果并排显示在一起。把得到的结果显示在速度与双程旅行时的变化上，称为"速度谱"，如图 5.22（b）所示。

我们将数据从偏移距与双程旅行时转换为叠加速度与零偏移的双程旅行时。正如你看到的一样，对于这个单层的最佳叠加速度为3000m/s。如果我们用这个方法处理多层情况 [图 5.22（a）]，依据叠加振幅，这些层的最佳叠加速度分别为：2700m/s，2800m/s 和 3000m/s，如图 5.22（b）所示。

有两种常用的显示速度谱的方法：能量显示法和等值线显示法。图5.23 是这两种显示方法的示意图。图 5.23（a）为道集，图 5.23（b）为能量谱显示，图 5.23（c）为等值线显示。

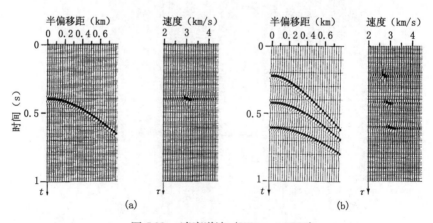

图 5.22　速度谱法（Yilmaz，1987）

(a) 单层情况；(b) 多层情况

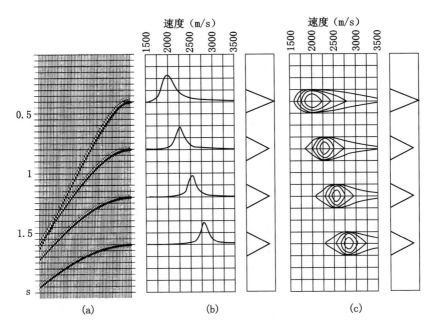

图 5.23　速度谱绘图显示（Yilmaz, 1987）

　　图 5.24 显示了陆上测线的一组速度谱。速度谱是在 CDP 分别为 88，188，408，498 和 578 时提取的。注意在图的下部的速度拾取的分

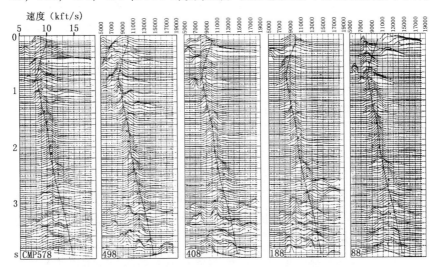

图 5.24　速度谱显示实例（Yilmaz, 1987）

沿陆上测线的速度谱，速度分析 CDP 分别为 88，188，408，498 和 578，速度范围为 5000 ~ 19000ft/s。注意在 2.5s 以下速度分辨率降低，这是由于高速值和噪声引起的影响

辨率降低，这可能是因为噪声严重和高速值引起的，作为这种情况下速度值是难以分辨的。

5.4.4.4　沿层速度分析

对地层或构造进行足够精确的估算速度的一个方法就是连续分析目的层的速度。这种精细的速度分析方法叫"沿层速度分析"。在叠加剖面上，沿着选择关键的目的层的每一个 CMP 上进行速度估算。这种速度估算的方法原理与速度谱方法相同。由双曲线时窗计算出相关值的输出是以 CMP 位置与速度的函数显示的。

从叠加剖面上拾取层位时间，数字化后输入到沿层速度分析程序中。输出显示可得图 5.25。在剖面上出现不连续的情况下，沿层速度分析就在被断层分割的层位段上进行。

沿层速度分析的一个应用就是改善沿标准层的速度变化，特别是当这些速度用于叠后深度偏移中的时候。

5.4.5　叠前分析

在海上数据的情况下，有一个对质量控制的近道监视器，以进行设计速度分析，并用于道编辑和设计反褶积参数。在陆上数据的情况下，特别是含有噪声的时候，在进行滤波试验和反褶积试验以前要进行叠前分析，其目的是滤掉一些无用的信号成分，提高信噪比，并设计一个短算子进行反褶积以衰减短周期多次波（图 5.26）。

对于海上数据，可能会用除气泡程序代替（或联合使用）反褶积。海上数据通常看不到陆上数据的随机噪声和相干噪声，但是在许多近海地区，它含有很强的多次反射波。

对共深度点记录通常要进行许多处理步骤，例如应用高程静校正、速度分析、剩余静校正以及叠加。

为了分选数据（抽道集），需要考虑沿地震测线的距离和角度的变化，得到每道正确的炮检距。高程静校正通常在正常时差校正之前进行，以便进行速度分析。

没有现成的处理流程能够适用于世界不同地区采集的地震勘探数据，但是有一个基本的框架是必须遵循的。那就是处理流程必须根据地区、记录质量和存在的特殊问题而设计。

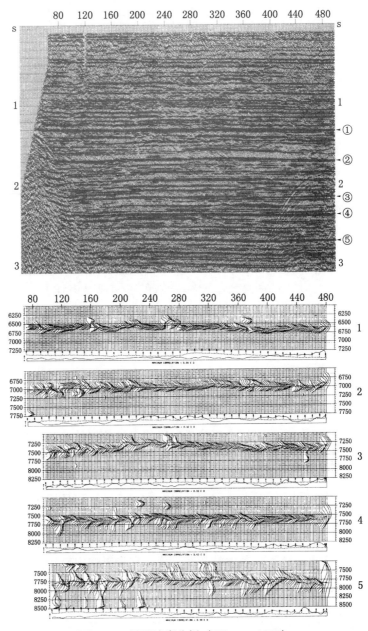

图 5.25　沿层速度分析（Yilmaz，1987）

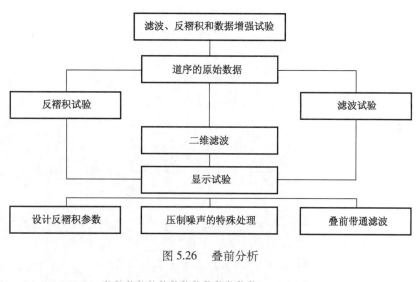

图 5.26　叠前分析

5.5　切　　除

切除是去掉地震道中含有的噪声或噪声强于信号部分的处理过程。切除的两种类型是浅层切除和局部切除。

5.5.1　浅层切除

在现代地震勘探中，远道检波器组距离震源很远。在这些接收点的地震道，折射波可能会与来自浅层反射层的反射信息形成交叉和干涉。然而，近道则不会受这样的影响。当数据叠加时，远道需切除到反射波中没有折射波的位置处。

切除改变了各道对叠加的相对贡献，成为了时间的函数。在叠加前大偏移距记录的浅层部分可能被切除，原因是折射波干涉了初至波，或因为正常时差校正后它们的频率成分低于其他道（动校拉伸）。

大偏移距的特殊变化可能是渐变的，也可能是突变的。然而，突变可能会引入其他的频率成分，它将影响到反褶积算子的设计。图5.27说明了浅层切除的过程。

5.5.2　局部切除

切除可以在一个时间范围内进行，使面波、声波和其他噪声排除在

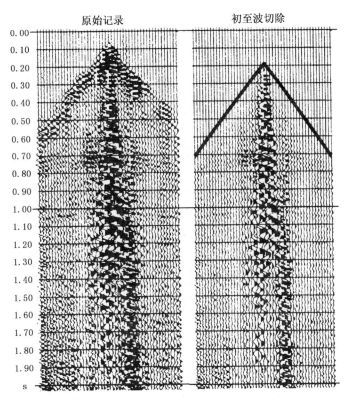

图 5.27   浅层切除（地震仪器服务公司提供）

在数据叠加前，设计切除模式来切除初至波和其他噪声波列。

由于 NMO 拉伸效应，该切除一直到反射波不受频率变化的影响的时刻为止

叠加之外。特别适用于噪声的频率成分与有效波的频率成分相同时。反褶积方法能够滤掉噪声，但同时也可能衰减有效信号。图 5.28 说明了局部切除方法。

5.6   静   校   正

为了使地震剖面代表真实的地质构造，每一个地震道必须进行两种反射时间校正，即动校正和静校正。静校正的每道校正量是固定的，而动校正是时间的函数。我们已经讨论了动校正（正常时差校正）和动校正的应用。

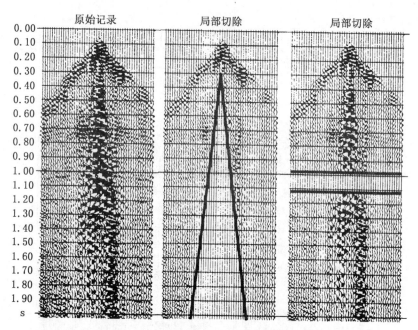

图 5.28　局部切除（地震仪器服务公司提供）

这个野外记录中浅层反射受到初至波干扰。设计浅层切除可能会切除记录中的初
至波，记录中间有一个噪声锥形带，称作"面波"。在某些情况下，它的频率成
分与有效波频率成分重合。既然褶积法可能损害有效信号，那么应用局部切除法
切除面波就成为必须了

5.6.1　高程静校正

　　为了得到精确反映地下构造形态的地震剖面，反射时间必须校正
到定义的参考时间上。一般取某一高程的基准面，它位于平均海平面以
上，且在速度变化的风化层之下（图 5.29）。总的静校正量（ΔT）依赖
于以下因素：

　　（1）从震源到基准面的垂直距离。

　　（2）从检波器到基准面的垂直距离。

　　（3）沿地震测线表层速度的变化。

　　（4）近地表地层的厚度变化。

　　计算 ΔT 时，一般假设近地表地层中的反射射线路径是垂直的。

　　总校正量为：

$$\Delta T = \Delta t_s + \Delta t_r$$

式中，Δt_s 为震源静校正量，单位是 ms；Δt_r 为接收点静校正量，单位是 ms。

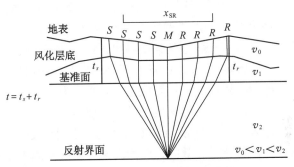

图 5.29 地表一致性静校正模型

主要假设剩余静校正是地表一致性的，这表示静校正时移是由震源和接收点位置的时间延迟产生的。这个假设不考虑偏移距，即所有射线是垂直的，即在近地表地层中是垂直的。风化层中的速度很低，基底的折射使射线路径几乎是垂直的。地表一致性通常是正确和有效的。在高速地区，例如在永久冻土区，这种假设可能是无效的，因为高速使射线偏离垂直路径

图 5.30 显示了一条陆上测线的共炮点道集，其静校正量（由于近地表地层的厚度变化）引起了道集右侧双曲线旅行时发生了偏离。

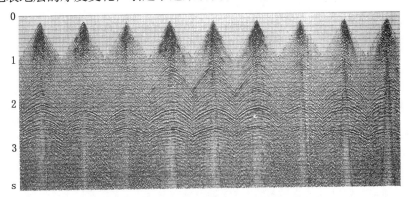

图 5.30 近地表静校正问题（Yilmaz，1987）

5.6.2 剩余静校正

在 CMP 道集上进行动校正和高程静校正之后与标准双曲线之间存在的差值就是剩余静校正量。

这些静校正量导致 CMP 道集地震同相轴排列不齐，从而得到较差

的叠加道。我们需要估计使同相轴时间完好排齐的偏离时差，然后用于自动处理来校正之。

为了进行旅行时的动校正，需要建立一个模型，它是从震源到反射界面上的一个点，然后再返回接收点（图 5.29）。首先主要假设剩余静校正是地表一致性的，即静校正量由依赖于震源和接收点位置的时间延迟（Hilman 等人，1968 和 Taner 等人，1974）。这个假设不考虑偏移距，即所有射线在近地表地层中是垂直的。

因为风化层中的速度很低，所以基底的折射使射线路径几乎是垂直的。地表一致性假设通常是有效的。在高速地区，例如在永久冻土区，这种方法可能是无效的，因为高速使射线偏离垂直路径。

剩余静校正包含以下三个步骤：

（1）拾取层位时间；

（2）分解出震源和接收点静校正量、构造时差和动校正时差；

（3）在得到最佳剩余静校正量之后，在进行 NMO 之前把得到的震源和接收点静校正量加到道集中去。这些静校正量应用于反褶积和抽道集之后的数据上，然后重新进行速度分析。得到新的速度可用于获得一致性最好的叠加剖面。

图 5.31 是剩余静校正和速度分析的推荐流程图。

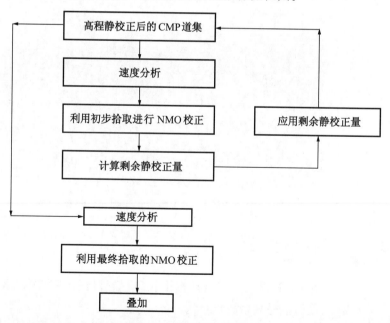

图 5.31　剩余静校正流程图

图 5.32 显示了剩余静校正对速度分析和速度拾取的影响。

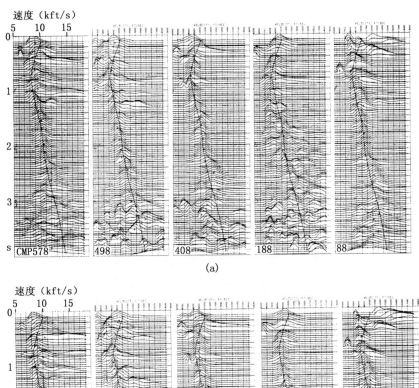

图 5.32　剩余静校正前（a）后（b）对速度拾取的影响（Yilmaz，1987）

　　图 5.33 显示了一组动校正后的 CMP 道集。图 5.33（a）是剩余静校正前的，图 5.33（b）是剩余静校正的。

　　人们期望在剩余静校正之后的叠加剖面具有更好的相干性。图 5.34（a）显示了非常严重的静校正问题，图 5.34（b）显示了在地表一致性剩余静校正之后的有了显著改善的剖面效果。

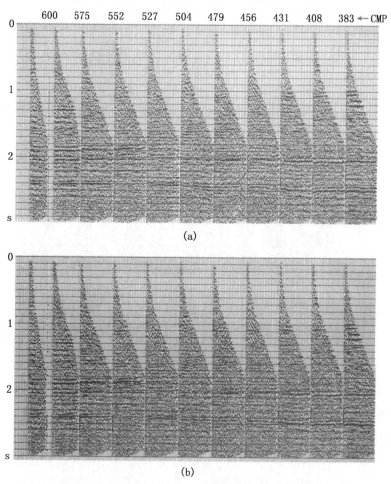

图 5.33　剩余静校正前（a）后（b）的 NMO 道集（Yilmaz，1987）

　　图 5.35（a）是一条对有高程变化的地方进行了高程校正的 CMP 叠加剖面。图 5.35（b）是应用了地表一致性静校正后的叠加剖面。注意在剖面的右边有了非常显著的改善。

　　精细速度分析可以得到更好的速度拾取值，能够产生更好的叠加效果。图 5.36 说明了在近地表风化层进行地表一致性静校正的分辨能力。很明显，静校正确实能够最大程度的消除近地表地层不规则性的影响，并且使正常时差双曲线校正到了理想的形状。通过应用正常时差校正之前抽道集的数据并重新进行速度分析，得到新的速度拾取值。这些处理得到了较好的叠加效果，正如静校正后的叠加剖面所示。

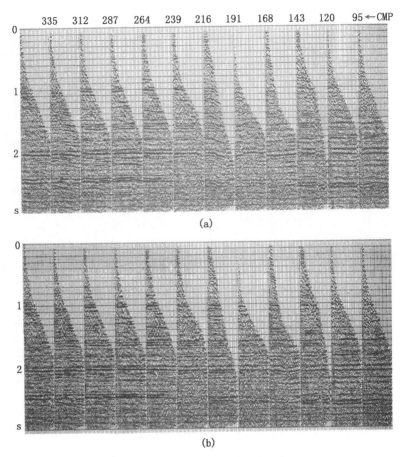

图 5.34　剩余静校正前（a）后（b）的 NMO 道集（Yilmaz，1987）

5.6.3　折射静校正

　　在图 5.36 的例子中，地表一致性剩余静校正解决了近地表的不规则性并校正了它们。通过逐道时移，它使在叠加剖面上的连续性和一致性更好。这种静校正方法叫做短周期静校正。

　　估计震源和接收点静校正量的一个重要问题是静校正量是长波长的函数。地表一致性剩余静校正不能解决长周期静校正分量。由图 5.37 可见，应用剩余静校正后的叠加效果得到了很大改善。短周期静校正分量（小于一个排列长度）引起旅行时的畸变，导致叠加效果不好。因此，仅校正短周期静校正是不够的。

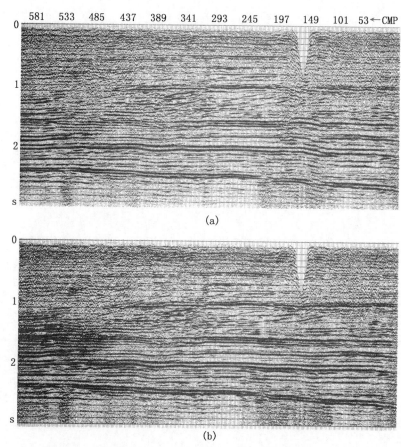

图 5.35　剩余静校正前（a）后（b）剖面对比（Yilmaz，1987）

　　A 与 B 之间的构造形态可能是由长周期静校正值变化引起的。这可以通过追踪浅层剖面和高程变化得到证实。这个例子说明高程静校正没有合理的应用。

　　剩余静校正是必需的，因为数据的高程静校正不能完全补偿近地表的不规则变化。这是因为在风化层中的速度横向变化是未知的。

　　剩余静校正处理短周期静校正效果很好，但是对长周期静校正的能力有限。其原因是剩余静校正的程序是基于道间旅行时差，而不是绝对时间值。

　　折射静校正方法是基于初至到达时间的绝对时间值。

　　图 5.38a 说明了从叠加剖面中选择的 CMP 道集。

　　图 5.38b 显示了应用线性时差校正后的道集。以拉平折射波初至原

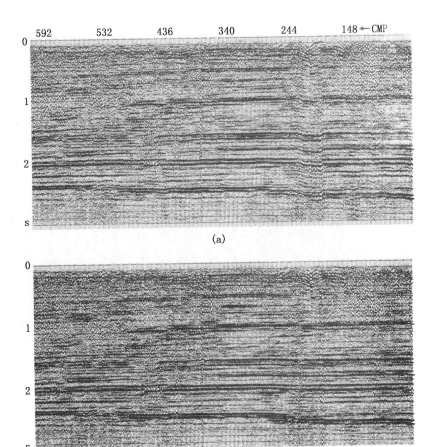

图 5.36　剩余静校正前（a）后（b）剖面对比（Yilmaz，1987）

则选取速度值。

　　图 5.38c 是应用线性时差到道集后的叠加剖面。

　　图 5.38d 是应用长周期静校正后的叠加剖面。静校正是用拾取值并从图 5.38b 中求取静校正量之后进行的。

　　图 5.39 显示了利用折射静校正方法消除长周期静校正前后的显著变化。

　　由以上讨论可知，当存在严重的风化层问题时，陆上数据静校正遵循以下步骤：

　　（1）针对高程变化进行高程静校正；

　　（2）在地表一致性的意义上，进行基于折射方法的静校正消除长周期异常；

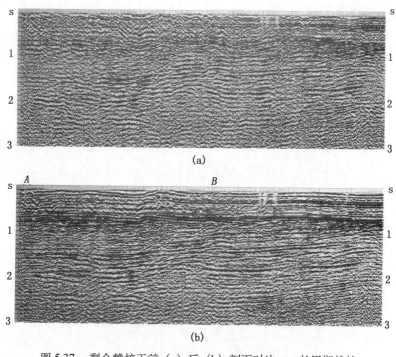

图 5.37　剩余静校正前（a）后（b）剖面对比——长周期静校正（Yilmaz，1987）

（3）用地表一致性剩余静校正消除所有残留的短周期静校正量。

5.7　叠　加

叠加就是将两道或多道数据合并成一道。这种合并有几种实现方法。在数字数据处理中，地震道的振幅用数值表示，叠加也就是将这些数值相加。

如果两道的波峰是同一时刻的，将这两个波峰合并成一个相当于两个加在一起的波峰高度。同样将两个基波谷也一样。同一时刻振幅相同的一个波峰和一个波谷相加可以互相抵消，在叠加道上该时刻将没有能量显示。如果两个波峰是不同时刻的，叠加道上将出现和原来峰值相同的两个分开的波峰。在叠加之后，通过对叠加道进行"归一化"将振幅减小，再将峰值显示出来。

图 5.40 说明了叠加原理。

叠加的应用，包括测定正常时差、确定速度、衰减噪声以提高信噪比。

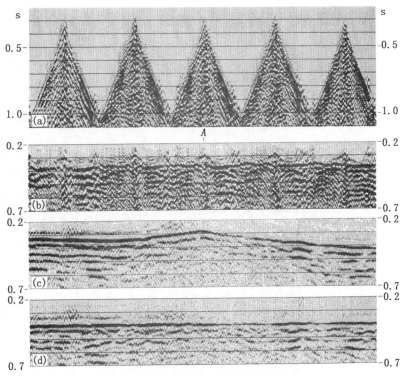

图 5.38 折射波静校正方法（Yilmaz，1987）

一个 6 道的 CMP 道集称为 600% 叠加（叠加之后）。同样，将一个 24 道 CMP 道集称为 2400% 叠加。

5.8 数据处理目标

地震数据处理的一个最重要的目标就是提供可用于解释的剖面。这些剖面必须能够反映地下地质状况，能够对地下的圈闭进行很好的成像，以及用其他的地震技术来定性分析储层岩性的石油物性特征。地震剖面也可以用于直接烃类指示、孔隙度指示及一些在下文中将介绍的其他应用。

地震资料处理目标受野外数据采集参数的强烈影响，此外还受野外采集工作质量及仪器状况的影响。有人认为，野外存在的问题似乎可以通过资料处理阶段中先进的处理软件和硬件来加以解决，这是不准确的，有时是错误的。

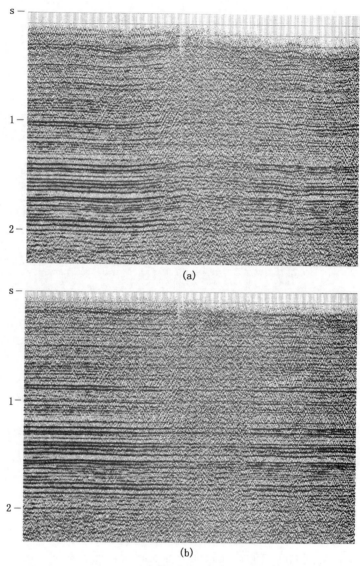

图 5.39 折射波静校正（Yilmaz，1987）
高程校正后的叠加剖面（a），应用初至折射波进行长周期
校正后的叠加剖面（b）

    海上条件强烈地影响到采集数据的质量。强浪能使海上拖缆偏转，坚硬的海底能产生各种多次反射波。

    地震数据通常是在非理想状况下采集的。尽管我们的野外资料不是最理想的，资料处理技术能够帮助我们获得最佳的信息。

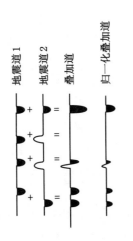

(1) 两道的波峰在同一时刻到达；
(2) 波峰和波谷在同一时刻到达并且振幅相同；
(3) 波谷的到达时刻比波峰小于一个波长；
(4) 两个波峰在不同时刻到达。

图 5.40　叠加处理

同其他任何勘探方法一样，地震方法也有它的局限性。首先是野外采集的资料由仪器的记录频带范围决定，我们可以提高在该频带范围内频率成分的分布，但我们不能生成该频带范围以外的真实频率成分。如果我们人为地生成该频带范围以外的频率成分，那我们就超出了地震勘探方法本身的能力而陷入误区。

近地表信息对地下剖面的完整性起关键作用，有很多干井都是钻在有近地表异常而引起的明显的背斜构造上。

资料处理是解释阶段的一部分，如果做处理的地球物理人员了解该区域的构造和地层结构，那么他们能够处理出更好更可靠的地震剖面。地球物理学家和地质学家以及工程师（野外施工人员）之间的密切配合是获得最好的地下成像的关键。

5.9　数据处理流程综述

石油工业勘探和开发阶段中的一项最具有挑战性的工作就是获得一张能可靠的反映地下地质状况的地震剖面，它能够对地下界面成图、描述岩相、检测油藏储集层及确定它的横向范围。

每一盆地都有它自己的地质特征，包括岩性特征、地形、含水深度、潜水面条件、近地表结构、野外露头、构造和沉积环境等特征。目的层从浅到深变化，圈闭有构造圈闭、地层圈闭及两者复合的圈闭，这些圈闭的大小会变化，油气层厚度也会变化。

因此，为了获得理想的资料，野外数据采集时要考虑以上所有这些因素，在资料处理时要巧妙地设计处理流程来获取地下构造的正确成像。

众所周知，每个探区都是不同的，因此没有一个固定的资料处理流程可以用于世界上任何探区的每一条地震测线，或者一个像菜单一样的处理方法手册来得到有效的地震剖面。

为了获得正确的参数，在数据解编以后我们还要进行进一步的试验，如滤波和反褶积等叠前分析方法获得资料的频谱，据此设计合适的参数以获得频带范围内各频率成分的最佳分布以及衰减噪声提高信噪比。

对于存在很强的多次反射波的海上地震资料的情况，需要进行衰减多次波、增强有效信号的试验，还要进行一些特殊试验，例如速度滤波和其他的二维滤波等以解决处理前的问题。

人们可以进行地表一致性静校正试验。它将解决影响地震标志层连续性的短周期静校正问题。另外，长周期静校正（即超过排列长度的静校正）值能够导致地下构造假象。

折射波静校正能够解决这类问题。为了从地震数据中获得速度，我们需要了解探区的速度范围，这需要借助探区的地质调查情况，如地质背景、岩性性质和目的层深度等。

从近地表静校正值影响的地震数据中求取表层速度。静校正要达到一定的精度，剩余静校正应用于抽道集之后的数据，然后进行速度分析和重新拾取速度值，如前所述的一样。

选择合适的浅层切除对于浅层同相轴来说是非常重要的，特别是在标准层出露地表的情况下。对于浅层地表结构随空间变化的情况可以用空变切除。

增益是一个很重要的参数，特别是对于利用处理数据直接指示含油气情况。在资料处理流程中增益的类型是非常重要的。选择增益来显示一个处理过程，有益于最佳参数的求取和确定。

到叠加阶段，必须要对试验测线进行常规的叠后滤波和反褶积试验，以验证滤波和反褶积是否对叠后数据有帮助。如果没有帮助，就不必再进行滤波了。

因此，很明显没有一个处理地震测线通用的准则。下面是针对陆上资料的一个典型的处理流程。

第一阶段：野外磁带。

　　　　　数据提取——解编和互相关；

　　　　　测线观测系统定义；

　　　　　叠前分析数据准备；

　　　　　反褶积、滤波分析、特殊问题试验。

　　第二阶段：抽共深度点道集。

　　　　　叠前滤波和／或反褶积（可选）；

　　　　　特殊的增强处理以提高信噪比（可选）；

　　　　　应用高程静校正。

　　第三阶段：速度分析。

　　　　　速度谱——常速叠加；

　　　　　浅层切除设计。

　　第四阶段：速度应用。

　　　　　正常时差检查。

　　第五阶段：相关静校正。

　　　　　地表一致性剩余静校正；

　　　　　对抽取的道集应用静校正；

　　　　　静校正后重新进行速度分析；

　　　　　精细的地表一致性剩余静校正；

　　　　　相关静校正。

　　第六阶段：最终叠加。

　　　　　叠后滤波和反褶积试验；

　　　　　叠后信号增强处理；

　　　　　偏移；

　　　　　地震反演；

　　　　　特殊的叠后应用。

5.10　小结和讨论

　　有一种观点就是大型计算机与先进的软件能够解决野外存在问题。但不幸的是所有野外存在的问题计算机软件都不能完全加以解决。如果数据存在的问题是由分辨率不够和野外采集不全，或野外参数错误或野外仪器故障引起的，计算机软件也无法找回这些野外地震数据中根本不存在的信息。

　　数据处理是管理野外信息的一种非常有力的工具。它能够将野外原始数据转换成各种信息，包括噪声和畸变的信息，以及非常有意义的地震剖面，该剖面代表穿过地下界面的垂向切面。这些剖面能够反映地质信息和潜在的油气圈闭。

我们已经了解了常规地震数据处理的流程，我们的目的是解释一些大家听过的但还不理解的词汇的物理意义，例如解编，它重新安排各跨地震道记录的采样数据，形成道序数据形式，以便能用软件进行处理。互相关是用于提取利用可控震源获得的地震数据的信息，它还用于解决静校正问题及应用于更多的其他地震数据处理中。增益是用来补偿球面扩散造成的振幅减弱和保持相对真实的振幅，它可以用来指示油气的。

褶积是用来滤除一些不理想的频率成分，而反褶积是一个衰减短周期多次反射波和提高垂向分辨率的处理。正常时差校正可以校正野外观测系统的影响，获得零偏移距叠加剖面，就像炮点和接收点处在相同的位置。

高程校正是用来减小由于地表高程变化造成的影响。折射波静校正能够解决近地表地层（称为"风化层"或"风化带"）的不均匀性问题。这些地层的厚度和速度在横向和垂向上都是不同的。这些近地表地层歪曲了地震剖面上深层的构造和岩性特征。

数据处理既是一门科学也是一门艺术。应该用逻辑顺序控制处理的每一个步骤。每一步都要仔细检查，然后再进行下一步处理。

我们要牢记：地震数据处理的目的是获得真实的地质剖面，而不只是一张人为的漂亮剖面。构造图如同地震数据一样是可靠的。由于处理问题造成很多干井打在了看起来是在构造高点上的位置。

正如第4章所讨论的，我们很难计算处理一英里地震数据的费用，即使是给定一个价格范围也不容易。

每英里的费用是由数据的类型决定的，无论对于海上的还是陆上的，每一类型的信噪比，野外存在的问题，如野外排列道数、覆盖次数和采样间隔，必要的处理顺序包括需要用特殊的软件来完成一定的任务等。

如果你选择所用承包商去处理新采集的地震数据或你为了评价勘探目标需要重新处理，建议你多咨询几个数据处理承包商。对于不同的承包商，基本处理应用软件是非常相似的。处理数据的质量和正确性主要取决于处理时的地球物理人员的知识和经验。

有关人员在数据处理过程中的相互交流作用是非常重要的，有关的地质调查资料和信息将可能帮助解决一些重要问题。它将帮助你在确定钻井井位方面做出正确的判断。

地震工作站可用于叠后增强程序，例如模拟、合成地震记录、三维解释和其他一些应用。对于这些工作站之一的费用就是由所用软件包的硬件配置决定的，它从 10000$ 的小的硬件系统到 200000$ 的高档的硬件配置不等。

关　键　词

吸收（Absorption）	增益（Gain）
环境噪声（Ambient noise）	窗（Gate）
自相关（Autocorrelation）	偏移（Migration）
褶积（Convolution）	多路编码（Multiplex）
相关（Correlation）	切除（Mute）
互相关（Cross-correlation）	剩余静校正（Residual statics）
反褶积（Deconvolution）	均方根速度（速度）[RMS（velocity）]
解编（Demultiplex）	叠加（Stacking）
动校正（Dynamic correction）	静校正（Static correction）

习　题

5.1　给定子波 A（-1，3，2）和 B（1，-1）：

（1）计算每个子波的自相关；

（2）如果将能量定义为振幅的平方，计算每个子波的能量。

5.2　计算下面子波的互相关：

$$A（3，-4，2，1），B（1，0，-6，2）$$

5.3　计算 A（4，-2，1，3）和 B（-1，0，1）的褶积。

5.4　给出 3 种影响地震波在岩层中传播速度的重要地质因素，并讨论它们对速度的影响。

5.5　对于水平单层模型的时距曲线是根据用于计算直角三角形斜边的毕达哥拉斯定理（勾股定理）确定的，毕达哥拉斯方程为：

$$(vT)^2=X^2+(vT_0)^2 \text{ 或 } T^2=T_0^2+X^2/v^2$$

式中，vT 为斜向射线长度；vT_0 为垂向距离；X 为全部的偏移距；T 为双程斜向时间；T_0 为双程垂向时间。

对于单层模型的 NMO 方程为：

$$\Delta T = T - T_0 \quad (T_0 = 2 \Delta Z / v)$$

$$\Delta T = (T_0^2 + X^2/v^2)^{0.5} - T_0$$

（1）对于单层情况下，厚度 $\Delta Z = 4000$ft，层速度为 $v_1 = 8000$ft/s，偏移距为 $X = 6000$ft，计算：

① 双程垂向旅行时 T_0；

② 双程斜向旅行时 T；

③ 正常时差 ΔT。

（2）对于两层情况，速度为 $v_1 = 8000$ft/s 和 $v_2 = 12000$ft/s，厚度为 $\Delta Z_1 = 2000$ft 和 $\Delta Z_2 = 4000$ft。计算 T_0，T 和 ΔT。

注意：$T_0 = T_{01} + T_{02}$，$T_{01} = \dfrac{2\Delta Z_1}{v_1}, T_{02} = \dfrac{2\Delta Z_2}{v_2}$ ，而 $V_A = 2 (\Delta Z_1 + \Delta Z_2)/T_0$

5.6 给出如下术语的定义：

（1）叠加速度；（2）速度谱；（3）沿层速度分析；（4）偏移速度

5.7 计算并绘出直达波和反射波的时距曲线，假设深度为 1km，速度为 1.5km/s，X 的范围是 0 ~ 1km，间隔为 200m。

注意：直达波时间为 $T = X/V$，反射波时间为 $T = (X^2/v^2 + 4h^2/v^2)^{0.5}$。

5.8 在井中的速度测量给出了下列单程旅行时：

深度（ft）	单程时间（s）
2600	0.40
8500	1.00
12400	1.30
15700	1.50

（1）绘出 4 幅图说明对应深度和单程时间的层速度和平均速度变化。绘出图形近似直线段。

（2）对比双程旅行时 2.8s 时对应的深度，说明这两种表示方法（用层速度与平均速度）的误差。

5.9 一个地质模型包含 2 层。第 1 层厚度 3300ft，层速度为 1.25miles/s。第 2 层厚度 4950ft，层速度为 1.875miles/s。分别计算 Snell 系数 P 等于 0.333 和 0.167 时的射线：

（1）计算每条射线的角度 θ_1 和 θ_2。

所用方程为：$P = (\sin \theta_1)/v_1 = (\sin \theta_2)/v_2$

（2）分别计算射线的半偏移距。

所用方程为：$h=\Delta h_1+\Delta h_2$，$X/2=\Delta X_1+\Delta X_2=\Delta Z_1\tan\theta_1+\Delta Z_2\tan\theta_2$

$$\Delta h_k=\Delta Z_k\tan\theta_k$$

（3）计算每条射线的单程旅行时。

注意：$\Delta t_n=\Delta Z/v_n$，其中 n 为层数。

$$T=\Delta t_1+\Delta t_2=\Delta Z_1/v_1+\Delta Z_2/v_2$$

参 考 文 献

[1] Morley, L. and J. Claerbout . Predictive Deconvolution in Shot-recerver Space. *Geophysics* 48（1983）: 515—531

[2] Al-Chalabi, M. Series Approximations in Velocity and Traveltime Computations. *Geophysics Prospect* 21（1973）:783—795

[3] Al-Chalabi, M. An Analysis of Stacking, RMS, Average, and Interval Velocities over a Horizontally Layered Ground. *Geophysics Prospect* 22（1974）:458—475

[4] Al-Sadi, H. N. *Seismic Exploration.* Boston: Birkhouser Boston, Inc., 1980

[5] Anstey, N. A. Signal Characteristics and Instrument Specification. *Seismic Prospecting Instruments*, 1（1970）

[6] Anstey, N. A. Seismic Interpretation. *Physical Aspects.* Boston:IHRDC, 1977

[7] Anstey, N. A. *Simple Seismic* Boston: IHRDC, 1982

[8] Bakus, M. M. Water Reverbrations, Their Nature and Elimination. *Geophysics* 24（1959）: 233—261

[9] Dix, C. H. *Seismic Prospecting for Oil.* Boston: IHRDC,1981

[10] Dobrin, M. B. *Geophysical Prospecting.* New York: McGraw-Hill. 1976

[11] Dobrin, M. B. *Introduction to Geophysical Prospecting.* New York: McGraw-Hill, 1960

[12] Duncan, J. W. and F. K. Levin. Effect of Normal Moveout on a Seimic Pulse. *Geophysics* 38（1973）: 635—642

[13] Grant, F. S. and G. F. West. *Interpretation Theory in Applied Geophysics.* New York: McGraw-Hill, 1965

[14] Hampson, D. and B. Russell. First-Break Interpretation using Generalized Inversion. J, Can. Soc. Explor. *Geophysics* 20 (1984) : 40—54

[15] Hileman, J. A., P. Embree, and J. C. Pfleuger. Automated Static Corrections. *Geophysics Prospect* 16 (1968) : 328—358

[16] Hilterman, F. J.Three-Dimensional Seismic Modeling. *Geophysics* 35 (1970) : 1020—1037

[17] Hilterman, F. J.Amplitudes of Seismic Waves. A Quick Look. *Geophysics* 40 (1975) : 745—762

[18] Hubral, P. and T. Krey. Interval Velocities from Seismic Reflection Time Measurements. *Soc. Explor. Geophys. Monograph.* (1980)

[19] Levin, F. K.Apparent Velocity from Dipping Interface Reflections. *Geophysics* 36 (1971) : 510—516

[20] Lindsey, J. P.Elimination of Seismic Ghost Reflections by Means of a Linear Filter. *Geophysics* 25 (1960) : 130—140

[21] Mayne, W. H.Common Reflection Point Horizontal Stacking Techniques. *Geophysics* 27 (1962) : 927—938

[22] Newman, P.Divergence Effects in a Layered Earth. *Geophysics* 38 (1973) : 481—488

[23] Osman M. O. *Discrimination between intrinsic and apparent attenuation in layered media*: M.S. thesis. The Univ of Tulsa, Tulsa ,OK,1988

[24] Palmer, D.The Generalized Reciprocal Method of Refraction Seismic Interpretation. *Geophysics* 46 (1981) : 1508—1518

[25] Robinson, E. A.Dynamic Predictive Deconvolution. *Geophys. Prospect.* 23 (1975) : 779—797

[26] Robinson, E. A., and S. Treitel. *Geophysical Signal Analysis.* Englewood, N.J.:Prentice-Hall, 1980

[27] Robinson, E. A. *Seismic Velocity Analysis and the Convolutional Model.* Boston: IHRDC, 1983

[28] Schneider, W. A.Developments in Seismic Data Processing and Analysis (1968—1970) . *Geophysics* 36 (1971) : 1043—1073

[29] Schneider, W. A. and S. Kuo.Refraction Modeling for Static Corrections. 55th *Ann. Int. Soc. Explor. Geophus. Mtg.* (1985)

[30] Sheriff, R. E.Encyclopedic Dictionary of Exploration Geophysics.*Soc. Explor. Geophys*. Tulsa, OK, 1973

[31] Sheriff, R. E. *A First Course in Geophysical Exploration and Interpretation*. Boston: IHRDC, 1978

[32] Sherwood, J. W. C. and P. H. Poe. Constant Velocity Stack and Seismic Wavelet Processing. *Geophysics* 37 (1972) : 769—787

[33] Taner, M. T. and F. Koehler.Velocity Spectra. *Geophysics* 34 (1969) : 859—881

[34] Taner, M. T., F. Koehler, and K. A. Alhilali.Estimation and Correction of Near-Surface Time Anomalies. *Geophysics* 39 (1974) : 441—463

[35] Wiggens, R. A., K. L. Larner, and R. D. Wisecup.Residual Static Analysis as a General Linear Inverse Problem. *Geophysics* 41 (1976) : 992—938

[36] Taner, M. T. and F. Koehler.Velocity Spectra-Digital Computer Derivation and Applications of Velocity Functions. *Geophysics* 39 (1969) : 859—881

[37] Tatham, R. H., and P. Stoffa,A Potential Hydrocarbon Indicator. *Geophysics* 41 (1976) : 837—849

[38] Telford, W. M., L. P. Geldart, R. E. Sheriff, and D. A. Keys. *Applied Geophysics*. Cambridge, England: Cambridge University Press, 1976

[39] Waters, K. H., *Reflection Seismology*. New York: John Wiley, 1978.

[40] Yilmaz,O. *Seismic Data Processing*. Tulsa:OK: Soc. Explor. Geophys. 1987

6 偏 移

6.1 概 述

假设地震剖面代表了地下的一个横切面。当地层为水平时，该假设效果最好，当地层倾斜较小时效果也相当不错。随着倾斜角度的加大该假设不再适用，反射面处在错误的位置并有错误的倾角。

在对某位置的油气进行评估过程中，可变因素之一就是圈闭的延伸范围。不管圈闭是构造的还是岩性的，地震剖面都应代表地下模型。

倾角偏移，或简称偏移，就是将反射面归位到倾角正确的合理位置的一种处理。该剖面可以更准确的代表地下横切面，正确反映断层面及地下界面细节。偏移也使绕射波收敛。

6.2 垂 直 入 射

图 6.1a 表示了一个水平反射界面的简单模型。来自震源的能量直接到达反射界面，然后返回到炮点处的检波器。如果地层是倾斜的，能量将沿着最短的路径传播，该路径是沿着垂直方向到达反射界面。以其他角度到达反射面的能量在另一个方向上反射回去，如图 6.1b 所示。

垂直入射原理是支持倾角偏移的基本思想。所有偏移方法遵循这个原理。由于构造和速度导致了射线路径沿着非直线的路径达到地下地层并返回，但在反射面处能量路径是与之垂直的。反射点不是直接位于炮点之下，而是以一定的偏移距远离它；在应用正常时差校正之后，震源和接收点便位于同一个位置。该剖面被称为"零偏移距剖面"，它的射线路径与倾斜的反射界面垂直。

这就是能量反射发生的原因，但它是如何出现在记录剖面上的呢？我们将地震道垂直并行显示，因为它们仅是测定检波器所接收到的能量的时间序列。在这个点上，射线到达倾斜反射界面并从之返回的这段时间呈现在记录剖面上，就好像路径是直线向下的一样（图 6.2a）。图 6.2b 显示了垂直入射原理应用到记录剖面，并转换成地下模型的；注意偏移后同相轴向上倾方向移动了。

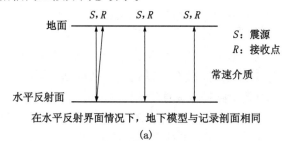

在水平反射界面情况下，地下模型与记录剖面相同

(a)

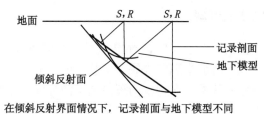

在倾斜反射界面情况下，记录剖面与地下模型不同

(b)

图 6.1　垂直入射反射

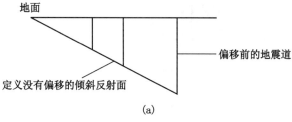

(a)

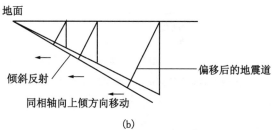

(b)

图 6.2　倾斜同相轴的偏移

　　应用垂直入射原理，我们可以讨论一些地下界面的特征和当从记录剖面转换成地下模型时它们的情况。然后就可以形成一些规则，当经过偏移校正后归位到正确位置时，可以发现记录剖面上特征是如何变化的。

6.2.1 在反射界面上的偏移效应

为简单起见，我们假设在整个地质剖面上波速是恒定值，并且该剖面是沿着地层倾向激发，以致没有来自测线侧向的反射。

尽管传播路径是垂直到达倾斜反射界面的，就好象传播路径是垂直向下的显示在记录剖面上。偏移的目的就是向上倾方向把它们移动回去[参见图6.2（b）]。注意在偏移之后倾斜反射界面的横向范围变短和倾角变陡。

6.2.1.1 背斜

在图6.3（a）中，背斜是以垂直向下并相互平行的地震道来定义的，地下特征呈现向外展开形状。图6.3（b）显示了应用垂向入射原理后偏移的效果。在背斜两翼沿向上倾方向移动并且两翼的横向范围变得更小。因为背斜顶部是水平的，偏移对它没有效果。闭合度（也就是从背斜顶部到最低闭合等值线的最大高度）将是相同的或稍小一点。

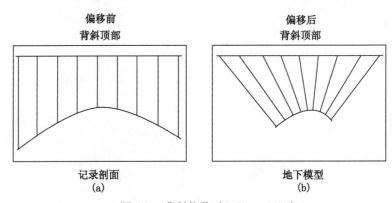

图6.3 背斜偏移（Coffen，1986）

偏移后背斜的横向范围变窄和孤立背斜倾角减小，相同的或稍小一点的闭合度。而背斜的顶部没有移动

6.2.1.2 向斜

在图6.4（a）中，向斜在记录剖面上地震道是用垂直向下且相互平行排列显示的。偏移后[图6.4（b）]，随着射线路径延伸至反射界面垂直反射而返回，是向斜特征变得更宽。偏移后向斜底部没有移动，这是因为它是水平的，闭合度是相同的或稍大一点。

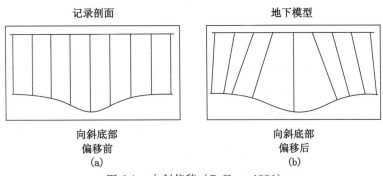

图 6.4　向斜偏移（Coffen，1986）

偏移后向斜变宽，最低点变平且没有移动。闭合度是相同或稍大一点

6.2.1.3　来自地下焦点的交叉反射（回转波效应）

如果向斜在剖面上比较窄或比较深，那么它在记录剖面上还有另一种表现形式。更深或更窄的向斜会在向下传播过程中有一些交叉的射线路径，在一个地震道位置上可能接收到来自向斜的两部分甚至三部分的信息（费马原理）。

在两组交叉的能量情况下，其下方有可能存在一个明显的背斜，如图 6.5（b）所示。它称为回转波效应，或地下焦点。因此，陡峭的向

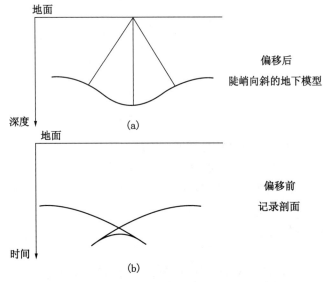

图 6.5　地下焦点偏移（Coffen，1986）

两组相互交叉的能量，其下方有一个明显可见的背斜

斜可以通过交叉反射波的偏移来揭示，如图6.5（a）所示。

6.2.1.4 断层

当一个断层将反射面截断时，或由于其他某种原因在地下有一个点（或一个棱边）时，该点就会把震源到达的能量反射回到范围内任意接收点。也就是它作为一个新的震源。

如图6.6（b）所示，从一个点震源将能量反射回到不同偏移距的许多接收点。在横剖面上，由于反射的能量在炮点之下的垂直位置，就好似一个背斜。其形状实际上是一条双曲线，如图6.6（a）所示，它就是绕射，它可以通过其规则的外形来很容易地识别。有时只能看到一半双曲线，因此截断的岩层在光滑曲线向下看起来是连续的。

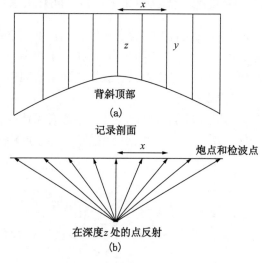

图 6.6　点震源（Coffen，1986）

尽管它不是垂直反射，但绕射模型是由记录剖面上垂向显示的地震道得到的，所以偏移处理方法同样适用于它。

在偏移后绕射波就收敛为一个点。

6.2.2　偏移原理

图6.7是Claerbout（1985）用海港的例子来说明偏移的物理原理。

假定在离海岸z_3处存在一个防风暴大堤，大堤上有一个裂隙。该裂隙相当于一种惠更斯二次震源，它形成一个圆形波前向海岸线传播

[图 6.7（a）]。大堤上的裂隙称为点孔。因为它们都产生圆形波前，所以它与地下震源点类似。

从该试验中，我们发现惠更斯二次震源对应于平面入射波并产生：

（1）在（x，z）平面上的一个半圆形波前；

（2）在（x，t）平面上的一条双曲线绕射波，如图 6.7（b）。

图 6.7（c）显示了深度剖面上的一个惠更斯震源。在上部图显示在零偏移距时间剖面上的图像成为一个点。在下部图上垂直坐标是双程旅行时。

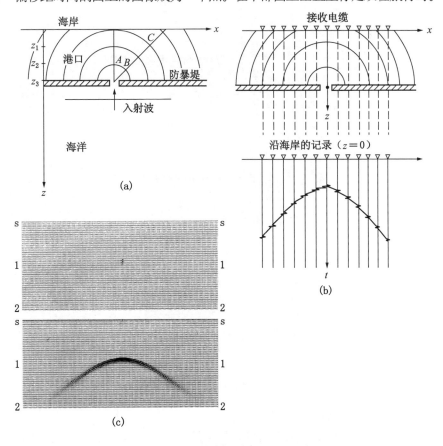

图 6.7　偏移原理（Yilmaz,1987）

如图 6.8（a）所示，假定地下是由沿着反射层位的点组成。该模型特别像大堤上的裂隙。因此，这些点中的每一个都是一个惠更斯二次震源，并在（x，t）平面上产生双曲线波形。

随着震源相互靠得更近，双曲线的重叠会产生实际上的反射界面的效应，如图 6.8 所示。这些双曲线可以与在叠加剖面上断层边界处所见到的绕射相比较。

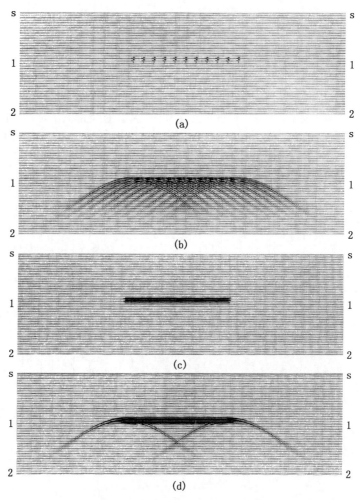

图 6.8　偏移原理（Yilmaz,1987）

总结：

（1）地下反射面可以看成是由许多具有惠更斯二次震源作用的点组成的。

（2）叠加剖面（零偏移距）是由许多双曲线旅行时响应的波叠加组成的。

（3）当沿着反射面有不连续（断层）存在时，会出现绕射双曲线。

（4）惠更斯二次震源的标志就是在 (x, z) 平面上的半圆和在 (x, t) 平面上的双曲线。

图 6.9 显示了基于绕射叠加的偏移原理。图 6.9（a）是零偏移距剖面（道间距为 25m，速度不变为 2500m/s）。图 6.9（b）是偏移示意图，在双曲线上 B 点处的振幅沿着双曲线旅行时方程放置在顶点 A 上。

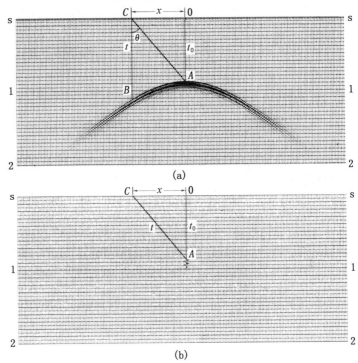

图 6.9 偏移原理（Yilmaz,1987）

6.2.3 偏移方法

6.2.3.1 克希霍夫偏移

绕射偏移或克希霍夫偏移是一种基于统计方法的技术。它是通过将一条绕射双曲线偏移到一点而形成的零偏移距剖面得到的。偏移包括沿着双曲线路径的振幅求和。这种方法的优点是在较陡倾角的构造时效果较好。但在低信噪比时效果较差。

6.2.3.2 有限差分偏移

有限差分偏移是一种确定性方法，它是通过波动方程的近似值得到适应于计算机应用的计算方法。有限差分方法的一个优点就是在低信噪比条件下效果依然较好。其缺点是计算耗时和较陡倾角地层时较难处理。

6.2.3.3 频率域或频率波数域偏移

它是一种使用由波动方程代替有限差分近似方程的确定性方法。二维傅里叶变换是该方法中使用的主要技术。$f-k$方法的优点是计算快，低信噪比时效果较好，以及较好地处理较陡倾角的数据。该方法的缺点是速度变化大时有困难。若想更多的了解偏移方法的读者请参考附录 A。

6.2.4 偏移实例

图 6.10 是一张叠加剖面。注意，由于回转波效应绕射掩盖了真实的地下结构。

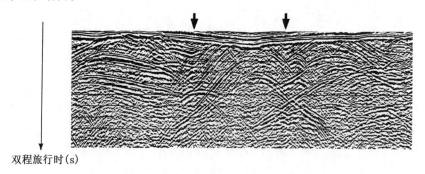

双程旅行时(s)

图 6.10 回转波效应（Yilmaz,1987）

有绕射波的叠加剖面掩盖了地下真实的构造。这些模式被称为"回转波"

图 6.11 是时间域内使用绕射收敛方法或克希霍夫偏移的同一叠加的偏移剖面。可以看到偏移消除了回转波并将它转成为一系列的向斜构造。

图 6.12 是另一幅叠加剖面。在剖面中心有明显的强绕射现象，主要来自断层。注意剖面下部的回转波效应和地下焦点现象。

图 6.13 显示了绕射收敛的偏移剖面。构造看起来像是一个逆断层或也许为较陡的向斜。

图 6.14 是在时间叠加剖面和偏移剖面的一个比较图。（a）图显示了很多绕射、大断层构造，并且断层的方位也不清楚。有限差时间偏移（b）将绕射收敛，确定了断层面，并给出一幅更清晰的剖面。

图 6.15 将叠加剖面和时间偏移剖面进行了比较。这个来自海湾海岸盆地的例子说明了（a）图中所见的生长断层。在偏移剖面（b）上揭示了断层面。注意地堑和地垒断层。通过将最小绕射波进行收敛，偏移

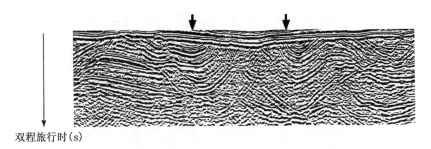

双程旅行时(s)

图 6.11　偏移后（Yilmaz, 1987）

与图 6.10 对应的偏移剖面。回转波已经收敛，并显示为向斜构造

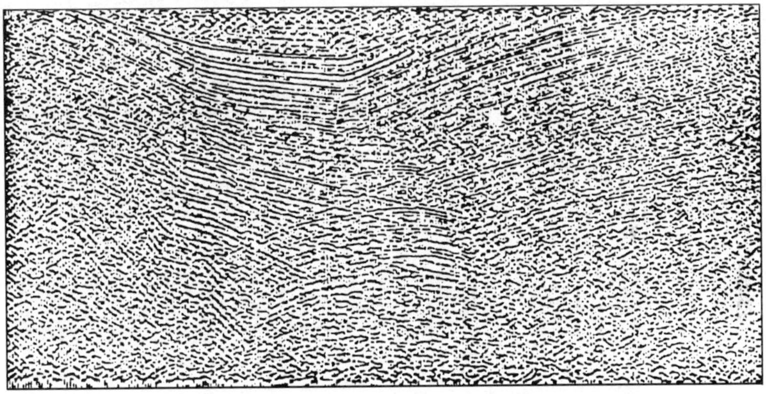

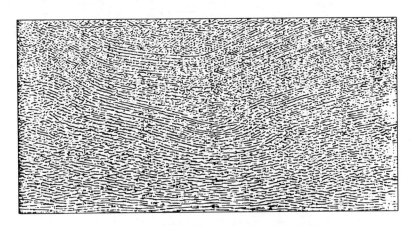

图 6.12　时间域叠加剖面（GX 技术公司提供）

叠加剖面。在图中央强绕射显而易见，推测可能来自断层

图 6.13　时间偏移剖面（GX 技术公司提供）

图 6.12 的偏移剖面。绕射波收敛。看上去好一个逆断层或较陡的向斜构造

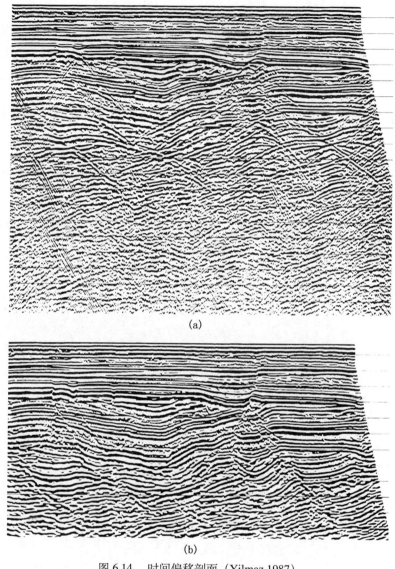

(a)

(b)

图 6.14　时间偏移剖面（Yilmaz,1987）

（a）大断层构造的时间叠加剖面。有许多绕射，其形态不清楚；
（b）有限差分时间偏移剖面。绕射波收敛，断层面也清晰了

剖面清楚地表明紧靠地层顶部的构造复杂性。波动方程时间偏移被用于对叠加剖面的偏移处理。

图 6.16（a）显示了复杂褶皱和逆断层。在图 6.16（b）的偏移剖面上，更具可解释性。它可以更好地确定断层和逆冲褶皱构造。

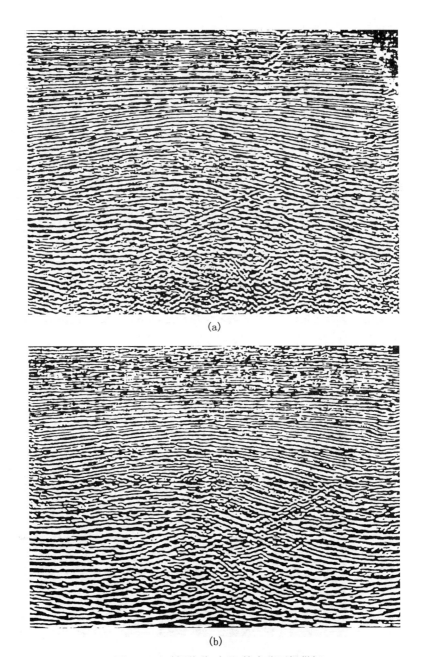

(a)

(b)

图 6.15　时间偏移（GX 技术公司提供）

（a）含有生长型断层的叠加剖面；

（b）偏移叠加剖面揭示了断层面。注意地堑和地垒断层。

收敛的最小绕射揭示了紧靠地层顶部的构造复杂性

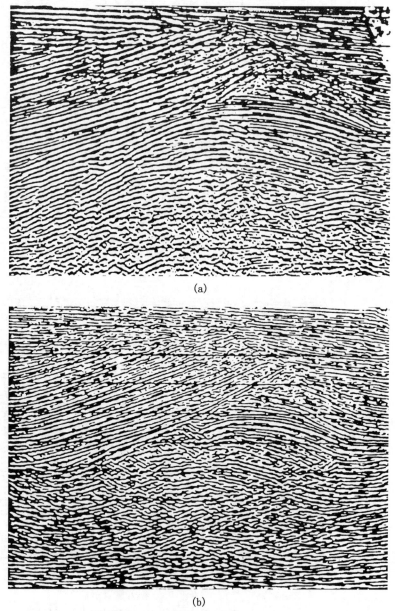

(a)

(b)

图 6.16　时间偏移（GX 技术公司提供）

(a) 叠加剖面。复杂褶皱和逆断层；
(b) 偏移剖面。更清晰地确定断层和褶皱构造

图 6.17 中叠加剖面的信噪比较低，由于绕射波收敛，在 $f-k$ 偏移剖面上显示了更好的断层细节。

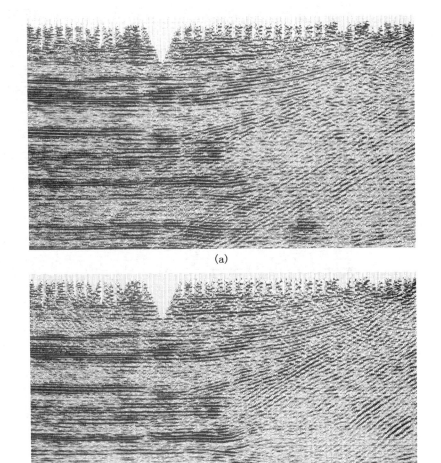

(a)

(b)

图 6.17　$f-k$ 偏移（地震服务公司提供）

（a）叠加剖面；（b）$f-k$ 偏移剖面

图 6.18 是对叠加剖面和 $f-k$ 偏移剖面的另一种比较。在偏移剖面上显示了更多的细节，绕射收敛，更好地确定断层面。

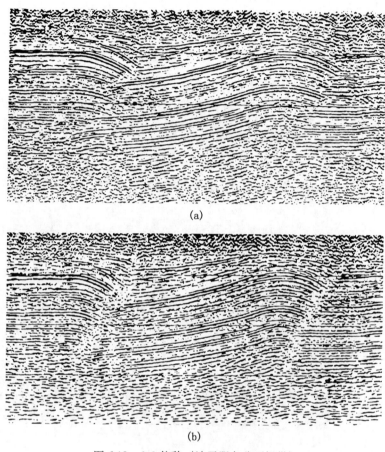

(a)

(b)

图 6.18　$f-k$ 偏移（地震服务公司提供）

(a) 叠加剖面；(b) $f-k$ 偏移剖面

6.2.5　深度偏移

只要横向速度变化平缓，时间偏移是合理的。当这些变化比较剧烈时，就需要深度偏移来获得地下界面的真实的图像。实际上，地质学家尤其偏爱地下界面的深度偏移剖面。不幸的是，由于速度的横向变化和构造的复杂性，很难得到一幅可靠的剖面。

6.2.6 三维偏移

在时间域，当叠加剖面包含剖面侧面反射时必须进行三维偏移。这是三维偏移的常见类型。该技术将在第 10 章三维地震勘探中介绍。

6.2.7 叠前部分偏移（倾角时差校正）

当叠加数据是零偏移距时，叠后偏移是可以接受的。如果存在不同倾角与变速或横向速度梯度变化剧烈时，就要用叠前部分偏移来压制这些不同倾角上的信息。

通过在叠前应用该技术，可以得到更加准确的叠加剖面，该剖面可以进行叠后偏移。

叠前部分偏移只解决与不同叠加速度不一致的倾向问题。

叠前部分偏移与叠后偏移的应用可总结如下：

（1）当叠加数据是零偏移距的时，叠后偏移是可以接受的。但它不适合不同倾向与变速或横向速度剧烈变化的情况。

（2）叠前部分偏移（PSPM）或倾角时差校正（DMO）能够提供更好的叠加，它可以进行叠后偏移。

（3）PSPM 只解决具有不同叠加速度的不同倾角问题。

6.3 小结和讨论

偏移的过程就是根据记录剖面的显示将地震同相轴移到正确的地下位置上。在应用正常时差校正之后，我们假定地震剖面是一系列垂直入射到反射面的旅行时。因为正常时差校正处理将震源和接收点移动到相同的位置上，所以该剖面被称为零偏移距剖面。

在平坦或较平坦地层界面的情况下，记录剖面（地震数据显示）和地下模型是相同的。

在反射界面倾斜时，它们是不同的。垂直入射到反射界面的反射沿垂向彼此平行显示，它们真正的地下位置就偏离了原来的位置。

偏移处理就是为了将这些反射面移动到其正确的位置上，使记录剖面与地下模型相一致。

偏移处理将同相轴沿上倾方向移动，并使得射线路径与反射界面垂直，它缩短了反射同相轴的横向范围，并且偏移后倾角变陡。通过应用该原理，我们可以观测到偏移后背斜比原来变窄，而向斜变宽。背斜的顶部和向斜的底部没有移动，这是因为它们的位置是水平的，而且在这两种情况下构造的闭合度可能不变。

来自断层面顶端的绕射的形态是双曲线。偏移后它们收敛为一个点。这会帮助解释人员更准确地确定断层的产状。

在向斜（地下焦点）较陡的情况下，偏移消除了记录剖面上的回转波特征并揭示了正确的向斜特征。

偏移提高了横向分辨率，并给出了地质构造的更精确的地下图像，它给出了更准确的油气集聚的范围的大小。

目前有很多不同的偏移方法技术，每一种技术都是针对不同目标构造的地质背景而设计的。

关 键 词

地下焦点（Buried focus）　　　　偏移（Migration）

闭合度（Closure）　　　　　　　圈闭（Trap）

绕射（Diffraction）　　　　　　波动方程（Wave equation）

倾角时差校正（Dip move-out）　零偏移距剖面（Zero-offset section）

频率—波数（$f-k$）

参 考 文 献

[1] BaysaL.E.,D.D.Kosloff and J.W.C. Sherwood.Reverse Time Migration. *Geophysics* 48（1983）: 1514—1524.

[2] Berkhout.A.J.Seismic *Migration−imaging of Acoustic Energy by Wave Field Extrapolation*. Amsterdam, Netherlands: Elsevier Science Publ Co., Inc., 1980

[3] Black,J.L.,I.T.McMahon, H. Meinardus and I. Henderson. Applications of Prestack Migration and Dip Moveout. *Paper presented at the 55th Ann Int.Soc. Explor.Geophys. Mtg.*, 1985

[4] Chun,J.H. and C.Jacewitz.*Fundamentals of Frequency−Domain Migration. Geophysics* 46（1981）:717—732

[5] Claerbout.J.F.*Fundamentals of Frequency−domain Migration.*New

York: McGraw Hill, 1976

[6] Claerbout.J.F.Imaging the Earth's Interior. *Blackwell Scientific publications*, 1985

[7] Claerbout.J.F. and S.M. Doheny.Downward Continuation of Moveout-Corrected Selsmograms.*Geophysics* 37 （1972） : 741—768

[8] Fowler,P. Velocity-Independent Imaging of Seismic Reflectors. *Presented at the 54th Ann. Lnt. Soc.Explor. C ʒophys. Mtg.*, Atlanta, December, 1984

[9] Gardner, G.H.F., W.S.French and T.Matzuk. Elements of Migration and Velocity analysis. *Geophysics* 39 （1974） : 811—825

[10] Gadzag,J. Wave Equation Migration by Phase Shift *Geophysics* 43 （1978） : 1342—1351

[11] Gadzag, j. and P Squazzero. Migration of Seismic Data by Phase Shift Plus Interpolation. *Geophysics* 49 （1984） : 124—131

[12] Hubral, P. and T. Krey. Interval Velocities from Seismic Time Measurements.*Soc.Expl. Geophys, Monograph.*1980

[13] Lee, M.W. and S. H. Suh. Optimization of One−Way Wave Equations. *Geophysics* 50 （1995） : 1634—1637

[14] Levin, F. K. Apparent Velocity from Dipping Interface Reflections. *Geophysics* 36 （1971） : 510—516

[15] Robinson. E. A. *Migration of Geophysics Data*. Boston: IHRDC, 1983

[16] Rothman, D., S. Ievin and F. Rocca. Residual Migration: Applications and Limitations. *Geophysics,* 50 （1985）: 110—126

[17] Schneider, W. Integral Formulation for Migration in Two and Three Dimensions. *Geophysics* 43 （1978）: 49—76

[18] Stolt, R. H. Migration by Fourier Transform. *Geophysics* 43 （1978）: 23—48

[19] Taner, M. T. and F. Koehler. Velocity Spectra—Digital Computer Derivation and Applications of Velocity Functions. *Geophysics* 32 （1969）: 859—881

[20] Yilmaz, O. and R. Chambers. Migration Velocity Analysis by Wave Field Extrapolation. *Geophysics* 49 （1984）: 1664—1674

[21] Yilmaz, O. and J. F. Claerbout. Prestack Partial Migration. *Geophysics* 45 （1980） : 1753—1777

[22] Yilmaz, O. Seismic Data Processing. *Soc. Explor. Geophys.*, Tulsa, OK. 1987

7 模 拟

7.1 概 述

尽管现代测井技术提供了大量钻井所穿过地层的信息，但是在井与井之间信息并不连续。地震剖面可以弥补这些信息空隙，并显示出井间的相带变化。

对地震记录进行标定和地层岩性解释的主要方法是用测井资料制作合成地震记录，所用测井曲线是声波曲线和密度曲线。而其他测井资料有助于确定特殊岩性随深度的变化。

合成地震记录是一维地震模型的简单形式。制作合成地震记录包括通过给定的岩石沉积序列参数计算地震记录的全过程。

7.2 合成地震记录应用

合成地震记录提供一种将钻孔测井和实际地震记录联合起来的方法。该原理的应用就是将地震记录的同相轴与一个特定的界面或一组界面联系起来。通过将实际的野外记录与用于一次反射波和一次波加多次波的合成地震记录进行比较，可以确定哪些同相轴是一次反射波（图7.1）。

合成地震记录的另一个重要应用就是观察地质剖面上改变的效果。我们可以变更输入数据来模拟岩性体厚度的变化、岩性体的消失、岩性的变化。图7.2表明合成地震记录如何指导我们在地震剖面上查找所期望的特征，例如地层尖灭、河道砂分布或其他的相变。

7.3 波 阻 抗

岩石的波阻抗定义为它的密度和速度的乘积，即 ρv。ρ 为介质的密度，单位为 g/cm³，v 为层速度，单位为 m/s。波阻抗的变化可引起反射。

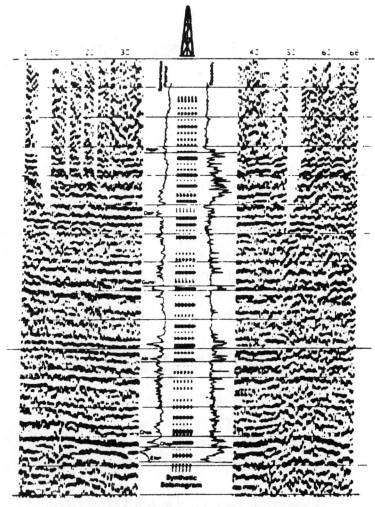

图 7.1　用合成地震记录确定岩性（GX 技术公司提供）

有地震 CDP 数据、测井曲线和合成地震记录的显示组成

　　如果地震射线垂直地入射到一个界面，波阻抗就是在界面两边的速度和密度的乘积。反射系数 R 是反射波振幅 A_1 与入射波振幅 A_0 的比值。对于垂直入射波而言，反射系数是根据波阻抗表示的，即

$$R = \frac{A_1}{A_0} = (\rho_2 v_2 - \rho_1 v_1)/(\rho_2 v_2 + \rho_1 v_1) \tag{7.1}$$

式中，$\rho_1 v_1$ 和 $\rho_2 v_2$ 分别为第一层和第二层的波阻抗。

　　透射系数就是透射波振幅与入射波振幅的比值：

$$T=A_2/A_0 \tag{7.2}$$

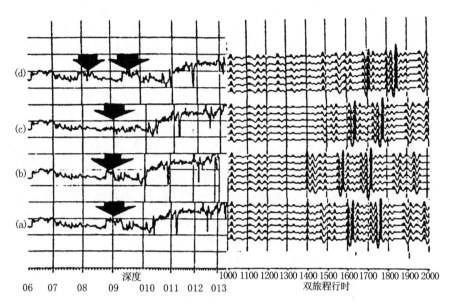

图 7.2   模拟（地震服务公司提供）

（a）声速测井说明有一个厚砂层。右边是相应的合成地震记录；
（b）使砂体变薄，合成地震记录表示了薄砂层在地震剖面上的变化；
（c）用页岩代替砂岩后的测井曲线的变化；
（d）用两个砂体代替单一砂体后的情况

7.4   制作合成地震记录

解释人员使用合成地震记录标定地震记录的岩性，是由以下步骤完成的：

（1）以相同的深度间隔，一般为 6in 或 1ft，将声速测井曲线和密度测井曲线数字化。

（2）将十个深度采样值通过平均变成一个值，以防止出现假频。以 6in 间隔采集的数据进行平均变成 2ft 采样间隔。在 2ft 间隔内的 4 个采样值通过加权进行平均，以允许有效重采样来获得更大的采样间隔。

（3）将速度和密度的深度值转换成时间值。例如，以 2ft 间隔的声波测井旅行时被累积（求和），累加到一个指定的时间间隔。如果最终的合成地震记录要以 2ms 的间隔进行重采样，那么这个间隔通常为 1ms。通过该方法建立的统一的时间间隔也可用于对密度测井进行采样。

（4）通过将声波时差和密度值可得到波阻抗。作为单程旅行时函数的波阻抗是通过第（3）步将速度和密度相乘得到的。

（5）计算作为时间函数的反射系数序列。连续的反射系数是从第（4）步所得的相邻层位的波阻抗之比计算得到的。使用图 7.3 中的方程，波阻抗 $\rho_2 v_2 > \rho_1 v_1$ 得到正的反射系数，而波阻抗 $\rho_2 v_2 < \rho_1 v_1$ 得到负的反射系数。

（6）反射系数系列的滤波或褶积。对第（5）步中计算所得的反射系数系列进行滤波，使其频带范围与合成地震记录处的地震剖面的频带相同。若大家了解这一点，那么大家一般偏爱使用从地震数据中提取的子波来获得更好的校正，并使地震数据与合成地震记录匹配。这些初始步骤仅完成了一次波反射的计算。通过使用校验炮观测或垂直地震剖面（VSP）测量，地震记录能够更好地确定时深关系（见第 8 章）。校验炮观测被用于标定传播时间的累计值。

图 7.3 说明了这个过程。

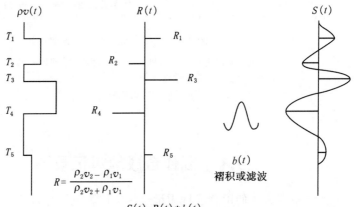

$$S(t)=R(t)*b(t)$$
地震道=反射系数系列与子波的褶积

图 7.3　地震道的波阻抗曲线制作过程

7.4.1　确定时深关系

（1）校验炮观测与合成地震记录同相轴的相关性。

（2）重新绘制反射系数系列的时间图。通常它是通过在同相轴之间进行线性内插来完成。这一步可能引起间隔的拉伸或压缩，以与上一步的相关处理一致。

（3）在做修正反射系数系列与地震数据的相关之前，要对修正后的反射系数系列进行反褶积处理。

重复以上步骤直到确定合成地震记录与地震剖面的一个较好的相关为止。

7.4.2　制作合成地震记录基本假设

（1）比较详细的时深对应关系。

（2）地震剖面上的大部分同相轴与地下的标志层相对应。

（3）对合成地震记录中的子波进行评估，以得到它与地震数据的相对应。

注意，合成地震记录能在较小的横向范围内提供一个较高的垂向分辨率，而地震剖面在较大的横向范围内提供一个较低的垂向分辨率。

图 7.4 提供了一个合成地震记录与叠加地震数据相关的例子。

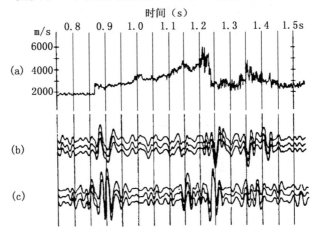

图 7.4　与地震数据进行相关处理（地震服务公司提供）

（a）声速测井曲线；（b）合成地震记录；（c）叠加地震道

7.4.3　二维模拟

一维模拟技术对于地下界面一些点的研究是有用的，它可以解决所在位置的细节变化。然而，它们不能解决多点之间的变化、聚焦、盲区和绕射等情况。二维模拟可用于满足以上需要。这些模拟的范围可以是很简单，也可以很复杂，在该章中将进行详细讨论。

勘探工作者，无论是地质学家、工程师，还是地球物理学家，都需要了解地下界面的特征。使用二维模拟程序包的主要目的就是：

（1）使解释人员能够将地质解释综合到地震剖面上，以获得有效的检测。

（2）帮助解释人员对构造、地层和储层条件进行评估。

（3）对振幅变化、亮点、暗点和聚焦进行评估。

（4）解决特殊的解释问题，例如近地表地层问题、速度上拉效应和其他引起构造和地层解释中的不确定性问题。

（5）通过研究调谐效应来帮助野外设计和确定处理参数。

7.4.4　聚焦

因为地下地层是以反射能量来描述的，只有平缓的和平行的地层不会扭曲地下反射波。如果是背斜，它看上去是被扭曲了，如图 7.5 所示。与地下或地下界面地层模型相比，地震剖面显示的横向范围要大。

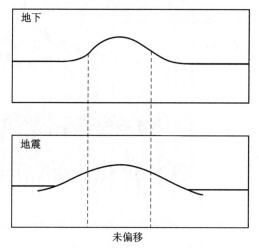

图 7.5　地震剖面畸变——背斜（地震服务公司提供）

7.4.5　盲区

在图 7.6 中，某些地震道显示没有能量返回（死区），它们被称为盲区，它们通常靠近地下断层和其他不连续的区域。该带是地下界面的一部分，它没有出现反射，是因为射线路径没有到达地面检波器。

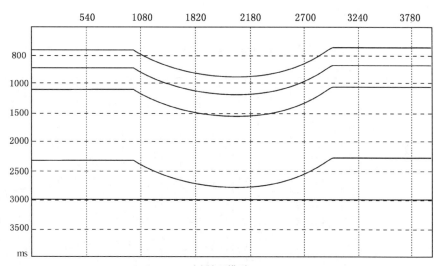

(a)地下模型

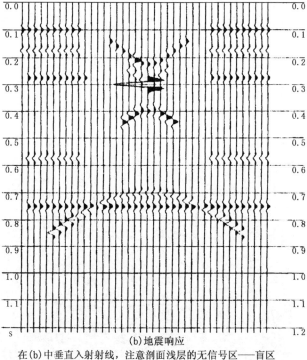

(b)地震响应

在(b)中垂直入射射线，注意剖面浅层的无信号区——盲区

图7.6　盲区——地震模型（地震服务公司提供）

7.4.6 绕射

绕射是在地震数据上观测到的同相轴，它们发生在地下界面不连续

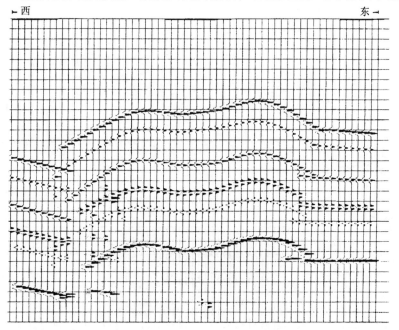

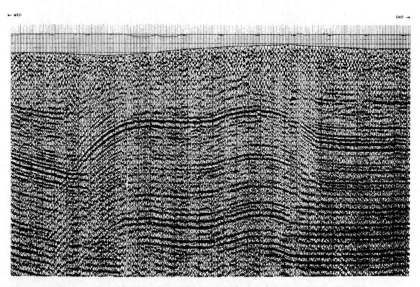

图 7.7 绕射模型和地垒断块的地震数据（地震服务公司提供）

位置，如断层或在速度变化位置，例如亮点。

    图 7.7 显示了一条经过地垒断块的地震测线。注意在剖面的左边，绕射屏蔽了断层面。在没有绕射存在的垂直入射射线路径模型上，更清楚地显示了断层，并且在断层附近可以看到盲区。

    图 7.8 展示了一个特别显示的断层（左边）模型。注意绕射波从断层面上的不同点向外散射。

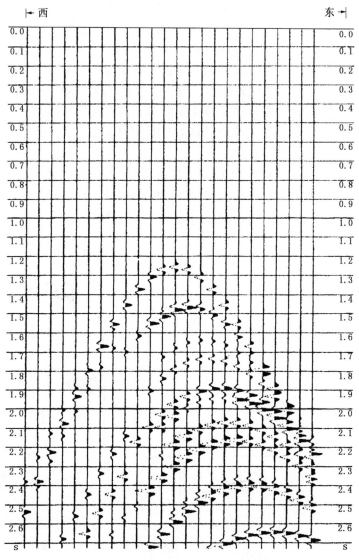

图 7.8　绕射模型（地震服务公司提供）

7.5　数据采集和处理模拟

7.5.1　纵向分辨率和调谐效应

　　因为地层对高频的衰减程度比对低频的衰减程度高，所以地震反射方法使用频谱的较低部分。可用频率通常是在 5 ~ 100Hz 的范围。面波和气流（风的噪声）可以覆盖在 5 ~ 100Hz 范围内较低或较高的频率。有用信号的频带一般是在 16 ~ 65Hz 的范围内。频带的限制导致了地震数据的垂向分辨率的限制。因此，当两个或多个相互接近而又相互独立的反射体时，会有贡献性的或破坏性的干涉发生。所得复合子波的形状依赖于反射体和它们的反射系数之间的时间间隔。

　　对于非常薄的地层，反射界面就变得相互靠近，干扰也特别强，以至于反射波相互抵消没有反射出现，或出现强反射波。

　　图 7.9 显示了薄层厚度的变化对地震响应的效果。

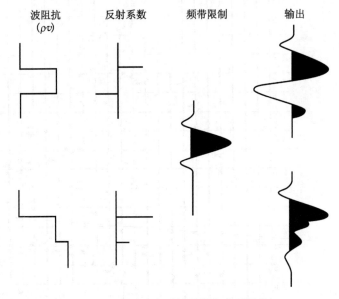

波阻抗
(ρv)　　　反射系数　　　频带限制　　　输出

图 7.9　薄层响应（地震服务公司提供）

图 7.10 显示了两个楔形模型，其中一个为在楔形体内速度突变，而另一个为有阶跃速度剖面。两个模型是与 30Hz 子波褶积得到的。在右边，由于楔形较厚，子波是分离的，但随着楔形越来越薄，它们合成为振幅和相位均发生变化的复合子波。

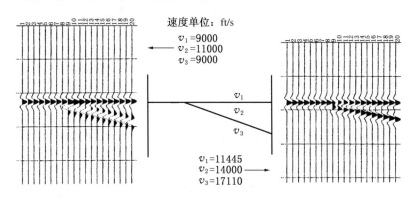

速度单位：ft/s

$v_1 = 9000$
$v_2 = 11000$
$v_3 = 9000$

$v_1 = 11445$
$v_2 = 14000$
$v_3 = 17110$

图 7.10   楔状模型（地震服务公司提供）

图 7.11 显示了以百分比的形式表示的薄层厚度与地震响应之间的关系。它是根据图 7.10 中所示的两个楔形模型的调谐效应得到的。调谐效应依赖于速度、薄层厚度、频率和反射系数。

图 7.12 是合成地震记录的滤波试验。它显示了反射层（A）对高频的响应和反射层（B）对低频的响应。

7.5.2   噪声

噪声是指在地震记录上除了来自地质标志层期望信号以外的其他信号。即使仔细选择野外数据采集参数和最佳的处理流程，剩余噪声在一定程度上仍然会影响到地下界面信息。噪声的类型有：随机噪声、剩余相干噪声、侧面反射、多次波和虚反射等。

这些噪声可能引起反射时间中断（假断层）、频率（错误地层）和振幅的变化。

7.5.3   地形或地表异常

地表高程变化和不规则性是地震数据畸变的主要原因。由于震源和检波器对近地表地层变化的响应不同，引起反射波质量的变化。在图

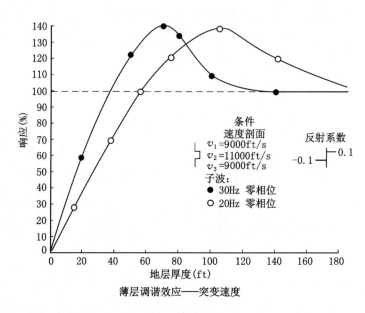

薄层调谐效应——突变速度

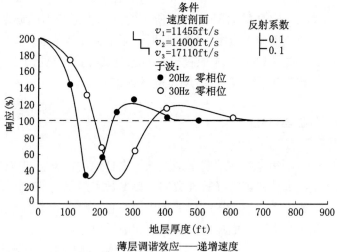

薄层调谐效应——递增速度

图 7.11 薄层的调谐效应（地震服务公司提供）

7.13 中显示了近地表处地层的横向变化和速度突变。注意，在该模型中深部反射层是一个平缓的标志层，并直接显示了地震记录的畸变情况。我们可以看到，在地震模型的 3 个反射层上有相应的时移和相似的模式。

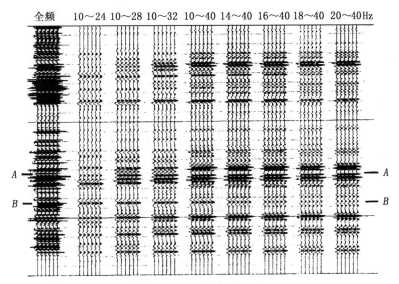

全频　10～24 10～28 10～32 10～40 14～40 16～40 18～40 20～40 Hz

图 7.12　合成地震记录的频率分析（地震服务公司提供）

图 7.14 是一个极好的例子，它显示了地表高程变化和近地表速度变化是如何引起一个事实上不存在的明显逆断层的现象。

7.5.4　速度上拉——假构造变化

在地下界面上速度的变化可能引起一些畸变，从而给出地下界面的错误图像。这些情况的例子有：

（1）由于浅层存在高速地质体上拉引起的假构造（图 7.15）。

（2）视厚度变化，如图 7.16（a）和（b）所示。在这些例子中，地下界面的剖面很明显的向盆地方向变薄。然而，正如人们所期望的，实际上地层厚度向盆地方向是变厚的。

（3）由于侵入体导致地层畸变，例如超压页岩部分或盐丘的侵入。图 7.17（a）和（b）显示了超压页岩的地下界面的剖面和地震模型记录。

这些仅是在模拟处理中必须处理的几个个别的畸变实例。地质学家可以明智地与其他地球科学家讨论这些问题，并采取必要的措施来避免潜在的问题。

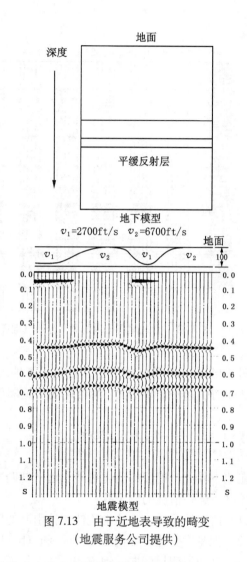

图 7.13　由于近地表导致的畸变
（地震服务公司提供）

7.6　二维模型类型

表 7.1 列出了二维模拟的各种类型，并进行了简短的描述和它们的局限性说明。

因为解释人员使用二维模拟来试验已经假定的地质模型而不是使用地震数据来确定其假设的有效性，因为波动方程模拟方法和 CDP 射线追踪方法是昂贵的，因此非常广泛应用二维模拟程序包进行垂直入射的射线追踪模拟。该技术费用合理，可以解决大部分问题，并能获得所期望的精度。

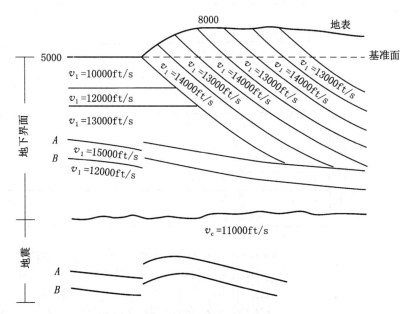

图 7.14　近地表速度问题（地震服务公司提供）

上图：地质模型代表了地表高程和近地表速度变化，注意反射层 *A* 和 *B*

下图：反射层 *A* 和 *B* 的地震响应，注意由于近地表效应的结果呈现出逆断层特征

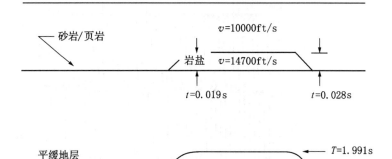

图 7.15　速度上拉现象（地震服务公司提供）

T 为到达平缓地层的双程旅行时（s）；

t 为双程层间旅行时（s）

为了说明射线追踪模拟，让我们按照下列步骤进行：

（1）在调查之后按比例建立地下界面位置的地质模型。它包括：

①地层的几何形状；

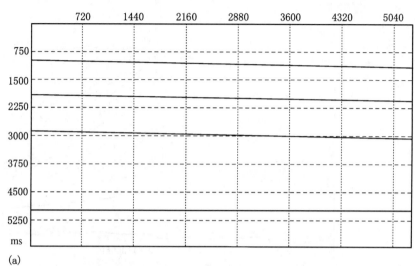

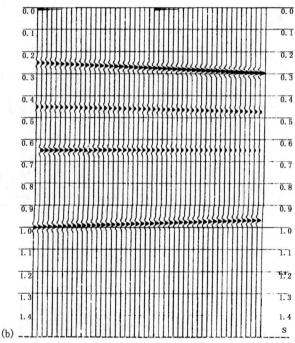

图 7.16　地下界面的剖面——向盆地方向减薄
（地震服务公司提供）

②层速度；

③地层密度（如果可能的话）。

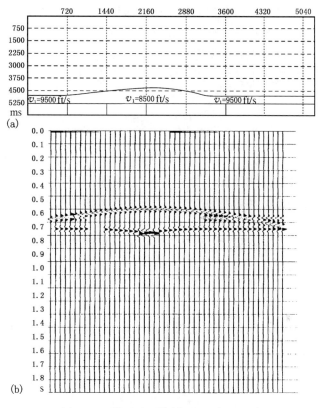

图 7.17　地下界面的剖面——超压页岩
(地震服务公司提供)

（2）使用扫描仪或数字桌将这些数据输入到计算机。

（3）进行射线追踪。

（4）使用下列公式，计算脉冲地震剖面，即

$$R=(\rho_2 v_2 - \rho_1 v_1) / (\rho_2 v_2 + \rho_1 v_1) \qquad (反射系数)$$

$$T=A_2/A_0 \qquad (透射系数)$$

表 7.1　二维模拟的类型

类型	描述	局限性
（1）垂直入射，直线路径	使用平均速度计算时间和位置	在模拟绕射和渐变带时精度不够
（2）垂直路径	内插一维模型	不模拟渐变带和绕射
（3）垂直入射射线追踪	斯内尔定律	对多褶皱构造模拟时结果不好
（4）波动方程	有限差分，惠更斯原理	能解决大多数问题，计算时间较长
（5）CMP 射线追踪	用斯内尔定律计算有偏移距的射线	用于模拟野外和处理参数，花费较高

（5）与所期望的子波进行褶积。

（6）加随机噪声（如果希望的话）。

利用地质模型通过人机交互反复调整到与地震剖面一致，在此过程中保持所用参数局限于实际地质体范围内。

7.7　结　　论

地震方法和其他任何勘探方法一样，希望得到地下界面地质构造和岩性的变化情况。勘探工作人员依赖于声波模型。其一就是二维模型，它要试验其物理局限性以与真实数据相匹配。

模拟的优点为：

（1）它提供对地震畸变机制的更清楚的认识，通常它会改变地下界面的真实图像。

（2）模拟的费用要比依赖钻井的粗略解释进行检测的花费要少得多。

（3）它是培养勘探工作人员对资料解释所要求的洞察力的最好工具。

7.8　小结和讨论

一维合成地震记录是用于标定地震记录，检验岩性，进行地层解释的。制作合成地震记录的过程是正演模拟的类型之一。它是从所观测到的岩层的岩石物理属性，例如速度和密度，来构建地震道的过程。

合成地震记录的一个重要应用就是观察地质剖面上的特征变化引起的响应，特征变化可以是改变地层厚度、取代或删除部分地质单元等。

二维模拟用于帮助解释人员分析地质解释、评价亮点、暗点，解决诸如近地表地层的不规则性和速度上拉等引起的问题。它也有助于设计野外参数和数据处理流程。

模拟的主要优点是可以给出观察地震畸变的更好的视角，这种畸变可能改变真实的地下界面图像。它是培养勘探工作人员对资料解释所要求的洞察力的最好工具。

制作合成地震记录或二维模型，可以使用台式计算机来完成。

随着计算机硬件和软件的发展，可以获得这些非常重要的解释工具，并在很短的时间内学会操作。

模拟程序包的费用从几千到几十万美元，这要依赖于硬件的配置和软件的复杂程度。

关 键 词

亮点（Bright spot）　　　　　　　　传播时间（Transit time）
标定（Calibration）　　　　　　　　调谐效应（Tuning effect）
断层［Horst block（faulting）］　　　垂向分辨率（Vertical resolution）
反射系数系列（Reflectivity series）　速度上拉（Velocity pull-up）
盲区（Shadow zone）　　　　　　　测井曲线（Well logging）
合成地震记录（Synthetic seismogram）

习 题

7.1 假设下列地层从顶部到底部的顺序为：

层	波速（ft/s）	密度（g/cm³）
风化层	1600	1.5
砂岩1	6500	2.0
硬砂岩	7500	2.4
石灰岩	10000	2.4
砂岩2	13000	2.5
基岩	16500	2.8

（1）求出在地震垂直入射波情况下每一界面的反射系数。

（2）求出在上述相同情况下的透射系数。

7.2 某一80ft厚的砂岩的速度为10000ft/s。地震波到达砂岩顶部并被反射回来，反射系数为0.2。透射到砂岩内的部分在砂岩层的底部被反射，反射系数为 −0.2。忽略透过砂岩顶部的振幅损失和岩层内部多次波。

（1）如果基本子波在4ms采样时有振幅（8,7,−7,−5,0,4,2），求出砂岩层反射的复合子波的形状。解释在这种情况下我们为什么说砂岩的顶部和底部被"确定"。

（2）复合子波的主频是多少？

7.3 包在砂岩层中间的页岩地层，在页岩上部和下部各有砂岩40ft。页岩的厚度为透过它的旅行时和透过40ft砂岩的旅行时是相同

的。在页岩的顶部反射系数为 −0.2，在底部反射系数为 0.2。对于上题
（1）中的子波而言：

    （1）求出复合反射子波。

    （2）计算复合子波的主频并解释结果。

参 考 文 献

[1] Anstey,N.A.Attacking the Problems of the Synthetic Seismogram. *Geophys.prosp.* 8（1960）：242—260

[2] Arya,V.K.and H.D. Holden.A Geophysical Application:Deconvolution of Seismic Data. *N.Hollywood,* CA,Digital Signal Processing. *Western periodicals,*（1979）:324—338

[3] Baranov,V.Film Synthetique Avec Reflexions Multiples——Theorie Et Calcul Practique. *Geophys.Prosp.*8（1960）：315—325

[4] Collins,F.and C.C. Lee, Seismic Wave Attenuation Characteristics from Pulse Experiments. *Geophysics* 21（1950）：10—40

[5] Delaplanhce,J.,R.F.Hagemann and P.G.C.Bollard.An Example of the Use of Synthetic Seismograms. U.*Geophysics* 28（1963）：842—854

[6] Dennison,A.T. An Introduction to Synthetic Seismogram Techniques. *Geophys.prosp.* 8（1960）：231—241

[7] Durschner,H.Synthetic Seismograms from Continuous Velocity Logs. *Geophys. prosp.*6（1958）:272—284

[8] Faust,L.Y.A Velocity Function Including Lithologic Variation, *Geophys.*18（1953）:271—288

[9] Futterman,W.I.Dispersive Body Waves.*J. Geophys*. Res.67（1962）：5279—5291

[10] Gardner,G.H.F., L.W. Gardner and A. R. Gregory.Formation Velocity and Density——The Diagnostic Basics for Stratigraphic Traps. *Geophys* 39（1974）:770—780

[11] Gerritsma,P.H.A. Time to Depth Conversion in the Presence of Structure. *Geophysics* 42（1977）：760—772

[12] Goupillaud,P.L.An Approach to Inverse Filtering of near-Surface Layer Effects from Seismic Records. *Geophysics* 26（1961）:754—760

[13] Hilterman,F. J.Three-Dimensional Seismic Modeling.*Geophysics* 35 (1970) :1020—1037

[14] Hilterman,F. J.Amplitudes o1 Seismic Waves——A Quick Look. *Geophysics* 40 (1975) : 740—762

[15] Kelly,K.R.W.Ward,S. Treitel and R.M. Alford.Synthetic Seismograms: A Finite Difference Approach. *Geophysics* 41 (1976) :2—27

[16] Lavergne,M. and C. William. Inversion of Seismograms and Pseudo Velocity Logs. *Geophysics* 25 (1977) :231—250

[17] Peterson,R. A., W.R. Fillipone and F.B. Coker. The Synthesis of Seismograms From Well Logs Data.*Geophysics* 20 (1955) :516—538

[18] Sengbush,R.L.,P.L.laurence and F.J.McDonal.Interpretation of Synthetic Seismograms. *Geophysics* 26 (1961) :138—157

[19] Sheriff,R.E.Encyclopedic Dictionary of Exploration Geophysics. Tulsa,OK:Soc.expl. *Geophys* .1973

[20] Sheriff,R.E.Factors;Affecting Amplitudes——A Review of Physical principles,in Lithology and Direct Detection of Hydrocarbons Using Geophysical Methods. *Geophys.Prosp*. 25 (1973) : 123—138

[21] Treitel,S.Seismic Wave Propagation in Layered Media in Terms of Communication Theory.*Geophysics* 31 (1966) :17—32

[22] Trorey.A.W.Theoretical Seismograms With Frequency and Depth Dependent Absorption. *Geophysics* 27 (1962) :766—785

[23] Wuenschel,P.C. Seismogram Synthesis Including Multiples and Transmission Coefficients. *Geophysics* 25 (1960) :106—219

8 垂直地震剖面

8.1 发展概况

勘探地震的发展始于 1917 年 Fessenden 的专利发明。这是第一次有文献记载的用地面震源和检波器的地震方法来勘探地下构造。直到今天,绝大多数地震观测仍然局限于地面设置检波器和震源的观测系统。

Barton (1929) 参照了 Fessenden 的早期工作,并且描述了井中地震测量的可能性。Barton 的工作被认为是后来所谓的垂直地震剖面(VSP) 勘探的开端。1931 年 McCollum 和 Larue 大力提倡利用现存的井位采集地震数据,他们认为,通过测量地面震源和井中检波器的地震波旅行时可以确定局部的地质构造。

长期以来,井中地震一直为地球物理界所忽视,它的主要用途也仅仅局限于基本的速度测量 (Dix,1939)。这些测量导致了目前石油工业普遍应用的勘探技术的发展。

Jolly (1953)、Riggs (1955) 和 Levin 及 Lynn (1958) 的大量工作都证明了井中地震测量的应用极富潜力,这些导致了 VSP 技术的进一步发展。尽管 VSP 的应用价值早已为人所知,并且在前苏联和其他一些地方得到了应用,然而在西方的地球物理学家仍然仅仅用井中地震来测量地层速度。

因此,加强地球物理学家和勘探家以及施工、生产工程师的合作已显得迫在眉睫,这就是当前 VSP 勘探面临的现状。从理论上讲,在垂直地震剖面上记录的数据可以很好地给出地震子波的某些基本传播特性,而且有助于理解地震波在地下传播和反射的过程。而这些信息有望改善地面地震记录对构造、地层和岩性解释的精度。

8.2 垂直地震剖面概念

VSP 就是在地面激发地震信号在井中不同深度上用检波器接收并

记录下地震信号的技术。

在水平地震剖面勘探中，震源和检波器都布置在地面上；而在垂直地震剖面中，检波器是布置在与地面震源垂直的方向上，这两种观测技术的差异可以通过图 8.1 来说明。在图 8.1 中，布置在地下深处的检波器对上行和下行地震波都有响应，而在地面的检波器只能记录到地震反射波。VSP 类似于速度测量，因为两种技术激发和接收观测系统都是一样的，然而，VSP 又不同于速度测量，表现在以下两个方面：

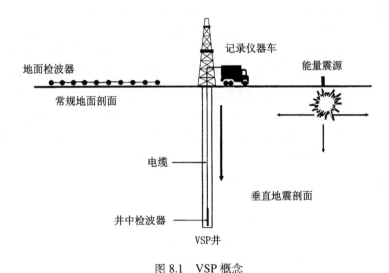

图 8.1　VSP 概念

（1）VSP 检波器的记录深度间距非常小（15 ~ 40m），而速度测量激发点距达几百米；

（2）速度测量中采集的主要信息是初至时间，而在 VSP 中，除了初至外，上行波和下行波也是记录的主要信息。

8.3　野外装备和所需物理环境

进行 VSP 观测要有以下基本要素：（1）井孔；（2）震源；（3）井下检波器；（4）记录系统。

在 VSP 数据采集中涉及到的其他设备和物理因素将在稍后讨论。设备设计原理限于篇幅将不作讨论，有兴趣的读者可以参考本章最后的参考文献。

8.3.1 井孔

开展 VSP 勘探必须有一个合适的井孔，在选取井孔时要考虑以下几个因素。

8.3.1.1 井斜

如果 VSP 观测是在垂直的井孔里进行，那么数据采集将更加经济，而资料解释也显得比较容易；在有井斜的井中，井下检波器相对震源的位置是不确定的，当在采集数据期间震源又在几个不同位置移动时，问题就更加复杂化了，因此，在斜井中应进行精确的井斜测量。

在近海平台上的 VSP 井的解释问题最常见和最困难，因为这些井的井斜最严重。然而，在斜井中记录 VSP 数据也有一些优点，因为它可以对井下界面进行高分辨率成像。但是，如果勘探的目的是确定地层界面深度和一次反射层的单程旅行时，那么最好选择垂直井，因为 VSP 测量更快更容易，结果也更加精确。

8.3.1.2 套管与固井

好的 VSP 勘探应该保证地层中的地震体波在通过地层到达井中界面，以最小波形畸变到达井下检波器。

在套管井中记录 VSP 数据，效果更好，因为它使检波器避免了井孔坍塌和压力差异等问题。而且在套管井中测量时间也没有限制，而在裸眼井中必须周期性重新下检波器。套管必须进行固井，因为在套管和井壁之间必须有好的介质传递地震波能量，最好的介质就是水泥。

根据 VSP 数据记录优劣排序可以将井孔环境分成以下常见的 4 级：

（1）单层套管，水泥固井；

（2）没有套管的裸眼井；

（3）单层套管，套管和井壁之间没有用水泥固井，但井已完钻多年，钻孔泥浆及岩石碎屑等坍塌物已经填满套管和井壁之间的环状空间，并且已经固结；

（4）单层套管，套管和井壁之间没有用水泥固井，并且是刚完钻的新井。

8.3.1.3 井径

如果目标井没有安装套管，粗糙的井壁将会影响检波器推靠到地层上。特别是在冲洗严重的井段，由于检波器锁臂太短，几乎不能接近井壁，在这种情况下，要想把检波器推靠到地层上几乎是不可能的。遇到这种情况，需要对裸眼井进行井径测量（测量井孔直径），以便选择检波器记录的深度。

Blair 曾指出，地震检波器可以安置在柱状井井壁周围任意一点上，只要通过井中传播的地震波主波长大于井径的 10 倍，仍然可以记录到同一点的运动。

对于较小的波长，由于井孔的存在，导致地震波振幅和相位都发生畸变，为了减小畸变，Hardage（1982）提出应该把检波器耦合在震源所在井壁的对面。这里提到的检波器位置被称为井筒波的盲区。然而，在标准的油气井中记录 VSP 数据时，在井壁周围的哪个地方嵌置检波器并不重要，因为同地震波波长相比，井孔总是很小的。

8.3.1.4　井孔障碍

套管井中可能含有封隔器或跟踪套等，这些可能会阻碍探测设备达到相应探测深度。这对于 VSP 测量是极为不利的，因此，在 VSP 测量之前，必须调查清楚井下是否有障碍堵塞物，这可以在 VSP 测量之前通过置直径如检波器大小价格便宜的普通设备于井中进行检查而实现。

8.3.1.5　井孔信息

在目标井 VSP 测量中，只有记录到一套完整独立的 VSP 数据，而且这些数据能体现出井孔周围地层的物理特性时，才能对 VSP 数据进行完整的解释。

已经完成井径、声波、密度、电阻率和放射性测井等一系列的测井和取心工作，保留钻井碎屑物的井比没有获取任何数据的井更为可取。为了确定检波器和地层之间的声波耦合特性，需要进行水泥固井测井和测量所有套管链的井下深度。

8.3.2　VSP 震源能量

VSP 数据的一个重要用途就是对地面地震数据更合理的解释。

合理的是 VSP 和地面记录的地震数据应有相同的子波和高频成分，以便更好地进行相关处理和闭合分析。在许多情况下这一目标并不能实现和匹配，如果能够完成，必须在数据处理阶段进行。必须注意以下几点：

（1）VSP震源必须能够产生一个一致的可重复的激发子波。否则，要想使垂直地震剖面上的上行和下行波的等效特征进行相关将是很难的。图8.2说明了有关震源子波。

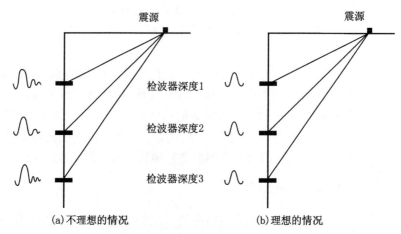

图 8.2　震源子波（Hardage，1983）

VSP震源要求所产生的子波具有一致性和可重复性，一次VSP测量可能要激发几百次。
（b）图所示为理想的子波情况，即要求在所有检波器深度上子波波形保持一致性

（2）VSP震源能量应该仔细选择以达到最佳响应效果，而不要使能量过强，许多物理学家认识到，震源能量越强地层响应效果就越好的结论并不成立。

（3）在所有VSP测量中，下行波的能量都要比上行波强得多。随着VSP震源能量输出加强，由于在近地表地层存在鸣震效应将会产生更多的下行波。下行波同相轴的数量和振幅的增强必然大于上行波同相轴的振幅增益。使用中等能量的震源进行激发，能记录到很好的VSP测量数据。

（4）在VSP测量中地面所用的震源有：

①炸药震源。

埋藏的炸药震源能有效地产生地震体波的能量，在VSP勘探中广泛采用这种方式作为地面激发震源。Heven和Lynn（1958）发现，在空气中采用炸药包激发的时候，其井下信号与埋藏的炸药震源所产生井下信号相比，振幅仅为埋藏的炸药震源方式的1/30，尽管空中炸药震源的药量为埋藏的炸药震源药量的1/2。

关于炸药震源，VSP使用者经常强调的另外一个问题是，当震源

连续激发几十次之后，很难保证地震波子波形状的一致性。然而，在野外施工的时候，如果操作细心的话，应该可以获得波形近乎不变的激发子波。为了实现这一点，在整个VSP测量中，必须保持激发井井深及其直径不变。炸药还要埋置在风化层以下。可使用小型炸药量（0.5～1.5kg），有些情况下，炸药量还要更小。为了保护地层，应在井中安装30in或36in的套管，图8.3说明了如何设计激发井结构以产生不变的VSP激发子波。

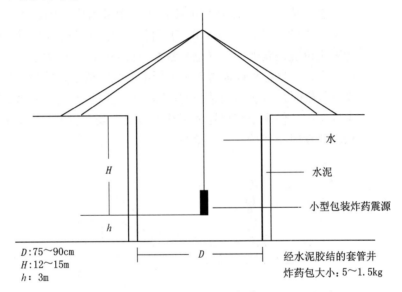

水

水泥

小型包装炸药震源

D：75～90cm
H：12～15m
h：3m

经水泥胶结的套管井
炸药包大小：5～1.5kg

图 8.3 可重复子波的激发井设计（Hardage，1983）

②机械脉冲震源。

现存的各种类型震源都可以应用垂向脉冲力产生地震能量。这些震源作为VSP震源也是可以接受的，但是在使用它们之前必须在一个地区对它们进行试验。有些地面震源具有有限频带宽度特征，还可能产生浅层鸣震效应。在每个陆上测量位置要进行震源野外现场试验，以确定是否能够记录到有效信号。

③可控震源。

在VSP测量工作中人们喜获使用可控震源，它可以灵活移动，从而允许在VSP施工中可以选择不同的震源激发点。这些可控震源系统通过调整到达地面的信号的输入，可以满足特殊VSP记录所需的分辨率要求。激发能量的大小可以通过改变震源的大小或数目来灵活设计，以达到最佳信噪比效果。如果工区随机噪声严重，那么可控震源就是一种极好的激发震源，因为对可控震源数据的互相关可消除有效频带外的噪声提高信噪比。另一方面，有效频带范围内的相干噪声在互相关的同时也得到了加强，但这些噪声在数据处理阶段可以消除。

可控震源在 VSP 测量中具有其优越性，这是因为其激发信号可以通过人为设计来满足该区特定分辨率的要求，而且它的子波是可以重复的和一致的。

④空气枪。

空气枪是目前海上 VSP 勘探中应用最为广泛的震源。如果海上钻井是垂直的，那么许多 VSP 勘探目标体就可以通过将空气枪置于井口的固定位置来获得，空气枪的激发是很简单的，因为它悬挂在工作起重机之上。空气枪可以通过钻塔上标准的大容量空气压缩机来操作，当操作空气枪时，可能引起钻塔的振动，但这些不会使钻塔遭到毁坏。在海上勘探中，使用空气枪比使用炸药震源要安全得多。图 8.4 说明了海上 VSP 勘探时空气枪放置示意图。

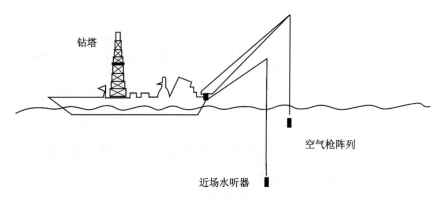

钻塔

空气枪阵列

近场水听器

图 8.4　在海上 VSP 中使用空气枪作为稳定的震源（Hardage，1983）

海上空气枪具有的多个特征，也能在陆上应用。空气枪具有体积小、便于携带、每隔几秒就可以激发一次，而且可以产生具有重复性极好的子波。为了使空气枪正常工作，必须把它们置于水中，图 8.5 说明了海上空气枪用作陆上 VSP 勘探震源的情况。

8.3.3　井下检波器

如图 8.6 所示，地面记录的检波器和 VSP 井下检波器在形状和结构上具有明显差异。

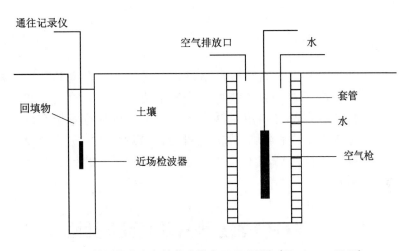

图 8.5 使用海上空气枪作为陆上 VSP 震源（Hardage，1983）

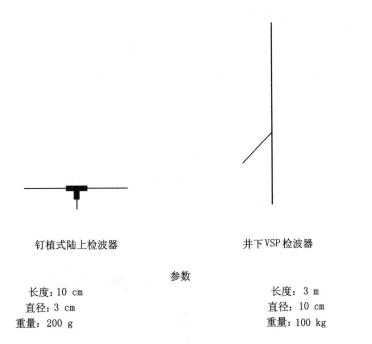

图 8.6 典型的陆上检波器和 VSP 检波器（Hardage，1983）

　　井下检波器放置在一个很重的外壳内，这样设计是为了克服深井中所遇到的高温高压条件。在同一个外壳内，还安装有使井中检波器推靠到井壁上机械推靠系统、电子放大和测距电路系统。

8.3.4 记录系统

VSP 记录系统应严格满足分辨率、动态增益和记录格式等方面的标准要求。为了获得高分辨率波前，井下检波器和近场监测检波器的数据都必须用足够大的分辨率（包括符号位在内，至少 12 位）记录下来。在海上 VSP 测量中记录近场子波极为重要，特别是当用震源子波对诸如未调准的空气枪等所引起的长子波震源信号进行反褶积时。

8.4 垂直地震剖面噪声类型

8.4.1 随机噪声

在有些井中，地层的不规则性、套管壁后或井中流体的运动等因素的影响，可能引起背景噪声（这些随机噪声在本书中将不作讨论）。

8.4.2 检波器耦合

地面检波器记录到的某些噪声是由于检波器埋置条件差造成的，埋置疏松的检波器其噪声比与地层耦合好的检波器要大，这一原理同样适用于井下检波器，图 8.7 显示了信号的耦合效应。

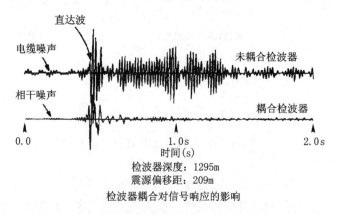

检波器深度：1295m

震源偏移距：209m

检波器耦合对信号响应的影响

图 8.7　VSP 检波器耦合（Hardage，1983）

8.4.3   电缆波

在 VSP 测量中声波沿着电缆传播的速度是不断变化的，其大小取决于具体的电缆设计。电缆波传播的速度在 2500 ~ 3500m/s 之间。

在浅井和低速地层剖面中，电缆波可能是井下检波器测量得到的初至波。如果不能正确识别电缆波，它可能导致地层速度的错误估计与计算。电缆波通常是由风或机器使电缆发生振动产生的，但是这种噪声可以在井中仪器固定后通过放松电缆来减小。图 8.8 表明了放松电缆可以极大减小电缆噪声。

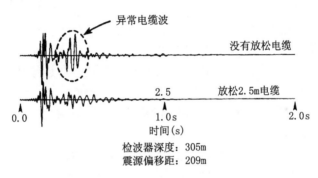

异常电缆波

没有放松电缆

2.5   放松2.5m电缆

0.0   1.0s   2.0s
时间(s)

检波器深度：305m
震源偏移距：209m

图 8.8   电缆放松对检波器信号的影响（Hardage，1983）

8.4.4   多套管鸣震干扰

在多个套管的井中获取可用的 VSP 数据是很困难的，因为其中一个或多个套管可能与相邻套管或地层固结不好。因此，在遇到多个套管位置的界面附近通常记录品质差的数据。数据处理可以衰减记录中的某些噪声，但是在多个套管井中记录到好的 VSP 数据，所有的套管必须用水泥很好的固结在一起，套管间水泥固结良好是多个套管井中得好 VSP 数据的关键所在。

8.4.5   固结与未固结套管

在套管井和裸眼井中记录到的子波在波形上没有什么差别，因为地震波在从地层传递到井下检波器的过程中，水泥是传播地震波能量的最佳介质，在未固结的单层套管井中，VSP 数据的品质将会变差。

8.4.6 面波

在陆上勘探中，瑞利波和勒夫波从震源点开始沿着地表各个方向传播，同来自深层反射界面的体波交织在一起，一同被地面或近地表位置的检波器接记录下来。这些波是无效信号，它们不利于构造和地层成像。然而，VSP 勘探不会记录到瑞利波和勒夫波，因为这些波不能到达检波器所在的深度。

8.4.7 管波

充满流体的井孔构成了一个柱状的非连续体，这个时候井孔就充当了传递一种所谓管波的介质。Gal'Perin（1974）认为管波是沿着井中钢管传播，速度大约在 5.5km/s 左右的干扰波。管波传播情况如图 8.9 所示。

管波是对地震记录有强烈干扰作用的噪声之一，因为它是一种相干噪声，正因为如此，它不能通过重复激发和垂直叠加来衰减。事实上，通过垂直叠加通常是加强了，因为它的特性在叠加过程中所有记录是一致的。然而，仔细选择数据处理流程能有效地衰减管波。

8.4.8 地面人为噪声

这种噪声的存在是由于 VSP 探区附近人为因素或机器的运动造成的，例如柴油机、空气压缩机、发电机等的运转及设备焊接和管道安装施工等等，都是这种噪声的来源。这些噪声的强弱取决于记录 VSP 数据时钻塔是否在适当的位置还是移走了。在 VSP 测量中，解决这些噪声问题的唯一途径就是尽可能创造安静的施工环境。

8.5 垂直地震剖面野外施工步骤

进行有效的野外施工是最基本的，因为 VSP 测量的时间越长，设备毁坏或井孔环境和条件恶化就越严重。

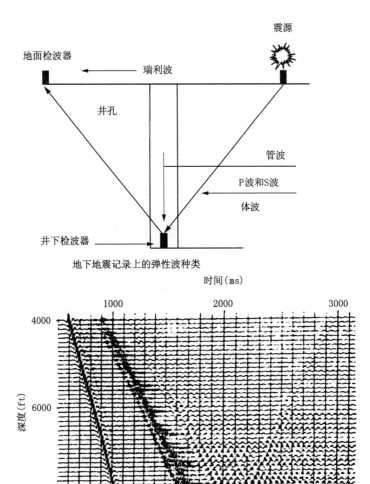

图 8.9　管波（Hardage，1983）

正确的 VSP 野外施工步骤是开始和最后都要进行一系列的仪器测试。通过这些测试，要保证记录系统本身并不衰减某些信号频率，还要保证振幅增益是正确的，串音没有进入记录的数据，还要保证地震记录采样间隔是精确的。

8.5.1　检波器敲击测试

检波器敲击测试的目的是为了在井下朝特定方向移动时，确定其输出信号的极性。这种测试实质上就是通过计算 VSP 测量数据和地震数据之间的相关性，来检查检波器在下放到井底以前是否就能够正常工作。

8.5.2 激发能量

正如前面所提到的，速度测量和 VSP 测量的基本区别在于速度测量仅注重于记录初至波，而 VSP 测量除了要记录到初至波外，还要记录到各种上行波和下行波。

由于速度测量和 VSP 测量以上差异，可能导致两种测量情况下对激发能量的要求完全相反，在速度测量中，随着检波器沉放深度增加，为了保证记录到清晰的初至波振幅，我们必须加大激发能量，以增强井中的下行波。

对于 VSP 测量则相反，当检波器在浅层深度时，可能需要更大的激发能量，这样以保证来自深层微弱的续至波可以被记录到，在有些情况下，激发能量可能是井下检波器所要求能量的 2 ~ 3 倍。为了获得这种能量，我们必须在同一水平面上进行多次激发，以保持地震记录上同样的子波特性。当激发能量增加时，往往产生另外一种子波，其特征完全不同于以前记录的子波。

8.5.3 VSP 数据处理

对于未加处理的 VSP 野外数据体，解释人员很难进行解释工作。首先下行波占有主导地位，这样无法对上行波作出解释。另外，资料上还存在随机和相干噪声。需要进行系统而全面的数据处理，才能完成 VSP 记录数据的最有效利用。

8.5.4 记录野外数据

当检波器下放到井下时，勘探数据要在间距 300 ~ 500m（1000 ~ 1700ft）段上记录。这些测量允许质量监控人员能够选择合适的记录参数，例如用以通过叠加增强资料信噪比的激发震源和次数等等。

在记录 VSP 数据时，井下检波器从井底到地面要整体往上提，每次提升，深度增加几米，在目标层附近提升增量要变小，大约 100ft（30m）或更小。当检波器从井中提出时，提升深度又可以变大。在每个检波器深度，要进行多次记录，这样，在数据处理阶段，可以进行垂直叠加。

图 8.10 显示了解编处理后的 VSP 原始数据。从图中可以看出，水平轴以单位距离代表井下检波器所处的深度，垂直轴代表时间，单位是秒（s）。

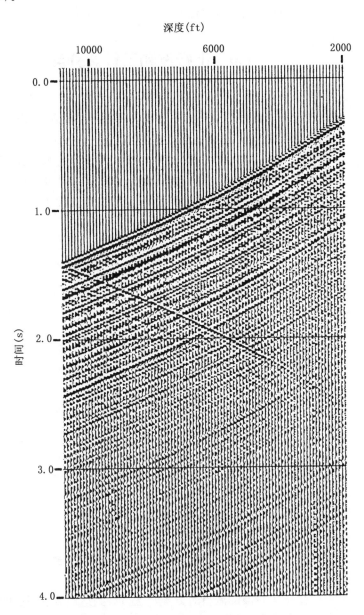

图 8.10　垂直地震剖面

从图中还可以看到，第一组强振幅同相轴是直达波，也叫下行波，在图上表现为从右到左旅行时呈递增趋势。紧随直达波的是下行多次波。图上另一组同相轴是上行波，其特征表现为从右到左旅行时呈递减趋势，这种波是下行同相轴的镜像反映。在利用每种类型波信息之前，必须对这些波进行分离。

8.6 上行波和下行波分离

图 8.11 描述了地震波能量从地表震源到达井下检波器的射线传播路径。图上显示了所有的上行波，包括一次反射波和多次反射波。图中的反射界面假设是水平的，震源固定在井口附近以便地震射线近似垂直传播。在图 8.12 和图 8.13 中，震源到井口的水平距离有所夸大，这是为了视觉清晰以便我们能够看到各种波的射线，T_1、T_2 和 T_G 分别表示地震波到达反射界面 1、反射界面 2 和检波器深度处的垂直单程旅行时。

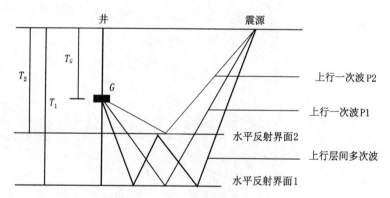

T_1、T_2 和 T_G 分别是到反射界面1、反射界面2和检波器 G 的单程垂直旅行时，图中为了获得较好的视角效果，夸大了偏移距，其中，反射界面1和2假设是水平的。

t_1：经反射界面 1 反射到达检波器的上行波旅行时，$t_1 = T_1 + (T_1 - T_G) = 2T_1 - T_G$

t_2：经反射界面 2 反射到达检波器的上行波旅行时，$t_2 = T_2 + (T_2 - T_G) = 2T_2 - T_G$

t_M：经反射界面 1 多次反射到达检波器的上行多次波旅行时

$$t_M = T_1 + 3(T_1 - T_2) + T_2 - T_G = 2T_1 + 2(T_1 - T_2) - T_G$$

图 8.11 上行一次波和多次波

依据上行波的旅行时方程，上行波到达检波器深度的旅行时等于到达地表的双程旅行时减去到达检波器深度处的单程旅行时。类似的，图

8.12 描述了下行波和层间多次反射波的传播路径。依据下行波旅行时方程，下行波到井下检波器接收到的时间等于其双程旅行时加上到达检波器深度处的单程旅行时。

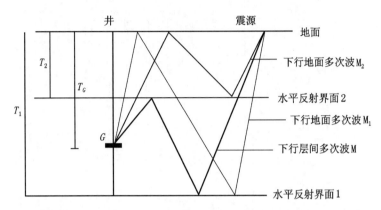

射线路径描述了到达 VSP 检波器的下行地面多次波和层间多次波，假设反射界面 1 和 2 是水平的。

$t_1 = 2T_1 + T_G$
$t_2 = 2T_2 + T_G$
$t_M = T_1 + (T_1 - T_2) + (T_G - T_2) = T_1 + T_1 - T_2 + T_G - T_2 = 2(T_1 - T_2) + T_G$

图 8.12 下行地面和层间多次波

从旅行时方程还可得出，地震波旅行时 $+T_G$ 或 $-T_G$ 的静态时移将使 VSP 同相轴与检波器 G 位于地面时记录相同。

根据定义，T_G 是 G 位置检波器记录的 VSP 道记录的初至波旅行时，因此如果我们在上行波旅行时方程的两端加上 $+T_G$，在下行波旅行时方程的两端加上 $-T_G$，我们就可以分离出上行波和下行波，如图 8.13 所示。

8.7 数据增强处理

VSP 数据包含上行波数据和下行波数据两种模式，它们往往以不同角度的复杂性重叠在一起。对上行波数据进行分析，是极为重要的，因为在地面地震勘探中记录的就是上行波。

因此，在 VSP 数据处理中，衰减下行波而又不严重影响上行波的数字处理方法是非常重要的。在 VSP 处理中消除一种特定的地震波信息最常用的方法就是频率—波数域（f–k）速度滤波。

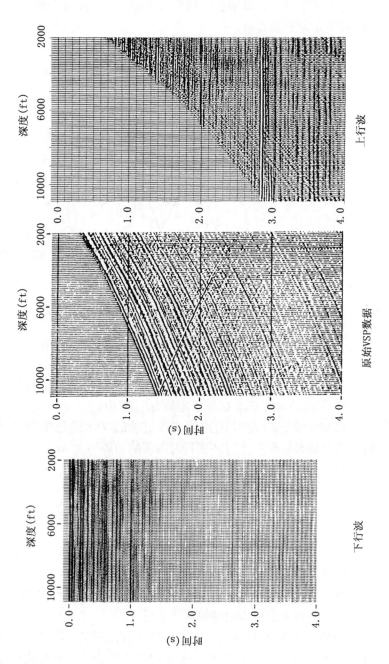

图 8.13　上行波和下行波的分离（地震仪服务公司提供）
根据双程旅行时水平反射界面得到的上行波和下行波

　　这种方法涉及到在频率—波数域（$f-k$）进行速度滤波器设计。这些滤波器要求 VSP 数据能够在时间和空间域以均匀的间隔记录。

　　水平采样和垂直采样都必须满足 Nyquist 采样定理，它要求在数据中所包括的最短波长内至少有两个采样点被记录到。

　　图 8.14 说明了为了增强所希望波类型的 $f-k$ 速度滤波应用的原理图。

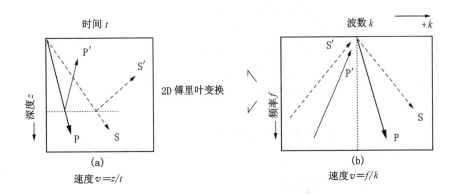

图 8.14　速度滤波（Hardage，1983）

通过速度滤波可以进行 VSP 波场分离，将 VSP 数据从时间—空间域变换到频率—波数域，即可实现这一过程，图中假设的 VSP 数据展示了将下行纵波（P）和横波（S）这两种体波以及来自反射界面的上行纵波（P'）和横波（S'）变换到 $f-k$ 域的过程，在 $f-k$ 域中，下行波出现在波数的正半轴平面，而上行波出现在波数的负半轴平面，其中，每一条线的宽度与相应波形所含的能量成比例

8.8　垂直地震剖面应用

　　下面列举了一些 VSP 在两个系列的主要应用。其中有些应用将作详细讨论。

　　（1）在勘探方面的应用包括：

　　①确定反射系数；

　　②识别地震反射层；

　　③ VSP 与合成地震记录的对比；

　　④菲涅耳带和 VSP 横向分辨率；

　　⑤地震振幅研究；

　　⑥确定地下岩石物理特性；

⑦地震波衰减研究；

⑧薄层研究。

（2）在油藏工程和钻井方面的应用包括：

①预测地震反射界面的深度；

②预测钻头前方地层岩性条件；

③确定油藏边界；

④确定断层位置；

⑤监测二次采油过程；

⑥地震层析成像和油藏描述；

⑦预测钻头前方的高压带；

⑧人工裂缝检测。

8.8.1　VSP 在勘探中的应用

8.8.1.1　反射系数

因为地震波在具有波阻抗的各个岩层界面上会发生反射，这些界面的反射系数决定了反射波的极性、振幅和相位特性。

在利用 VSP 测量中，上行反射波包含有很多地下信息，正确理解地震反射系数的数学意义对于 VSP 解释极为重要，因为数据包含有上行波和下行波，而这两种波在波阻抗界面的顶底部都发生反射。

如下所示，反射系数的数学公式为：

$$R = (\rho_2 v_2 - \rho_1 v_1) / (\rho_2 v_2 + \rho_1 v_1)$$

这个公式在对 VSP 数据进行地层和岩性解释时是很有用的。

8.8.1.2　识别地震反射层

优秀的地震解释人员善于把地表获取的反射地震资料同地下的地层学性质和沉积相联系起来。当进行这项工作时，人们应该记住，优质的 VSP 数据能够确定井孔附近地层上行初至反射波发生反射的界面深度。因此，通过利用 VSP 可以对地表获取的地震反射剖面作出正确的地层解释。

利用高信噪比的 VSP 数据，解释人员可以解决以下问题：

（1）反射是发生在地层界面上还是发生在时间地层的界面上，例如不整合面上?

（2）哪些岩石界面可以得到地震数据？哪些又不能得到？

（3）由井旁测井数据合成的地震记录在识别一次反射波和多次反射波方面，可信度如何？

图 8.15 描述了一口井中记录到的 VSP 数据，从图上我们可以看出

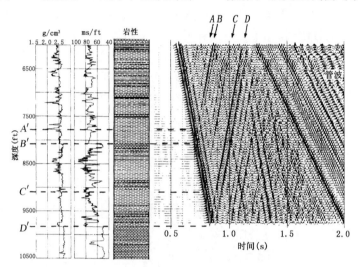

如图是一个可靠的实例，通过该实例VSP数据能够识别出一次反射波，
图中有4个上行一次反射波，分别为A、B、C、D所标记的黑色波峰所示，
通过向下推黑色波峰的顶点，直到其与下行初至纵波相交，
就可以确定产生每一个反射波的地下界面深度，这些深度以A′、B′、C′、D′标记所示，
以上是野外原始数据，其中除了应用数值增益来均衡振幅外，没有作其他任何数据处理

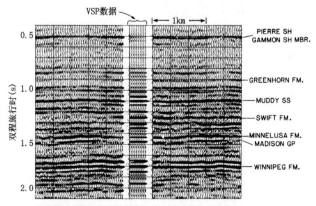

在美国地质勘探局进行麦迪逊市石灰岩测试的2号井处，
地面记录的反射数据和经处理后的VSP数据之间的对比(Balch，1981b)

图 8.15　地震反射层识别（Hardage，1983）

根据地层和岩性条件可以识别地震反射层。

8.8.1.3　VSP 与合成地震记录的对比

将地下地层性质和地表测量的地震数据联系起来的传统工具是合成地震记录。从以前的讨论中我们可以看出，VSP 勘探可以用来很精确地识别地下岩石岩性和地层性质。相反，合成地震记录仅是一种地震测量合成方式。在 VSP 中，我们可以用记录地表地震数据的相同震源，相似检波器和相同的仪器设备。在合成地震记录计算中，我们只能对以上全部地震记录过程方面进行近似处理。

图 8.16 描述了由 VSP 井"P"和井"Z"获得的地表地震数据与各自合成地震记录的对比情况。

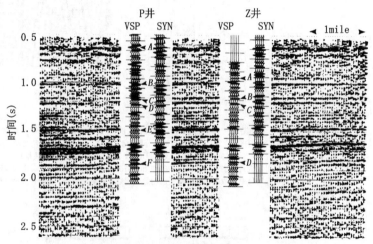

过VSP P井和Z井的地表地震数据与合成地震记录以及井中记录VSP数据的对比，
图中字母标记箭头地方显示：VSP数据与合成地震记录数据相比，
比与实际地面数据匹配的效果更好

图 8.16　VSP 数据与合成地震记录的对比（Hardage，1983）

8.8.2　菲涅耳带和 VSP 横向分辨率

如图 8.17 所示，第一菲涅耳带定义了地下地质异常体能够被地表地震数据分辨的最小横向范围。与地表反射测量相比，VSP 数据能够分辨地下更小的地质体，即横向分辨率更高，这是因为 VSP 测量中菲涅耳带更小的缘故。

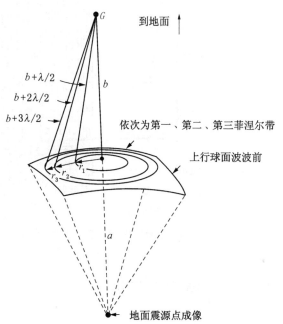

地震测量解决地下地质特征问题的能力从一般意义上讲取决于第一菲涅尔带的大小，图中VSP检波器在 G 点，由 G 点以上（例如，$a>b$）地面震源激发产生一个球面波波前，该波前代表一个地下反射界面，G 点检波器靠近该反射界面，射线路径图通过使用从震源到反射界面的虚拟射线路径简化得到

图 8.17　菲涅耳带和 VSP 横向分辨率（Hardage，1983）

8.8.3　层速度预测

　　VSP 数据处理结果的一种输出形式是输出波阻抗（ρv）与深度的关系图。在沉积岩中，地层密度的变化与地层速度相比是很小的，因此密度通常被看作是常数而被忽略。密度的计算常常根据 Gardner 的速度与密度关系式得到。在 VSP 资料解释中，不仅可以得到地层的速度值，而且可以得到速度与深度的关系面。层速度在工程勘探中有广泛的应用，这些在接下来的部分将作介绍。

　　图 8.18 给出了由 VSP 测量得到的波阻抗与深度的关系面。

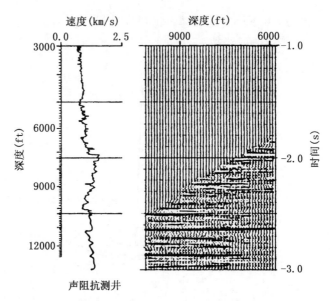

图 8.18　预测钻头前方地层速度（地震仪服务公司提供）

8.8.4　VSP 在工程中的应用

8.8.4.1　预测地震反射层深度

在油气勘探中，预测主要地震标志层的钻井深度是一项常见的工作。许多地球物理学家根据地表地震勘探确定的速度资料就能够对地下深度作出精确的估计。但是，当 VSP 井处于一个钻井很少或地震记录品质很差的地区时，以上估计将变得更加困难和不准确。在这些地震反射条件差的地区，利用 VSP 预测地下反射层深度将获得最佳效果。VSP 受青睐的另外一个重要因素是它的检波器布置在井下深处，这样远离了地表噪声。

图 8.19 显示了 VSP 在预测地震反射层中的应用情况。图中上行波和下行波的交点（A 点）部位表明了反射界面顶面，其深度大约为 9850ft。

8.8.4.2　预测钻头前方地层

VSP 数据另外一个用途就是预测钻头前方到深部目的层的距离，如图 8.20 所示。

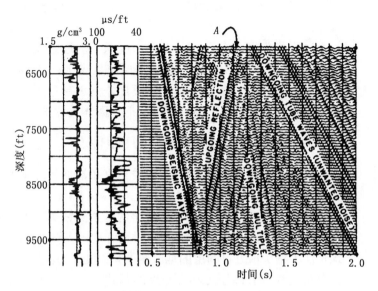

图 8.19　预测地震反射界面深度（Hardage，1983）
VSP 数据显示出一个较强的反射界面 "A"，对应于地下 9850ft 深度处

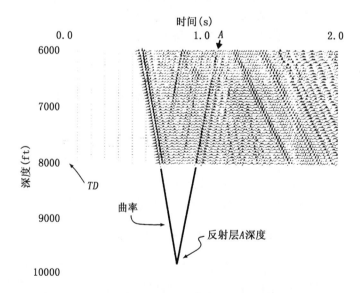

图 8.20　预测钻头前方地层（Hardage，1983）

　　假设井已经钻到 8000ft 的深度，在这个深度以上记录了足够的
VSP 数据，以保证深部反射能够识别和进行解释。这意味着记录的数

据，应当以同样的深度增量从井底一直记录到井底上部约 2000ft 处的信息。

现在的问题是：在当前钻井深度以下多远是反射界面 A ？首先作一个近似估算，假设当记录的数据层位是 6000 ~ 8000ft 时，井下下行初至波在 8000ft 以下具有相同深度曲率的地层中仍然继续传播，下行波延长线与上行波 A 的交点将在反射界面 A 的深度处相交。

8.8.4.3　预测钻头前方的孔隙压力和孔隙度

VSP 技术可以为工程师、地质学家和地球物理学家们提供一个常见的交流平台。

VSP 令人最感兴趣的一个用途就是预测钻头前方目标层的地层条件和环境。Stone（1982）和其他研究者利用 VSP 的这种技术优势成功地预测了钻头前方目的层的地层速度和深度，而地层层速度和深度是测井分析中计算孔隙压力和孔隙度的基础，利用 VSP 数据计算这些重要的岩石属性参数具有广泛的应用前景。

VSP 可以用来提供以下信息：

（1）振幅校正；

（2）提取地震波波形特征和多次波；

（3）设计反褶积参数；

（4）预测钻头前方的速度；

（5）预测钻头前方地震波传播时间与深度的关系，利用这一关系可以计算岩石的其他岩石物理属性参数；

（6）预测钻头前方异常压力带，有利于钻井工程师控制地层压力；

（7）利用预测到地下地层传播时间和已知的井中的其他岩石流体的传播时间，可以预测岩石孔隙度；

（8）标定地表获取的地震数据的地层和岩性。

8.8.4.4　确定油藏边界——非零震源 VSP

Karus 等人（1975）曾从一口井的两侧激发得到的 VSP 初至波振幅图。而这口井恰好处于产油区边界位置处，通过震源的设计，使得其中一个震源激发的地震波能够顺利向井下传播（如图 8.21 所示），来自 SP-2 井的直达波最后要经过所示的产油层。当自震源到接收点的路径遇到油气区时，发现地震波振幅有所损失，而且，这种损失是相当可观的。

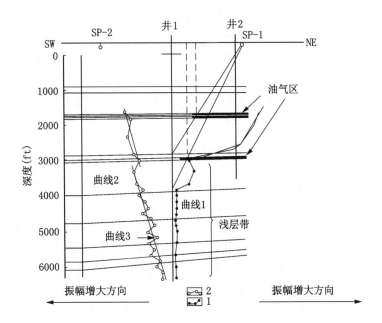

图 8.21 有偏 VSP 确定油藏边界（Karus，1975）

曲线 1：根据 SP-1 测得的振幅，注意到浅层带以下初至波振幅的衰减；

曲线 2：根据 SP-2 测得的振幅；曲线 3：用来计算衰减的平均振幅曲线

K.A，Mustafayev（1967，1969）描述了在 Azerbaydzan 的 Chakhnaglar 和 Kala 油田的类似研究。图 8.22 给出了该区的野外观测显示图，它是通过在含油地层以下的深度使用井下震源激发得到的。在地表布设一条检波器的测线，其中 12 个检波器道没有穿过油藏区，而另外 12 个检波

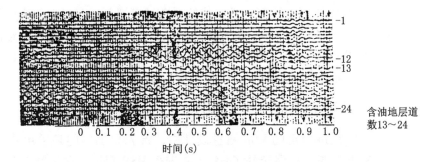

图 8.22 VSP 透射振幅异常与确定油藏边界（Mustafayev，1967）

在原苏联 Azerbaydzan 地区的卡拉油田，VSP 记录显示出与含油带有关的振幅异常，注意到 1～2 道没有穿过油田，因此在 0.850s 处显示出较大的振幅值，而 13～24 道则穿过含油带，振幅值很小

器道穿过油藏区。采集的 VSP 数据显示出与含油地层有关的振幅异常现象，1 ～ 12 道没有穿过油藏区，在 0.85s 处，可以看到明显的初至波；而 13 ～ 24 道由于穿过油藏区，初至波几乎看不出来。几十年以来，人们对于含油气地层是否吸收地震波能量的研究一直没有停止过，有些人对此结论还持有怀疑态度，而这些 VSP 研究结果则支持了这种观点。

8.8.5 VSP 的地层学应用

Cramer（1988）描述了使用多偏移距 VSP 在 Colorado 的 Denver-Julesburg 盆地发现"D"砂体的应用。Wattenburg 油田的"D"砂体是通过 34-3 井（如图 8.23 所示）的钻探而实现采油生产的。接下来在该区曾连续钻了 3 口井，结果没能确定出油田中"D"砂体的分布范围。通过层序地层模型的研究表明，利用非零 VSP 技术可以来确定"D"砂体油气藏的分布范围。

在此研究的基础上，在生产井附近进行了 5 个不同偏移距 VSP 测量，并且对该井还作了零偏移距 VSP 测量，以确定油藏边界范围，并确定了第二口井的位置。

8.8.5.1 测量模拟

图 8.24 显示了用于研究 VSP 分辨率和测量设计的地质模型，并将模拟合成的非零 VSP 数据同"D"砂体的厚度进行了相关对比。其中，砂体厚度允许在 7 ～ 30ft（2 ～ 9m）的范围内变化，从模拟合成的记录上我们可以看出，砂体的厚度有明显的变化特征，这个同已知的"D"砂体厚度的变化是一致的。通过模拟，还可以选取合理的测量参数（例如激发点距、检波器间距以及数目等等），这样可以给出长度为 2000ft（600m）的横向剖面。根据这个模型的模拟结果，可以决定继续进行非零 VSP 探测。

8.8.5.2 测量设计

在待确定的 VSP 测量设计中，首先要确定的是采用哪口井进行 VSP 测量。最终选择了 34-3 井进行 VSP 测量，它是鉴于以下几个理由：（1）该井的位置可以保证记录到的 VSP 数据覆盖工区绝大部分；（2）已知该井存在有"D"砂体，这样可以保证将 VSP 数据同测井数据进行可靠的相关和标定。当然，在采用该井的时候也有一些顾虑，因为进行 VSP 测量时，该井必须关井和清洗处理，将导致该井的开采生产至少延误两天，也导致两天的收入损失。第二个顾虑是，井的上部即处

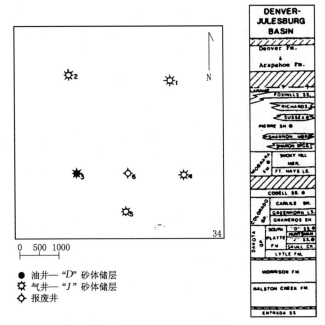

在剖面34中的钻井位置和探区平面图

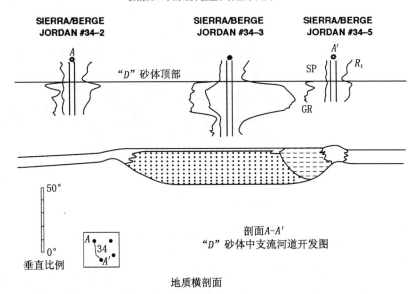

图 8.23　"D" 砂油田和地质横剖面（Cramer，1988）

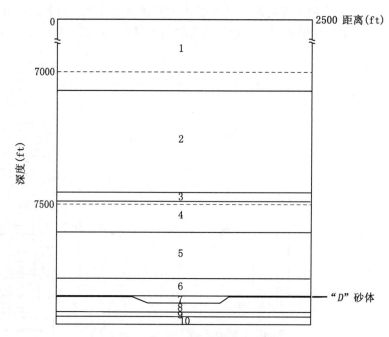

用于研究VSP分辨率的地质模型和测量设计

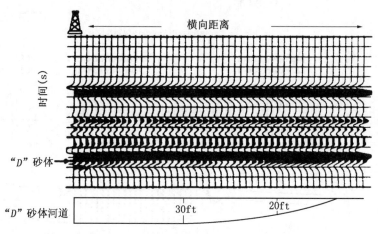

模拟结果：与"D"砂体厚度相关的非零VSP合成记录

图 8.24　测量模拟（Cramer，1988）

于 6300ft（1920m）井深以上的井段，没有用水泥固结。套管和地层之间没有耦合，导致到达井下检波器的地震波能量传播路径可能受阻。在经过慎重考虑之后，选择 34—3 井作为 VSP 测量的井。

8.8.5.3　数据采集

图 8.25 对 VSP 观测的初始的和修改后的设计作了说明。选择记录

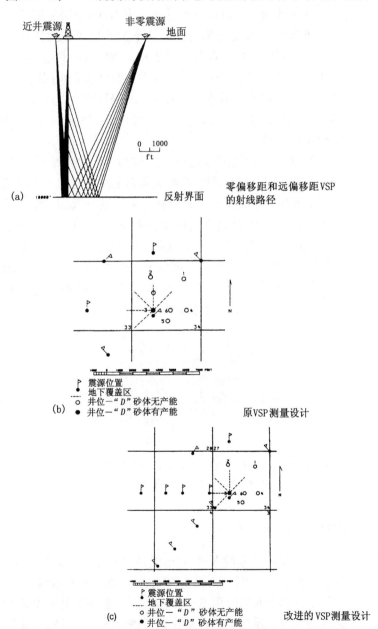

图 8.25　多偏移距 VSP 野外设计（Cramer，1988）

的采样间隔为2ms，可控震源频带宽为10～80Hz，记录长度为17s，检测时间为5s，可控震源的数目为6台。在每个震源点振动2次，井中检波器要接收2次，这样每次由3个偏移距位置震源点激发地震波。

测量按照以上设计方案进行，根据计划要求，西北、正北、东北方向的非零数据首先采集的。当井下检波器提到大约在6300ft以上时出现了一些问题，此时观测不到信号。而检波器的这个深度恰好是套管后面水泥固结的顶部，这个深度以上井段就没有水泥固结。解决这个问题唯一可能的方案是调整震源到井口的偏移距，以保证在不将检波器提升到水泥固结顶部以上的情况下，可以实现所要求的2000ft（600m）的横向覆盖范围。

在夜间改变观测方式是很困难的。但决定继续工作，希望在数据处理阶段通过数据处理能够解决资料上所存在的一些问题，并借以提高资料的品质。早晨的时候，获得了剩下两处远偏移距和近偏移距的非零VSP数据，其中对剩下的远偏移距非零VSP测量方案作了重新设计，改为在每个方向上布置4个震源点。此外，检波器的间距缩减到了50ft（15m），这样可以提供更小的地下反射点间距，以保证横向分辨率。

图8.26显示了模拟数据与零偏移距VSP数据的相关对比。图8.27和图8.28显示了最终的偏移VSP记录。

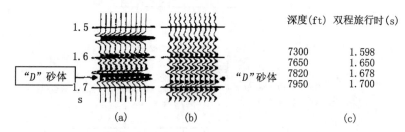

图8.26　模拟数据与零偏移距VSP数据的相关对比（Cramer，1988）

（a）模拟数据；（b）零偏移距VSP数据；（c）检验炮测量数据

8.8.5.4　资料解释

最终显示出来的VSP数据是将来自每张剖面的VSP数据变换到双程旅行时域的剖面，或是CDP地震剖面。利用校验炮，根据零偏移距的结果计算出时间与深度的转换表。在零偏移距VSP剖面上"D"砂体是在将其与地质模型进行对比之后确定的，然后标定每个远偏移距剖面上的地震响应，最后在远偏移距VSP井的地方进行成图（图8.29）。

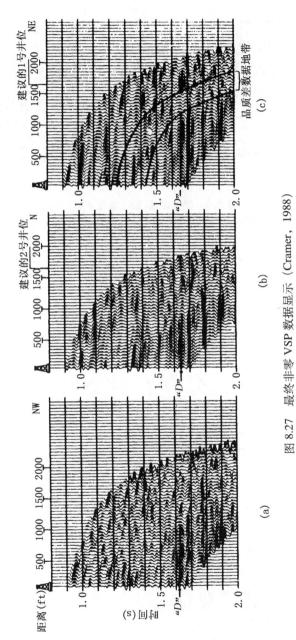

图 8.27 最终非零 VSP 数据显示（Cramer，1988）

(a) 由西北方向剖面得到的非零 VSP 记录；(b) 由北方向剖面得到的非零 VSP 记录；(c) 由东北方向剖面得到的非零 VSP 记录

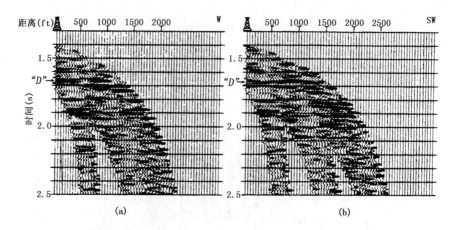

图 8.28　最终非零 VSP 数据显示（Cramer，1988）

（a）由西方向剖面得到的非零 VSP 记录；（b）由西南方向剖面得到的非零 VSP 记录

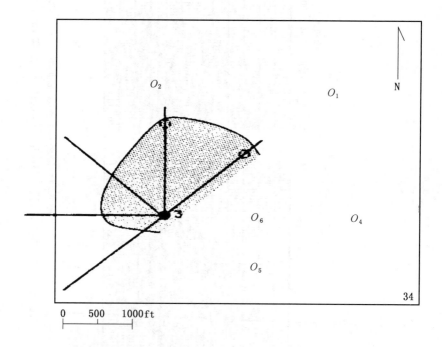

　　——　　VSP 数据的横向范围
　　——　　经解释得到的"D"砂体构造边界
　　：□：　　建议的井位
　　●　　　井位—"D"砂体有产能
　　○　　　井位—"D"砂体无产能

图 8.29　VSP 数据的解释结果（Cramer，1988）

　　在资料解释过程中有些问题将使解释变得复杂化。在西北、正北和东北方向上，由于套管没有固结的缘故，结果记录到的地震资料品质很差。在这个地带，不能对资料作出可靠的解释，尽管在记录上这些偏移距方向上的"D"砂体表现为中部消失。也不能令人信服地说所圈定的边界就是"D"砂体的消失之处，我们只能肯定"D"砂体至少延伸到此处。"D"砂体甚至还可以延伸更远，但从数据上无法得到这一结论。

8.8.5.5　后续井位的确定

　　沿 34—3 井东北方向 1650ft（500m）处，完钻了 34—7 井，并在"D"砂体中发现了含油厚度为 19ft（6m）的产油层，而 34—3 井中的含油厚度为 26ft（8m）的产油层。为了进一步对油藏延伸边界作出描述和确定新的开发井位，对 34—7 井进行了新的观测设计。这次测量是在测井之后下套管之前的裸眼井中立即进行的，观测根据计划方案实施，并且在 48h 之内完成。

8.8.6　推荐使用多偏移距 VSP

　　（1）在测量之前，应进行地震模拟，以确定是否达到解决实际问题所要求的分辨率，有助于设计诸如震源偏移距、检波器提升间隔等测量参数，还有助于解释人员了解记录工区的信息。

　　（2）VSP 测量应在完全下套管井的井中进行，或在下套管之前的裸眼井中进行，因为当套管的水泥固结质量变差时，直接导致 VSP 数据品质的严重下降。

　　（3）设计多偏移距 VSP 测量是为了利用所有现存的井加以约束，以验证模型模拟的结果。

　　（4）近偏移距 VSP 测量应该结合远偏移距测量进行，这样可以建立速度约束机制，以便与测井数据联系起来。

　　（5）VSP 是能用于经济有效地油田开发的地球物理方法之一。

8.9　小结和讨论

　　VSP 技术通过在石油勘探开发中的应用，已被证实具有广泛的应用价值。

　　同其他任何勘探方法一样，VSP 也具有其自身的局限性。但它的用途却是相当多的，它允许你创新，通过创新发现新的应用方法以帮助你解决实际中遇到的特定难题，通过对该问题的模拟试验，可以验证你思想方法正确与否，并且通过 VSP 技术可以帮助你确认能否得到所要求的地震分辨率。

过去，当油田工程师和管理人员发现 VSP 测量要在钻井期间的特定时段进行时，他们显得很忧虑，因为他们担心可能发生机械故障等问题，还有钻塔闲置的时间（72h），这样延误了井的开采生产日期，从经济角度讲，造成石油收入的损失。

几年前，在一口井深 12000ft 的井中以 50 ~ 75 级的激发点进行一次 VSP 测量，其成本要超过 35000 美元，而处理成本也不少于 10000 美元，整个流程的时间大约在 3 ~ 4 个星期之间，而最终的信息是速度与深度信息。

目前，进行 VSP 测量的成本大大降低了。你可以从表 8.1 中美国和加拿大各地区看到 VSP 测量的估算成本，其中激发点数大约为 70 级。费用是几千美元，并且包括数据处理。第一个数是对垂直测量（ZVSP）成本，第二个数是对垂直测量（ZVSP）加非零 VSP 测量的成本。

表 8.1　VSP 测量的估算成本比较

地　　区	ZVSP	ZVSP+Offset VSP
美洲大陆中部	25	40
墨西哥湾海上	50	75
美国西海岸	30	50
落基山地区	30	46
阿拉斯加	60	90
墨西哥湾海岸区	40	57
加拿大	30	46

以上整个 VSP 作业所需时间一般是几天，有些在紧急情况下为一夜。

VSP 测量同任何一种测井方法一样，都是按照常规进行。在垂直观测方式下，每小时可以完成 8 ~ 10 个震源点，在陆上进行观测，由于需要额外的时间聚集震源能量，每小时大约完成 6 ~ 8 个震源点，在海上进行观测，可能需要更多的时间，大约每小时完成 4 ~ 5 个震源点的观测。

　　VSP 测量将给地球物理学家提供地震波速度与到某个地质层位的深度与时间的转换，以及下一个地震标志层。它可以为地质学家提供井的预测信息，它还可以为钻井工程师提供钻头的位置以及钻头前方的高压带地层深度等信息。如果它能够提前预测钻头前方的高压带，就可以采取措施，避免事故的发生。

　　每次 VSP 测量的成本可能要花 25000 美元，整个工作要用 2 ~ 3 天的时间，这样就可以获取地下信息以评价井的质量，并且可以避免高压带问题。在钻塔闲置时间最小的情况下，进行 VSP 测量肯定要比出现井喷更加经济。

　　综上所述，VSP 技术将在井中地球物理、油藏特征描述和透射层析成像方面发挥重要的作用，这些将在第 11 章进行讨论。

关　键　词

套管（Casing）　　　　　层间多次波（Intrabed multiples）
固结（Cementing）　　　多偏移距 VSP（Multioffset VSP）
井径测井（Caliper log）　起跳信号（波形）[Pilot signal（waveform）]
下行波（直达波）[Downgoing wave（Direct arrivals）]
上行波（Upgoing wave）
初至时间（First break time）　速度测量（Velocity survey）

参　考　文　献

[1] Angeleri, G. P. and E. Loinger. Amplitude and Phase Distortions Due to Absorption in Seismograms and VSP. *Paper presented at 44th annual meeting of EAEG*, 1982

[2] Balch, A. H., M. W. Lee, J. J. Miller and R. T. Ryder. The Use of Vertical Seismic Profiles in Seismic Investigations of the Earth. *Geophysics* 47（1982）：906—918

[3] Balch, A. H. and M. W. Lee. Some Considerations On the Use of Downhole Sources in Vertical Seismic Profiles. *Paper presented at 35th Annual SEG Midwestern Exploration Meeting*, 1982

[4] Barton, D. C. The Seismic Method of Mapping Geologic Structure.

Geophy. Prosp. Amer. Inst. Min. and Mat. Eng 1 （1929）：572—624

[5] Bilgeri, D. and E. B. Ademeno. Predicting Abnormally Pressured Sedimentary Rocks. *Geophysics* 30 （1982）：608—621

[6] Biot, M. A. Propagation of Elastic Waves in a Cylindrical Bore Containing a Fluid. *J. Appl. Physics* 23 （1952）：997—1005

[7] Blair, D. P. Dynamic Modeling of In-Hole Mounts for Seismic Detectors. *Geophys. Jour. Roy. Astron. Soc.* 69 （1982）：803—817

[8] Bois, P., M. Laporte, M. Laverne and G. Thomas. Well-to-Well Seismic Measurements. *Geophysics* 37 （1972）：471—480

[9] Brewer, H. L. and J. Holtzscherer. Results of Subsurface Investigations Using Seismic Detectors and Deep Bore Holes. *Geophys. Prosp.* 6 （1958）：81—100

[10] Butler, D. K. and J. R. Curro Jr. Crosshole Seismic Testing-Procedures and Pitfalls. *Geophysics* 46 （1981）：23—29

[11] Cheng, C. H. and M. N. Toksoz. Elastic Wave Propagation in a Fluid-Filled Borehole and Synthetic Acoustic Logs. *Geophysics* 46 （1981）：1042—1053

[12] Cheng, C. H. and M. N. Toksoz. Tube Wave Propagation and Attenuation in a Borehole. *Paper presented at Massachusetts Institute of Technology Industrial Liaison Program Symposium, Houston*, 1981

[13] Cheng, C. H. and M. N. Toksoz. Generation, Propagation and Analysis of Tube Waves in a Borehole. Paper P, Trans. *SPWLA 23rd Annual Logging Symposium*, Vol. 1., 1982c

[14] Chun. J., D. G. Stone and C. A. Jacewitz. *Extrapolation and Interpolation of VSP Data*. Tulsa, OK：Seismograph Service Companies Report, 1982

[15] Crawford, J, M., W. E. N. Doty and M. R. Lee. Continuous Signal Seismograph. *Geophysics* 25 （1960）：95—105

[16] DiSiena, J. P. and J. E. Gaiser. *Marine Vertical Seismic Profiling*. Paper OTC 4541, Offshore Technology Conference, Houston, TX, 1983, 245—252

[17] Douze, E. J. Signal and Noise in Deep Wells. *Geophysics* 29 （1964）：721—732

[18] Gaizer, J. E. and J. P. DiSiena. VSP Fundamentals That Improve CDP

Data Interpretation. *Paper S12. 2, 52nd Annual International Meeting of SEG, Technical Program Abstracts*, 1982a, 154—156

[19] Gal'perin, E. I. *Vertical Seismic Profiling*. Soc. Expl. Geophys. Special Publ. 12 (1974): 270

[20] Hardage, B. A. An Examination of Tube Wave Noise in Vertical Seismic Profiling Data. *Geophysics* 46 (1981b): 892—903

[21] Hardage, B. A. A New Direction in Exploration Seismology is Down. *The Leading Edge* 2, No. 6 (1983): 45—92

[22] Jolly, R. N. Deep-Hole Geophone Study in Garvin County, OK. *Geophysics* 18 (1953): 662—670

[23] Karus, E. V., L. A. Raybinkin, E. I. Gal'perin, V. A. Teplitskiy, Yu B. Demidenko, K. A. Mustafayev and M. B. Raport. Detailed Investigations of Geological Structures by Seismic Well Survey. *9th World Petroleum Congress PD* 9 (4) , V. 26 (1975): 247

[24] Kennett, P., R. L. Ireson and P. J. Conn. Vertical Seismic Profiles-Their Applications in Exploration Geophysics. *Geophys. Prosp.* 28 (1980): 676—699

[25] Lang, D. G. Downhole Seismic Technique Expands Borehole Data. *Oil and Gas Jour.* 77, No. 28 (1979a): 139—142

[26] Lang, D. G. Downhole Seismic Combination of Techniques Sees Nearby Feathres. *Oil and Gas Jour.* 77, No. 28 (1979b): 63—66

[27] Lash, C. C. Investigation of Multiple Reflections and Wave Conversions By Means of Vertical Wave Test (Vertical Seismic Profiling) in Southern Mississippi. *Geophysics* 47 (1982): 977—1000

[28] Lee, M. W. and A. H. Balch. Theoretical Seismic Wave Radiation From a Fluid-Filled Borehole. *Geophysics* 47 (1982): 1308—1314

[29] Lee, M. W. and A. H. Balch. Computer Processing of Vertical Seismic Profile Data. *Geophysics* 48 (1983): 272—287

[30] Levin, F. K. and R. D. Lynn. Deep Hole Geophone Studies. *Geophysics* 23 (1958): 639—664

[31] McCollum, B. and W. W. Larue. Utilization of Existing Wells in Seismograph Work. *Early Geophysical Papers* 12 (1931): 119—127

[32] Mustafayev, K. A. Increased Absorption of Seismic Waves in Oil and Gas Saturated Deposits. *Prikladnaya Geofizika* 47 (1967): 42

[33] Pucket, M. Offset VSP: A Tool for Development Drilling. TLE 10 (1991): 18—24

[34] Quarles, M. Vertical Seismic Profiling-A New Seismic Exploration Technique. *Paper presented at the 48th Ann. Internat. Mtg of SEG*, 1978

[35] Rice, R. B. et al. Developments in Exploration Geophysics, 1975—1980. *Geophysics* 46 (1981): 1088—1099

[36] Riggs, E. D. Seismic Wave Types in a Borehole. *Geophysics* 20 (1955): 53—60

[37] Stewart, R. R., R. M. Turpening and M. N. Toksoz. Study of a Subsurface Fracture Zone by Vertical Seismic Profiling. *Geophy. Res. Lett.* 9 (1981): 1132—1135

[38] Stone, D. G. *VSP-The Missing Link*. Paper presented at the VSP Short Course Sponsored by the Southeastern Geophysical Society in New Orleans, 1981

[39] Stone, D. G. Prediction of Depth and Velocity on VSP. *Paper presented at the 52nd Ann. Mtg. of SEG*, Dallas, Texas, 1982

[40] Stone, D. G. Predicting Pore Pressure and Porosity From VSP Data. *Paper presented at the 53rd Ann. Mtg. of SEG*, Las Vegas, Nevada, 1983

[41] Van Sandt, D. R. and F. K. Levin. A Study of Cased and Open Holes for Deep Seismic Detection. *Geophysics* 28 (1963): 8—13

[42] Wyatt, K. D. Synthetic Vertical Seismic Profile. *Geophysics* 46 (1981a): 880—991

[43] Wyatt, S. B. *The Propagation of Elastic Waves Along a Fluid-Filled Annular Region*. Master of Science Thesis. University of Tulsa, Tulsa, OK, 1979

[44] Zimmermann, L. J. and S. T. Chen. Comparison of Vertical Seismic Profiling Techniques. *Geophysics* 58 (1993): 134—140

9 振幅与偏移距(AVO)分析

9.1 概　述

地震反射信号的振幅一般随着震源和接收点距离的增加而降低。这种降低依赖于一定角度的反射率，主要因素有地震波到达地下界面的反射、扩散、吸收、近地表效应、多次波、检波器安置、检波器组合和使用的仪器等。

在一定的沉积环境下，振幅的变化也可以是识别岩性或油气藏富集的重要线索。随着偏移距增大，振幅增大，表示可能为一个含气砂岩储层，在剖面上显示为"亮点"。而随着偏移距增大，振幅减小，可能表示为含油储层。然而，这些振幅异常在共中心点叠加（CMP）剖面上被掩盖，因为叠加剖面上的每一道代表了在全部偏移距的共中心点道集的平均能量。

9.2 AVO 方法原理

AVO 分析是通过对叠前道集进行正常时差校正处理，来重新得到振幅随着入射角的变化。

9.2.1 反射系数

地震反射的振幅与 3 个岩石特性有关：（1）v_P：纵波波速；（2）v_S：横波波速；（3）ρ：密度。

叠加地震剖面的解释受零偏移模型的限制。因此，在水平反射界面上以振幅为 A_0 的平面波阵面入射将产生一个振幅为 A_1 的反射波阵面。A_1 和 A_0 的比率定义为这个反射面的反射系数（R），它可以用下面的关系式表示，即

$$R=(\rho_2 v_2 - \rho_1 v_1)/(\rho_2 v_2 + \rho_1 v_1)$$

9.2.2　泊松比

泊松比是物体在压力下的横向应变和纵向应变的比值。例如，如果一块橡胶被挤压就会变短，但是它也同时变宽以使它的体积保持几乎不变。横向变化和纵向变化的比值就是它的泊松比。在地震应用中，它是纵波和横波速度之间的比值，即

$$\sigma = [0.5 - (v_S/v_P)^2] / [1 - (v_S/v_P)^2] \quad (Sheriff, 1973)$$

对于液体，v_S 是不存在的，所以 σ 为 0.5。

9.3　AVO 发展概况

9.3.1　Zoeppritz 方程

Zoeppritz 导出了控制平面波反射和传播系数的关系，它是入射角和 6 个参数的函数，在每个反射面上有 3 个，为 v_P、v_S 和密度。其方程复杂，求解方法费力。

9.3.2　Shuey 简化方程

Shuey 在 1985 年把 Zoeppritz 方程简化成下面的形式：

$$R(\theta) = R_0 [A_0 R_0 + \Delta \sigma/(1-\sigma)^2] \sin^2\theta + \Delta v_P/v_P (\tan^2\theta - \sin^2\theta)/2$$

式中，$R(\theta)$ 为纵波反射系数；A_0 为垂直入射时的振幅，它随偏移距增大逐渐减小；R_0 为垂直入射（$\theta = 0$）时的振幅（在垂直入射情况下，振幅和反射系数是相同的）。

方程右边的 R_0 是在垂直入射（$\theta = 0$）时的反射率。

第二项表达了中间角度的 $R(\theta)$ 特性。其系数是弹性参数的组合，它可以通过分析某一同相轴振幅与偏移距来得到。

如果把垂直入射的某一同相轴振幅的数值规则化，得到

$$A = A_0 + [1/(1-\sigma)^2][\Delta \sigma/R_0]$$

A_0 表明了垂直入射时的振幅随偏移距增大而逐渐减小。它的值足够小以致主要的信息包含在第二项中，其中 $\Delta \sigma$ 对应于反射界面的泊松比。

9.3.3 Shuey 方程的 Hilterman 简化

Hilterman 简化了 Shuey 方程，在入射角和反射系数之间建立了一种线形关系。

$$R（\theta）=R_0\cos^2\theta+2.25\Delta\sigma\sin^2\theta$$

式中，R_0 为垂直入射的反射系数 =（$\rho_2 v_{P2}-\rho_1 v_{P1}$）/（$\rho_2 v_{P2}+\rho_1 v_{P1}$）；$\Delta\sigma=\sigma_2-\sigma_1$；$\theta$ 为入射角。

在 $\theta<30°$，$R_c（\theta）<0.15$，$v_{P2}\approx2v_{S2}$ 时，与入射角相关的这个振幅的近似值是可用的。

仅对平面波应用线形回归分析，从 CDP 道集的正常时差校正中可能得到 R_0 的估计是可能的。实质上，从下面的人所共知的方程可以估计得到：

$R（x，t）=R（\theta）$，地震道振幅。

$\theta（x，t）$ 为入射角，它是偏移距和时间的函数。

对于每一个 CDP，每一时间采样点的 R_0 和 $\Delta\sigma$ 可以计算得到。结果得到两个地震剖面，一个为垂直入射剖面，另一个为 $\Delta\sigma$ 或泊松比剖面。

如果 $R（\theta）$ 通过除以 $\cos^2\theta$ 归一化后，可得到下面的方程，即

$$R（\theta）/\cos^2\theta=R_0+2.25\Delta\sigma\tan^2\theta$$

它的直线方程形式为

$$y_i=b+mx_i$$

9.4 AVO 概念和解释

参考图 9.1，对于一个给定的界面，声学和弹性参数给定，应用 Zoeppritz 和 Shuey 方程得到反射系数与入射角（度）之间的关系。

两个方程直到 10°的入射角都给出相同的结果，在 45°时没有表现出明显的不同。我们看到反射系数（振幅）随着入射角或偏移距的增大而增大。

图 9.2 是典型海湾海岸带含气砂岩对于不同入射角与反射系数的关系图。反射系数是波谷并为负值符号，这是因为平面波前从高的速度和密度向低的速度和密度穿过时引起的。注意随着入射角的增大泊松比减小和振幅的绝对值增加。图 9.3 表明了反射系数随入射角的微小变化。Shuey 曲线表明了对于不同的入射角，反射系数在 10°~ 40°时比 Zoeppritz 的要稍小一点。其他方面，两条曲线本质上相同的，可能为盐水砂层。

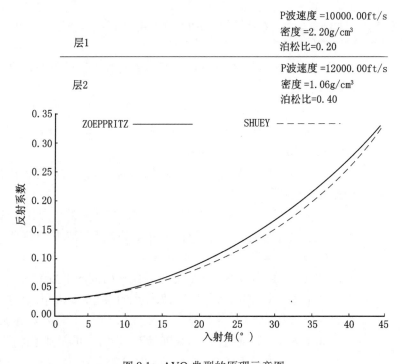

图 9.1　AVO 典型的原理示意图

　　图 9.4 表明了振幅随入射角或偏移距的增加而减小。这是在碳酸盐岩上观察到的典型暗点。该曲线来自于 Texas Gulf Coast 的 Austin Chalk 地层的模拟。

　　注意，两种计算入射角方法得到曲线的不同，但两个仍表示了反射系数和入射角之间相同的趋势。

　　图 9.5 表明了振幅随着入射角增加微小减小，以及直到入射角为 30° 两条曲线的变化趋势一致。Shuey 曲线表示它对于一切角度都适用，而 Zoeppritz 曲线在振幅上有所增加。在超过 30° 时，对于大偏移距的 CMP 道集，应用正常时差校正计算结果将是非常敏感的。

　　图 9.6 表明了振幅随入射角的增加而降低，它表示了一个暗点异常。两条曲线有相同的趋向，尽管 Zoeppritz 曲线在大于 35° 表示出了较高的反射系数值。

　　Zoeppritz 方程式是完全地求解方法，它表达了随着入射角振幅的变化情况。其他的近似方程，例如 Shuey 方程对于大多数岩石在一定程度上是适用的。其他的近似适合于局部和特定的区域。

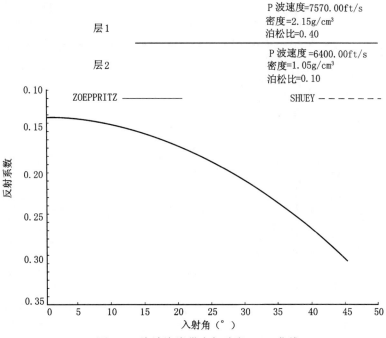

图 9.2 海湾海岸带含气砂岩 AVO 曲线

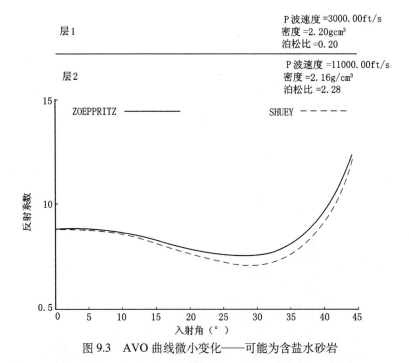

图 9.3 AVO 曲线微小变化——可能为含盐水砂岩

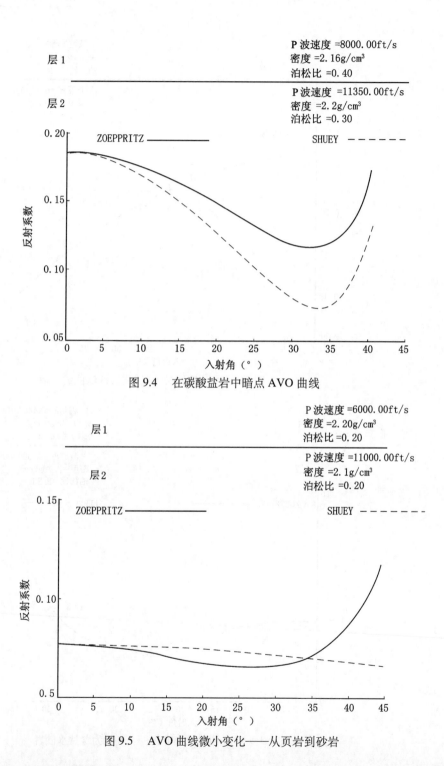

图 9.4　在碳酸盐岩中暗点 AVO 曲线

图 9.5　AVO 曲线微小变化——从页岩到砂岩

层1	P波速度= 13000.00ft/s
	密度= 2.2g/cm³
	泊松比= 0.24
层2	P波速度= 11000.00ft/s
	密度= 2.0g/cm³
	泊松比= 0.31

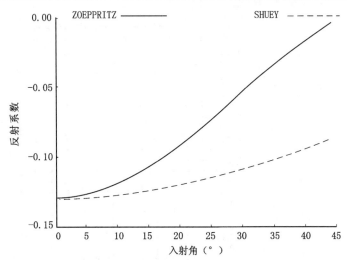

图9.6 地震波振幅随入射角增大而增大的曲线——暗点（碳酸盐岩）

9.5 检波器组合校正

就像在第 5 章简要讨论的一样，对于许多情况，数据通过压缩和建立线形观测系统来进行处理。检波器组合校正必须应用，以补偿时间在组合模式中从第一个到最后一个检波器组合的差别。

图 9.7 和图 9.8 表明了原理和对检波器组合排列进行校正必要性的合成例子。图 9.8 表示的是 12 个检波器在地面上 220ft 内直线安置。在第一个反射层上，从左到右观测，检波器 1 和检波器 12 的时间差异大

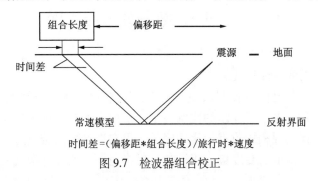

时间差=(偏移距*组合长度)/旅行时*速度

图 9.7 检波器组合校正

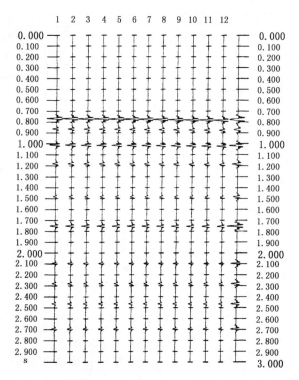

图 9.8 12 个检波器的组合（fouquet，地震仪服务公司提供）

约为 10ms。对于每一检波器信号在最右端叠加为一道。每一道有相同的高频成分，但是叠加道作为组合响应记录的道集，由于在组合中从检波器到检波器的时移而缺少了一些高频成分。

在组合中从第一个检波器到最后一个检波器的时间差随着深度的增加而降低，因为入射角随着深度增加而降低。保留浅层上的高频成分是关键，特别是采集数据为了记录浅层目标体。

9.6 数据处理流程图

图 9.9 表明了为保持和加强 CMP 道集上每道的真振幅而设计的数据处理流程图。

比例均衡是关键的步骤，它应该用地表一致性的方式来处理。图 9.10 表示了显示的比例因子，它用来编辑和修改以得出在这条测线上所有震源和接收点的比例因子。用它进行质量控制显示；当所有的能量棒在显示的高度接近相等时，最终地表一致性均衡就完成了。

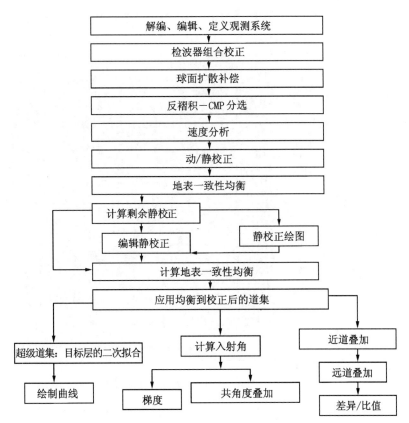

图 9.9 推荐的 AVO 处理流程图

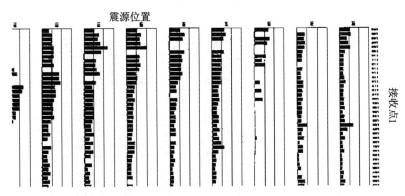

图 9.10 地表一致性均衡显示（地震仪器服务公司提供）

图 9.11 表明了在 CMP 道集上的所有偏移距的 AVO 叠加。在 CMP305 ～ 337 的 1.600 ～ 1.700s 同相轴位置的异常振幅，表示为一个亮点，在剖面上清晰地显示出来了，一般是含气砂岩储层的直接指示。

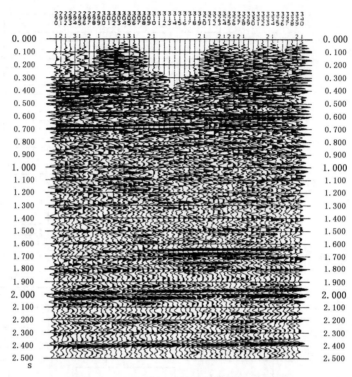

图 9.11 AVO 叠加（地震仪服务公司提供）

图 9.12 是相同的测线上，对每一个 CMP 道集在近道的一定范围内进行正常时差校正后，进行叠加形成的。在该剖面上亮点异常消失。

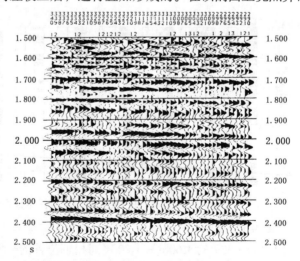

图 9.12 近道叠加（地震仪服务公司提供）

图 9.13 是来自每个 CMP 道集的一组大偏移距道集的叠加。在该剖面上亮点清晰显示出来了。

图 9.14 是在远道与近道的振幅差异。我们可以看到亮点在剖面上仍出现异常。

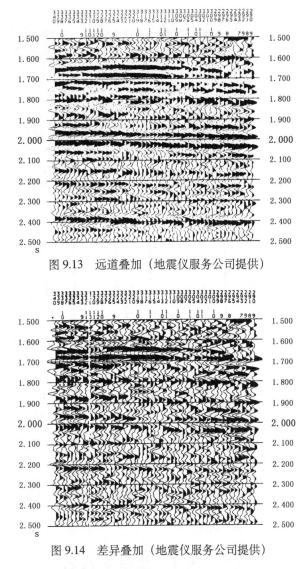

图 9.13　远道叠加（地震仪服务公司提供）

图 9.14　差异叠加（地震仪服务公司提供）

通过这些讨论，随着震源到接收点距离的增加（入射角的增加），地震同相轴振幅的增加代表了一个地质标志层。在这种情况下，亮点是与含气砂岩储层相联系的。

图 9.15 是一个从图 9.11 的 CMP 道集 310，314，318 得到的 AVO 或入射角的显示图。注意，在 1.600 ～ 1.700s 之间的时间部分。我们可以看到在全部的 3 个曲线图上随着偏移距增加而振幅增加，但最明显的是在 CMP318 上。RMS 或最大振幅曲线可以画出来识别这个异常。

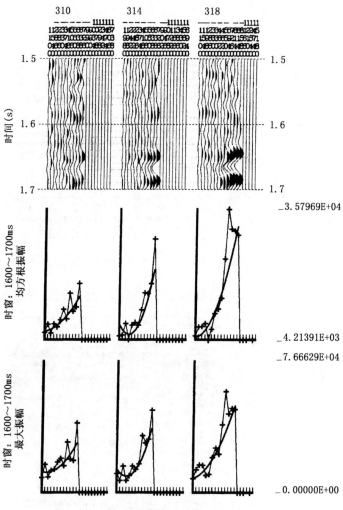

图 9.15　振幅与入射角（地震仪服务公司提供）

9.7　共角度叠加

正如我们在 AVO 分析中概述说明的，AVO 为解释人员提供了观测和测量振幅随偏移距或入射角变化的工具。我们讨论了在 CMP 或正常时差校正的道集上，振幅随偏移距变化的观测是怎样进行的。

　　然而，为了观测振幅随反射角的不同，它在从固定偏移距的道记录到固定（限定范围）入射角的道记录的转换上是非常方便的。固定偏移距道集和固定入射角道集之间的区别在图 9.16 中表明。

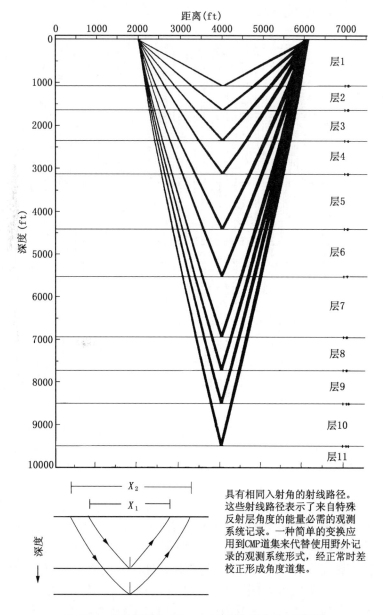

图 9.16　共偏移距和共角度（地震仪服务公司提供）

在共角度叠加道集中，每一个角度道集是由正常时差校正后的 CMP 道集的部分叠加。标注的角度表示了该范围的中心角度。

图 9.17 是计算机绘出的经正常时差校正后的共中心点道集。近道是左边的第 1 道，远道是右边的第 22 道。数据采用 4ms 的采样率，这图表包含共 450 个采样点。

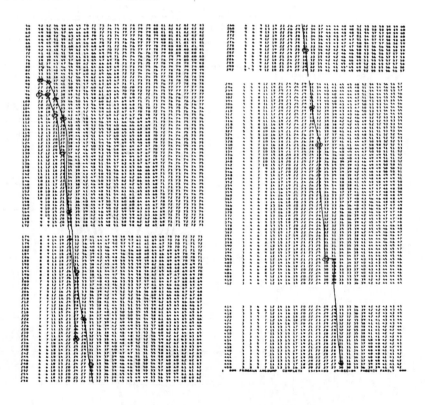

图 9.17　计算输出结果入射角（地震仪服务公司提供）

应用了正常时差校正的 CMP 道集，22 道（覆盖次数），4ms 的采样率，左边为第一道，右边为第 22 道，列出了每个采样点和每道的角度

每一道的采样范围为 54 ～ 450，对每一个采样点计算入射角，选择 5° 的时窗范围。所有的具有 1°～ 5° 入射角的局部道被用来叠加。标注在时窗的中点，大约 3°；第 2 个时窗将为 4°～ 8°，于是道集中有在此范围的入射角的所有局部道叠加，标注为 6°；依此类推。

图 9.18 表明了这个方法。它做了 3 个经正常时差校正后的共中心点道集。共角度范围为 2°～ 30°。代表随着入射角振幅变化的棒状

图，画在每组共角度叠加道集的下面。我们可以看到，在相同的观测时窗（1.6 ~ 1.7s），振幅随着入射角的增加而增加。

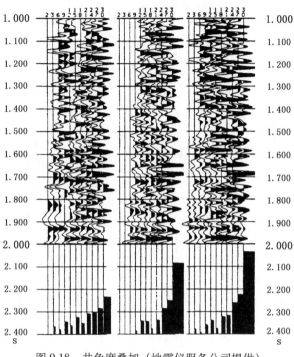

图 9.18　共角度叠加（地震仪服务公司提供）

9.8　AVO 属性和显示

许多其他参数可以以类似常规叠加的方式显示在剖面上，例如近道叠加，它包括了从 CMP 道集选择的近地震道距离，经正常时差校正后，叠加在一起。同样地，从远偏移距距离范围选择的远地震道可以叠加形成远地震道叠加。当远偏移距叠加部分显示振幅的突出增加，观测到的振幅变化（增加）可以很容易地看到。近道和远道之间的振幅比率也可以显示，还有近似垂直入射振幅显示等。

这些属性在图 9.19 至图 9.22 中有显示。彩色显示可能用于进行更容易的解释。

还有其他有用的显示可能包括：

（1）振幅与 $\sin^2\theta$ ；

（2）P 波反射；

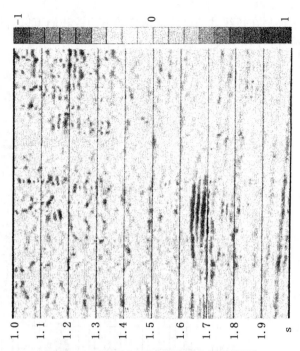

图 9.19　远道叠加（地震仪服务公司提供）

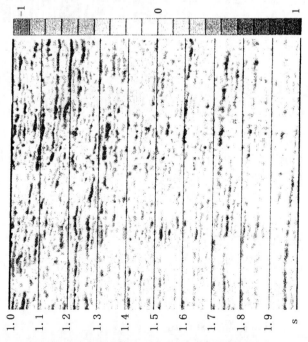

图 9.20　近道叠加（地震仪服务公司提供）

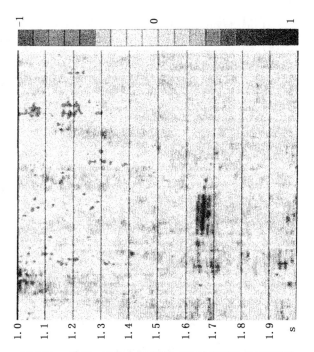

图 9.21 梯度 + 垂直入射振幅（地震仪服务公司提供）

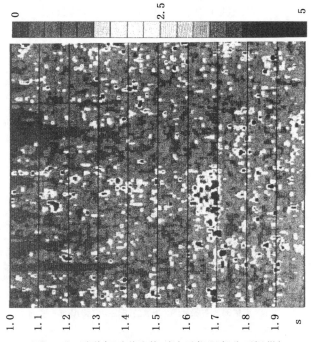

图 9.22 远道与近道比值（地震仪服务公司提供）

（3）振幅梯度与 $\sin^2\theta$ ；

（4）拟横波叠加可以通过假设横波波速为纵波波速的一半来得到，剖面的旅行时间由纵波速度来控制；

（5）泊松比叠加，用相同的假设：横波波速为纵波波速的一半。

所有的这些在图 9.23 和图 9.24 中显示。

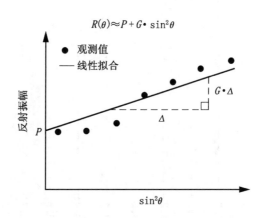

$$R(\theta) \approx P + G \cdot \sin^2\theta$$

(a)反射振幅与 $\sin^2\theta$ 的 AVO 曲线的直线拟合，对于小于25度的入射角 θ，从介于两个弹性介质的平面界面上来的纵波反射的振幅改变了 $\sin^2\theta$ 线性，在线性拟合中，P 为截距，G 为斜率

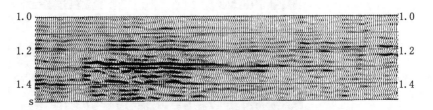

(b) 从近处仔细的观察 CMP 叠加道集。在 1.25s 上的是代表强反射的亮点。峰值表示阻抗的降低

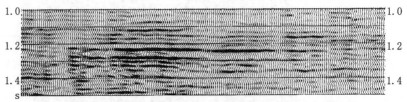

(c)纵波叠加。每个地震道为截距的序列，纵波是正常时差校正后的CMP道集的反射振幅与 $\sin^2\theta$ 的线性拟合得出的

图 9.23　亮点和纵波叠加（地震仪服务公司提供）

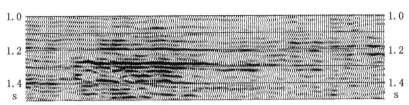

横波叠加。这些数据模拟了零偏移距横波观测的记录，旅行时由纵波波速决定，每一道（是结合截距 P 和斜率 G 获得的（图9.23a），假设横波波速是纵波波度的一半）代表了对应的横波阻抗

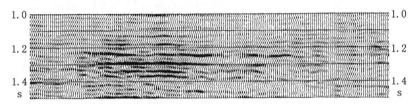

泊松比叠加。每一道（是用像横波叠加的相同的假设，但用了截距和斜率的不同的组合得到的）表示对应泊松比的变化。同样像横波叠加，旅行时由纵波波速的决定

图 9.24　横波和泊松比叠加（地震仪服务公司提供）

9.9　AVO 处理误区

某些数据处理过程尽管可行，但必须避免，以保持 AVO 关系：

多道操作，例如：

（1）地震道混波（混合）将消除真振幅的价值；

（2）小时窗的道间均衡；

（3）$f-k$ 处理；

（4）来自全部道综合的反褶积。

9.10　AVO 优点

AVO 是直接检测油气的一个工具，例如含气砂岩的亮点和碳酸岩储层的暗点，某些相关的振幅异常。以用正常时差校正后的 CMP 进行 AVO 分析是一个二维分析，而叠加道是一维分析。振幅随入射角的变化是用来证明观测异常的另一个工具。对于一个给定的岩层，我们可以估计它的泊松比，以便用来确定它的弹性参数。

9.11 AVO 应用

9.11.1 储层边界确定

对于储层工程学家和地质学家，最困难的任务之一就是估计油气的位置，因为包含有很多的可变因素，特别是在勘探阶段。这些可变量之一就是储层的面积范围。同样，在油田的开采阶段，储层边界确定是为了设计开发井间的最佳距离。

在有详细地震数据覆盖的区域，应用 AVO 分析处理，我们能够更准确地确定储层的边界。首选的地震勘察是三维勘探或广泛详细的二维地震勘探方法。

9.11.2 进一步勘探或开发

特别是对钻井资料成功的证实了的异常，AVO 分析可以用于确定在其他有相同或相近地质和岩性环境的地区内类似的异常。AVO 分析应该与所有其他的地质和工程信息相一致。

9.11.3 预测高压气区域

亮点异常通常与含气砂岩信息或透镜体相关。在地震剖面浅部的许多透镜体可能出现反常的高压异常。证明这种地质条件存在的地区，地震数据的 AVO 分析将允许钻井工程师预防估计这个高压区，以及在钻头钻遇该区域之前修改钻井程序。

9.12 小结和讨论

AVO 技术分析给出了振幅与入射角的关系，它被广泛地用来作为油气的直接指示。

分析是应用在叠前正常时差校正后的共中心点道集。相对于一维叠加道，它是一种二维分析。

在不久的将来，它在一定的区域以反射系数与入射角的形式来识别岩石的岩性是可能的（Koefoed，1955）。

　　AVO 技术应用于勘探时，可用来描绘相似的特征，用来定义沉积环境、描述礁体和识别少数指定的含气砂岩。

　　在野外数据采集中，为了研究在远道（离震源的距离远）的振幅随着偏移距的变化，长排列是需要的。

　　排列要多长呢？排列的长度是目标层埋深、区域速度、地下构造和记录最大频率的函数。排列长度可能由这个地区获得的野外测试或承包者的经验来决定。

　　二维地震模拟在这方面可能有所帮助。特殊数据处理流程用来研究振幅与偏移距的变化。该方法保留了 CMP 地震道的相对真振幅。它被用来识别岩石的岩性和确定流体或气体的体积。为了能有一个明智的 AVO 解释，必须知道相邻区域的岩性、速度和地层信息。数据处理将严格监控，一直研究 CMP 道集的振幅变化。像部分叠加和比值剖面的这些处理可广泛推荐应用。为了补充解释，把振幅的变化与其他的地质、地球物理，以及岩石信息通过模拟结合起来是非常必要的。

　　许多软件处理包可以使用。数据可以用来分析一个变量的变化，例如泊松比、垂直入射和其他处理。

　　二维标准地震数据处理的平均花费大约是 400$/mile。典型的测线观测参数是 120 道、55ft 道间距、110ft 炮间距和 4ms 采样间隔。

　　价格随时间而改变，推荐随时核查当时的价格。

关　键　词

振幅与偏移距 [Amplitude versus offset（AVO）]　　暗点（Dim spot）
共角度叠加（Constant angle stack）　　正常时差拉伸（NMO stretch）
二次拟合（Quadratic fit）　　泊松比（Poisson's ratio）

参　考　文　献

[1] Backus, M. M. The Reflection Seismogram in a Layered Earth. *Bulletin of the American Association of Petroleum Geologists* 67（1983）：416—417

[2] Castagna, J. P. Petrophysical Imaging Using AVO. *TLE* 12（1993）：172—178

[3] Domenico, S. N. Effect of Brine—Gas Mixture on Velocity in an Unconsolidated, Sand Reservoir. *Geophysics* 41 (1976): 882—894

[4] DeVoogd, N. and H. Den Rooijen. Thin layer response and spectral bandwidth. *Geophysics* 48 (1983): 12—18

[5] Gassaway, G. S. and H J Richgels. SAMPLE, Seismic Amplitude Measurement for Primary Lithology Estimation. *53rd SEG Mtg*, Las Vegas, Expanded Abstracts (1983): 610—613

[6] Gelfand, V., P. Ng, and K Lamer. Seismic Lithologic Modeling of Amplitude—Versus—Offset Data. *56th SEG Mtg*, Houston, Expanded Abstracts (1986): 332—394

[7] Hindlet, F. Thin Layer Analysis Using offset/Amplitude Data. *56th SEG Mtg* Houston, Expanded Abstracs (1986): 332—334

[8] Hill, N. R., and I. Lerche. Acoustic Reflections From Undulating Surfaces. *Geophysics* 51 (1986): 2160—2161

[9] Hilterman. F. Is AVO the seismic Signature of Lithology? A Case History of Ship Shoal—South Addition. *TLE* 9 (1990): 15—22

[10] Hilterman. F. AVO: Seismic Lithology. *SEG*. Course Notes, 1992

[11] Koefoed. O. On the Effect of Poisson's Ratios of Rock Strata on the Reflection Coefficients of Plane Waves. *Geophy. Prosp.* 3 (1955): 381—387

[12] Koefoed. O. and N. Devoogd. The Linear Properties of Thin Layers, with an Application to Synthetic Seismograms over Coal Seams. *Geophysics* 45 (1980): 1254—1268

[13] Meissner. R. and M. A. Hegazy. The Ratio of the PP—to—SS—Reflection Coefficient as a Possible Future Method to Estimate Oil and Gas Reservoirs. *Geophys. Prosp.* 29 (1981): 533—540

[14] Muskat. M., and M. W. Meres. Reflection and Transmission Coefficients for Plane Waves n Elastic Media. *Geophysics* 5 (1940): 149—155

[15] Narvey. P. J. Porosity Identification Using AVO in Jurassic Carbonate. Offshore Nova Scotia. *TLE* 12 (1993): 180—184

[16] Ostrander. W. J. Plane Wave Reflection Coefficients for Gas Sands at Non—Normal Angles of Incidence. *Geophysics* 49 (1984): 1637—1648

[17] Schoenberger. M. and F. K. Levin. Reflected and Transmitted Filter Functions for Simple Subsurface Geometries. *Geophysics* 41 (1976): 1305—1317

[18] Shuey. R. T. A Simplification of Zoeppritz Equations. *Geophysics* 50 (1985): 609—614

[19] Wright. J. Reflection Coefficients at Pore−Fluid Contacts as a Function of Offset. *Geophysics* 51 (1986): 1858—1860

[20] Young. G. B. and L. W. Graile. A Computer Program for the Application of Zoeppritz's Amplitude Equations and Knott's Energy Equations. *Bulletin of the Seismological Saciety of America* 66 (6) (1976): 1881—1885

[21] Yu. G. Offset−Amplitude Variation and Controlled−Amplitude Processing. *Geophysics* 50 (1985): 2697—2708

10 三维地震勘探

10.1 概 述

由于矿产资源需求的不断增加，要求得到大量准确的有关地质资料，这给地震资料采集处理等技术提出了新的挑战。三维地震资料的采集和处理技术的产生及发展使地震成像技术又向前迈进了一步。

因为采集和处理需要高额的费用，以前三维地震勘探很少应用。随着采集硬件的发展，例如有多采集站和多线的遥测系统，海上定位系统的发展能够精确地确定每一炮点和接收点的位置，以及数据处理硬件和软件的改善，这使得在合理的时间和经济的限度内大量应用三维地震资料已成为可能。

10.2 何时、何地、为什么使用三维地震

在已发现构造圈闭的区域内，地下界面的地层一般都有多个方向的倾角。三维地震勘探因为能提供大量的更准确和更详细的剖面，在解释中可以得到较高的可信度。

在三维地震勘探基础上进行的钻井有较高的成功率。这个工具已被证明在复杂构造地区，区分细微隐蔽的特征，例如窄的河道砂体、不整合界面和地层圈闭等都有较好的钻探开发效果，而常规的二维地震勘探却不能确定准确的位置。

像其他工具一样，三维地震勘探也有它的局限性。由于每个探区都有它的特点，在研究了所有可能的信息之后才能设计出适用于多个探区的三维地震勘探方法。这一点将在稍后讨论。

图 10.1 表明了为什么三维地震勘探优于二维地震勘探。图 10.1 (a) 是在均匀介质中有一个倾斜地层界面的一个地下模型。测线 1 是倾向方向，测线 2 是走向方向，测线 3 是任意方向。在偏移之后，X 点为数据闭合校正的位置。

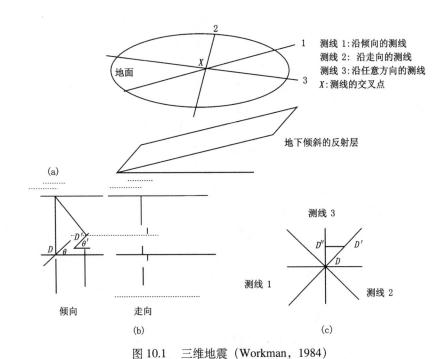

图 10.1   三维地震（Workman，1984）

图 10.1（b）为沿着倾向测线 1 进行偏移和沿着走向测线 2 进行偏移的深度模型。在偏移后，D 点沿着倾向移到 D' 点，但没沿着走向移动，这就造成了如图所示的闭合差。

图 10.1（c）是交叉点 D 点沿着图示的 3 条测线偏移的情况。沿着倾向测线 1，D 点沿着倾向向上移到真实的地下位置 D' 点。D 点不能沿着走向测线 2 移动。沿着任意方向的测线 3，D 点移到 D''。

沿着垂直于任意测线 3 的方向移动，将 D'' 点移动到 D' 点，就完成了偏移成像。

10.3   三维数据采集

油田生产过程和探测安排总是希望得到最佳效果，因为总是要求用最少的成本得到最大的收益。

有几种不同的三维地震勘探方法是最近发展起来的。各种方法都要考虑它们的属性，例如：分辨率、目的层深度和施工的方便等。海上勘探可广义地分为三维勘探地震和三维开发地震，就如二维勘探的网格密度一样记录。

海上三维地震勘探方法可分为3种常规类型：

（1）三维勘查地震：记录数据的测网较稀，需要用内插法来完成的横向测线的空间采样。

（2）小偏移距三维勘探：距震源很近的非常短的电缆，来获得接近垂直入射的小采样率地震数据。

（3）常规三维地震：是目前普遍应用的技术，能记录小采样率和多次覆盖网格数据，用常规长度电缆。

陆上三维数据的采集通常由线束状激发来进行，接收电缆平行排列测线（主测线方向），炮点线垂直于排列（联络测线方向）。在对某一探区设计三维地震勘探之前，应做以下准备工作：

（1）研究所有的数据、地图、相片，并派人到探区进行考查。

（2）研究地质条件，包括任何可得到的二维地震资料、垂直地震资料和测井资料，以及确定勘探目标。

（3）得到二维地震数据：观测系统、偏移距、覆盖次数、地层倾角、震源和检波器类型。

（4）建立基本参数模型，对勘探目标收集井资料。

（5）搞清设计探区内的障碍物、环境特点和工业设施是否允许施工。

（6）对方位角、偏移距和覆盖次数等参数进行试验。

（7）考虑仪器设备、花费成本和时间因素。

（8）建立三维观测系统。

10.4　三维勘探系统设计概况

对所有可能提供的资料数据研究分析之后，勘探目标和勘探方法就明确了。为了从三维地震中获得所需的分辨率，就必须研究该地区的噪声类型，可以通过查阅以前的勘探试验，或通过在三维地震之前进行计划安排。所有的二维地震数据、测井和VSP资料都要进行研究，对目标区的野外观测系统、震源、覆盖次数、信噪比、地层倾角、速度、优势（主）频率、最大频率、垂直和水平分辨率也要分析。所有的这些信息对三维地震勘探的设计将有帮助。

震源和检波器的组合设计可考虑经济因素、后勤工作和操作限制等条件。图10.2表明了三维地震勘探设计的概括。

————————————————————————————————

(1) 可用的数据——地图、照片和观测
(2) 地质、二维地震、VSP、测井和目标区资料
(3) 在设计中要考虑到障碍物、环境和工业因素
(4) 得到的二维观测系统——偏移距、覆盖次数、倾角、震源和检波器类型
(5) 基本参数——模型、目标层的测井资料
(6) 方位角、偏移距、覆盖次数等试验
(7) 考虑的仪器设备、经济的成本和时间限制
(8) 建立三维模板——炮点、接收点等

————————————————————————————————

图 10.2　三维勘探设计要考虑的因素

10.5　二维勘探设计

在学习如何设计三维地震勘探参数之前，先熟悉一下二维地震勘探的设计是有益的。在第 4 章中我们讨论了一些关于野外观测系统的术语，例如：震源、接收点、道距、炮间距、近偏移距、远偏移距、覆盖次数等。
现在，讨论如何设计这些参数和影响这些参数的因素。

10.5.1　模型

建立一个模型，它将给出目的层、延伸度、倾角、速度、深度、时间，以及其他所有的地震标志层、速度、时间、倾向和近似到达时间等。也包括近地表的地层或岩性和它的速度时间。

图 10.3 显示了目标层的模型和定义。这个模型将提供大部分设计的参数。它也能保证实现其他的勘探目标。这个模型还可以扩展以助于决定更多的细节，例如求解目的层所需的波长等。

10.5.2　野外术语

图 10.4 显示了二维地震勘探的野外观测方式和在本章中用来计算每一参数的术语。

10.5.3　二维计算

我们需要计算的参数有：(1) 最小偏移距和最大偏移距（NO,

FO)；（2）纵向分辨率和横向分辨率（dT，G_i）；（3）炮点距和道间距（S_i，R_i）；（4）覆盖次数。

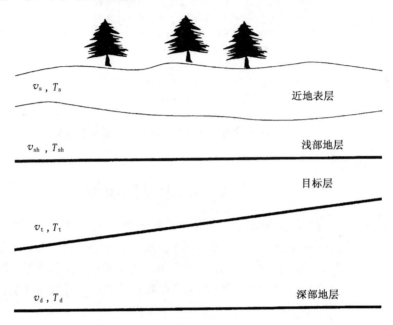

图 10.3　模型

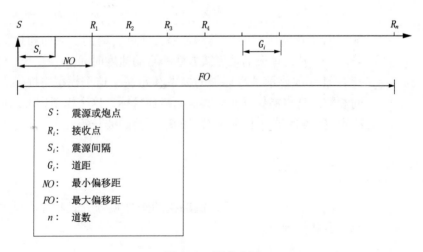

图 10.4　野外术语

对于计算，我们需要知道：（1）在该地区最大的频率；（2）目的层的频率范围；（3）在该地区内的噪声类型；（4）目的层的模型及成像区域（速度、深度、倾角等）。

（1）道距设计。

在设计道距时，我们必须清楚目的层的横向延伸范围，它的倾角、速度、采样率以及避免偏移和空间假频现象。

（2）二维最小偏移距设计。

最小偏移距设计是根据记录的最浅目的层、最近道记录的数据质量（当它们非常接近震源时的正常噪声）、区域速度，以及该地区以前的试验。

（3）二维最大偏移距设计。

最大偏移距设计是根据目的层的深度、速度、近地表的速度，当地层倾斜时要考虑倾角因素。

（4）二维检波器组合模式。

设计检波器组合模式最基本的特征是它能衰减不必要的信号，同时使目的层的信号得到最优处理。这个设计必须考虑噪声的频率、最深和最浅目的层的深度，以及其他因素。

10.6　三维勘探设计

三维地震勘探设计与二维地震勘探设计是大致相同的，二者都有一个目标。那就是：

（1）纵向分辨率和横向分辨率；

（2）最小和最大偏移距；

（3）地表震源能量，滤波器，检波器组合；

（4）炮间距和覆盖次数。

我们需要知道：

（1）目的层的深度；

（2）速度、可能得到的频率；

（3）该地区的噪声类型；

（4）倾角。

10.6.1　纵向分辨率计算

纵向分辨率是如何把两个相近的地震同相轴能在垂直方向上定位，并作为区分两个单独的同相轴的能力。

纵向分辨率或称调谐厚度，通常被认为与 1/4 优势（主）波长相等，它与优势频率和目的层速度的关系为：

$$纵向分辨率 =0.25 \ (v/F_0)$$

如果信噪比大于 1，纵向分辨率可利用改善频带宽度来提高。如果信噪比低于 1，改善信噪比可以得到更好的纵向分辨率。

10.6.2　横向分辨率计算

横向（或水平）分辨率反映了如何把两个在横向上靠得较近的反射点定位出来，并作为区分成两个点的能力。它是垂向波长 λ_v 和倾斜地层的偏移角度 θ 的函数。

图 10.5 解释了二维横向分辨率和菲涅耳带。反射段 AA' 叫作半波长菲涅耳带或第一菲涅耳带。$A'O$ 是菲涅耳带的半径，它是目的层深度、速度、频率和波长的函数。

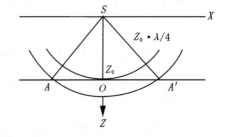

$t_0 =2 \cdot Z_0/v$
$t_1 =2(Z_0+\lambda/4)/v$
$OA= r \cdot (Z_0 \cdot \lambda/2)^5$
$r =v/2 \ (t/f)^6$

Z_0 为 t_0 时刻的深度
Z 为在时刻 t_1 的单位距离的深度
λ 为单位距离内的波长
v 为单位距离的反射层速度
F 为反射频率，单位为 Hz

横向（或水平）分辨率反映了如何把两个在横向上靠得较近的反射点定位出来，并作为区分成两个点，而不认为是一个反射点。反射段 AA' 叫作半波长菲涅尔带（Hilterman，1982），或第一菲涅尔带（Sheriff，1984）

图 10.5　二维横向分辨率——菲涅耳带

10.6.3　偏移孔径

正如我们所讨论的，在一个未进行偏移的地震剖面上，一个背斜（范围）要比实际的大。而且倾角越大，这种现象越严重。因此，三维地震勘探必须覆盖的区域要比实际目标区域大得多。这个范围就叫作偏移孔径。

图 10.6（a）显示了地下为均匀介质的倾斜反射界面为 CD 的地层

模型的一个深度剖面。利用垂向入射的零偏移距模拟如图 10.6（b）所示。时间剖面上倾斜反射段边缘处会产生绕射。$C'D'$ 将偏移到上倾真实的位置 CD，为了对比，将 $C'D'$ 段放在了时间剖面上。

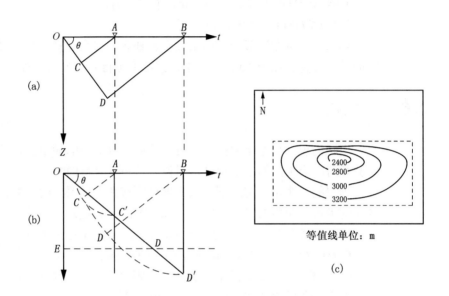

图 10.6　偏移孔径（Chun 和 Jacewitz，1981，地震服务公司提供）

时间剖面（b）中的反射段 $C'D'$，经过偏移后沿上倾方向移动，反射段变短了、变陡了，并且通过偏移计算，使它在真实的地下位置成像，三维地震勘探的范围比真实地下构造要大得多

　　目的层段的横向延伸范围为 OA，如果在记录时水平位置长度限制为 OA，则在时间剖面上将为空白。在另一方面记录被限制在 AB，那么 $C'D'$ 会在偏移剖面上出现缺失。尽管目的层被限制在 OA 内，时间剖面必须在大于 OB 部分长度上记录。

　　测线必须足够长，才能包括数据中可能出现的绕射波。除此之外，记录时间也必须足够长，以便能包括绕射尾巴和所有的倾斜目的层的同相轴。

　　一个倾斜同相轴上各点的空间（水平）和时间（垂直）偏移量依赖于速度、深度和同相轴的倾角大小。

　　在三维地震中同样考虑这些因素。图 10.6（c）是一个构造的等值线图。地下目的层的范围是在一个较小的、带虚线的矩形内。实际勘探范围是画在外边的大矩形内。探区北部构造是最陡部分，因此施工区域必须在这个方向尽可能多地延伸。同样，在其他方向也应向外延伸。

一个地下异常为 3km×3km 典型的三维地震勘探可能需要在地面实施 9km×9km 的测网。

偏移孔径是同相轴的时间（T）、速度（v）和倾角（θ）的函数：

$MA=Tv^2\theta/4000$（θ 单位：ms/单位距离）

$MA=1/2Tv\sin\theta$（θ 单位：度）

如果一个构造在多个方向上倾斜，那么偏移孔径就必须对每个倾角方向进行计算。在图 10.6（c）中，就需要进行 4 个方向的计算。

10.6.4　道距

道距的设计是基于倾向、深度、速度和目的层的频率。在该探区的经验和对噪声类型的了解程度，对设计道距是有帮助的。

理想的道距是平均速度、最大期望频率和在勘探方向上的目的层的倾角的函数。倾角的单位可以为：ms/单位距离或度。

$GI=1000/(3f_{max}\theta)$（倾角 θ 的单位为：ms/单位距离）；

$GI=v/(6f_{max}\sin\theta)$（倾角 θ 的单位为：度）；

GI 为单位距离，v 的单位为：单位距离/s；f_{max} 的单位为：Hz。

对于一条沿着真实走向的测线，θ 等于零。

在野外观测系统上，使用最大道距可能比理想的道距更加经济。只要计算的最大道距将能衰减不必要的信号和得到较好的信噪比，在三维地震中使用的就是最大道距。

最大道距与理想道距的计算的参数相同，但它比理想道距要大。

$GI=1000/(2f_{max}\theta)$（倾角 θ 单位为：ms/单位距离）

$GI=v/(4f_{max}\sin\theta)$（倾角 θ 单位为：度）

10.6.5　三维检波器组合

和二维勘探一样，检波器可以根据不同的数量和加权进行组合，以及不同组合形式，例如直线形、直角排列形、十字交叉形、同心圆形、星形、方形和螺旋形等。

线束型激发方式导致了检波器组合具有方向效应。如果在这个地区没有面波，那么同心圆形组合可能是最理想和最经济的检波器组合方式。

图 10.7 显示了用于三维地震勘探的几种检波器组合方式。

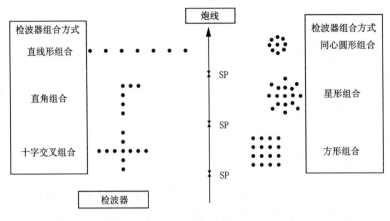

图 10.7 对于三维地震中的检波器组合

线束型激发方式导致了检波器组合具有方向效应。如果在这个地区没有面波，那么
同心圆形组合可能是最理想和最经济的检波器组合方式

10.6.6 三维横向分辨率

三维地震偏移减小了在 X 和 Y 方向的菲涅耳带，提高了横向分辨率。图 10.8 说明了菲涅耳带在二维和三维偏移的效应。

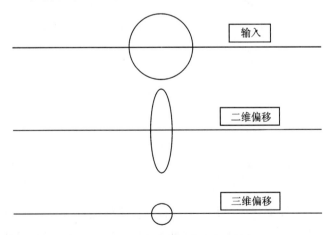

图 10.8 在菲涅耳带上的偏移效应

如果道距是菲涅耳带半径的一半，计算将会给道距一个较大的数值。

$$G_i = v/4\sin\alpha\ (t/f)^{0.5}$$

给出如下参数：

D=2000m， t=2s（单程）， f=60Hz， α=45°（倾角）， v=D/t=1000m/s

G_i=1000/4×0.7071×(2/60)$^{0.5}$=64m

道距取 G_i 一半即为32m。

从三维地震计算的道距为24m，则相应 G_i 为48m，如果用64m的道距得到与48m道距一样的分辨率，则使用较大的道距可在时间和金钱上是比较经济的方法。

10.6.7　线束状观测系统激发

陆上三维数据采集一般利用线束状激发的观测系统，接收电缆平行于测线（主测线方向），炮点线在垂直方向（联络测线）。当一排炮点完成后，接收电缆就沿着线束方向移动一些站点（等于炮线间隔），炮点重复激发。当一条线束完成后，下一线束平行方式来记录它。重复这个过程，直到整个探区施工完成。图10.9显示了一个有5条接收电缆线和排横向炮点组成的线束状观测系统。

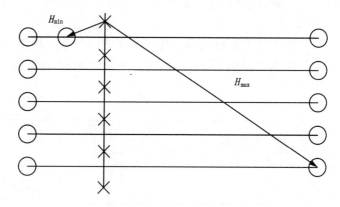

图10.9　线束状观测系统图

H_{min}：从震源到最近检波器的距离；H_{max}：从震源到最远检波器的距离
在沿长的方向上滚动排列，或在其他方向上进行整条测线滚动排列

线束状激发方法可以得到一个较宽范围的炮检方位角（炮检方位角就是指参考线，例如倾向线或接收线，与通过炮点和检波点之间联线的角度）。

线束状激发是很经济的。在数据处理中得到较好的速度分析，因为速度分析是在一个方向进行的。如果没有环境限制导致的炮点跳过现象，线束状激发的其他优点就是有均匀的覆盖次数和较好的偏移距。该激发类型最适应于简单构造区域并容易得到矩形的面元。

10.6.8　三维线束状观测系统设计

三维线束状观测系统设计是一个操作简单在覆盖较大的勘探区域进行的，并且经常需要多线仪器设备和大量的道数。线束状每条测线就像二维排列一样。因此，一个5线的线束状需要5倍于常规二维测线道数的能力。

震源和接收点是在一个方向上，这在计算角度和决定偏移距来得好的速度分析是非常重要的。

10.6.9　面元

面元就是由在主测线方向道距的一半与联络测线方向地下CDP线距组合单元组成的。在一个面元范围内的道组成一个共反射面元道集。在海上三维地震勘探中，由于电缆的漂移，并不是所有的这些道都来自于相同的炮线。

把数据分选构成面元的过程称为面元化。面元大小是目的层速度、地区的最大频率和目的层倾角的函数。图10.10说明了这些关系。

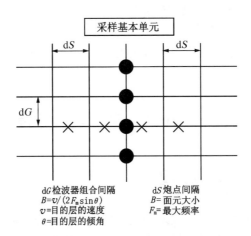

dG 检波器组合间隔　　　　dS 炮点间隔
$B=v/(2F_m\sin\theta)$　　　　$B=$ 面元大小
$v=$ 目的层的速度　　　　　$F_m=$ 最大频率
$\theta=$ 目的层的倾角

图 10.10　面元

图10.11表明了每个面元的属性分析，它们为：

（1）地下界面：目的层成像；

（2）覆盖次数：影响信噪比和衰减多次波；

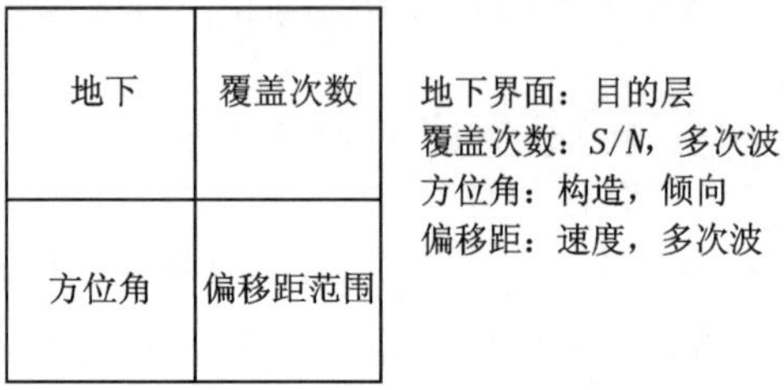

地下	覆盖次数
方位角	偏移距范围

地下界面：目的层
覆盖次数：S/N，多次波
方位角：构造，倾向
偏移距：速度，多次波

图 10.11　面元属性分析

（3）方位角：它影响速度分析和给出倾斜构造的正确成像；

（4）偏移距范围：将影响为了得到最好的叠加速度的速度分析，也能够得到足够的动校正量来衰减多次波。

10.6.10　全方位角三维

全方位角三维是非常适合于小范围的勘探，震源和接收点之间的方位角是多方向的。由于站点转动方向较多，这种类型的炮点尤其适合于复杂的构造区域。由于采集的数据量很大，处理费用是非常高的。

10.6.11　最大偏移距设计

对于非倾斜和倾斜地层条件下最大偏移距设计将在附录 B 中详细讨论。

10.7　三维数据处理

10.7.1　陆上数据处理

几乎所有二维地震数据处理的概念都可用于三维数据处理，尽管一些复杂因素可能是三维观测系统、质量控制、静校正、速度分析和偏移等。在得到共反射面元道集之前的预处理阶段，主要进行特大噪声的编辑、振幅随深度和偏移距减小的球面扩散校正、反褶积、道均衡和高程静校正等处理。如果地层有多个倾斜的同相轴，那么在共面元分选中就会出现问题，因为在 NMO 中有多个方位角。

10.7.2   海上数据处理

在预处理之后，用一个网格覆盖在探区内，将数据分选为共反射面元道集。这个网格单元是由主测线方向道距的一半与联络测线方向地下 CDP 线距组成的面积单元。落入这个面元范围内的所有道组成一个共反射面元道集。由于电缆的漂移，并不是所有的这些道都来自于相同的炮线。三维海上数据处理与二维海上数据处理的技术是一样的。

10.8   三维地震数据应用

10.8.1   提高采收率（EOR）

许多技术将用于 EOR 过程的检测。普遍使用的技术有三维地震、井孔地震和微地震技术。确定 EOR 前缘依赖于储层岩性的处理结果的密度变化情况。能够导致岩石密度变化的普通应用技术包括注蒸气和火烧地层。所用特殊的地震方法依赖于达到的目标程度。例如，利用三维地震勘探可以得到开发前缘的详细描述，而利用沿着测线的常规二维地震勘探只能得到有限的了解。

在油田应用三维地震勘探用蒸气注入方法进行 EOR 过程中有几个因素需要考虑。用这种技术无论是野外作业还是数据处理成本都是很高的。在测试过程中油井生产可能不得不停下。为了得到所需分辨率需要大量的采集站和高频震源。大量的数据和特殊处理也需要很长的时间。

然而，通过三维数据体的时间切片和任意方向的剖面，三维地震勘探能提供十分清晰和精确的结果。利用这个技术可以检测地下油藏的变化。

利用这些信息，工程技术人员能够更好地控制优化生产，预测开发中的问题，并能够及时采取正确的措施。

图 10.12 表明了三维地震在 Street Ranch 试验中用来检测蒸汽驱油过程。记录系统方式由 4 条地震测线组成，每条测线都通过反向五点方式的注蒸汽井的中点。

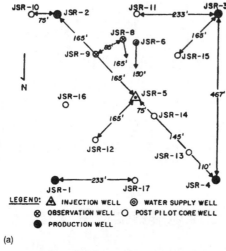

为了地震勘探更容易，试验井要关闭三天。记录系统方式由4条地震测线组成，每条测线都通过反向五点方式的注蒸汽井的中点。地层深度为460m（1500ft）。生产油层为16m（50ft）的厚度，尽管蒸汽只能进入该层上部的8m（25ft）。应用垂直地震剖面（VSP）勘探，帮助确定了目的层的反射特征。用高频能量震源得到了EOR检测前缘的高分辨率剖面

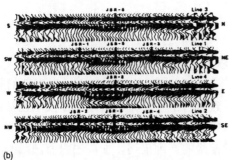

地震剖面显示通过注入井的中心和周围的生产井的子波形态发生了变化。在蒸汽注入的位置，油层波峰顶部附件又出现了一个次波峰

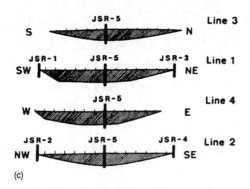

图 10.12　三维地震蒸汽驱动测量——Street Ranch 地区的先导性试验
（Britton 等，1983）

　　为了进行地震勘探，阀门关闭了三天。地层深度为 460m（1500ft）。生产油层为 16m（50ft）的厚度，尽管蒸汽只能进入该层上部的 8m

（25ft）。

应用垂直地震剖面（VSP）勘探，帮助确定了目的层的反射特征。用高频能量震源得到了 EOR 检测前缘的高分辨率剖面。

在图 10.12（b）中有 4 条测线 3、1、4 和 2 的剖面，它们都在目的层周围。地震反射数据的变化是由于储层中有饱和天然气增加而导致的波阻抗变化形成的。

地震剖面显示通过注入井的中心和周围的生产井的子波形态发生了变化。在蒸汽注入的位置，油层波峰顶部附件又出现了一个次波峰。

最有效的方法就是每隔一段时间进行一次勘探，使 EOR 过程开发更加完善。这就需要勘探时间间隔为 3 ～ 6 个月。

分辨率的问题之一可能是由于储层的非均匀性造成的，尤其是常规三维地震勘探的地面技术的限制。

注意，在进行观测系统设计时必须试验。由于震源和接收点位置的不正确很可能丢失重要的开发信息。

除此之外，如果测量的响应，例如波场特征，与 EOR 过程不是线性相关的，那么很可能造成数据的错位解释。建议进行实验室测量，将有助于野外测量的解释。

10.8.2 高分辨率三维成像

高分辨率三维地震勘探位于加拿大阿尔伯塔省的东北部的 Gregoise 地区进行的，该油田是一个不整合上的河道砂体。

为了监测现场蒸汽热前缘的移动，用了基本勘探以便与将来进行相类似的勘探进行对比。

（1）目标。

利用专门的数据采集、处理和显示技术，得到了深度为 240m（790ft）的泥盆系不整合面的三维地震勘探图像。结果证明得到了较高的横向和纵向分辨率（对于精确的热前缘成图是必须的）。

（2）试验。

对于试验区井的布设是由一口位于中心的注蒸汽井和周围相距 80m 的 3 口生产井组成的。将要新钻 3 口加密观察井，但只有 2 口井，H-3 注蒸汽井和 HO-7 观测井，将在这个例子中使用。图 10.13 显示了井的位置和三维地震网格。注意，采样的地下面元是非常小的（CDP 网格为 4m×4m）。

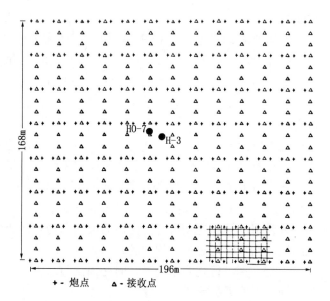

图 10.13　显示井位和三维网格（Pullin 和 Matthews，1987）

（3）地质情况。

图 10.14 表明了试验区的地质情况。它的特征为在地下大约 240m 深度，泥盆系不整合面上有一段 50m 厚的不连续的 McMurry 含沥青目标砂岩层。

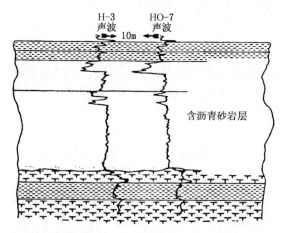

图 10.14　Street Ranch 试验区的地质情况（Pullin 和 Matthews，1987）

Gregoise 地区的地质情况是在地下大约 240m 深度，泥盆系不整合面上有一段 50m 厚的不连续的 McMurry 含沥青目标砂岩层。第一口钻的井为 H-3，在侵蚀面的上部钻遇了一个 4m 厚的含水砂层。假设这个湿的区域影响了蒸汽驱动过程。随后钻的 HO-7 井表明这个含水层是缺失的，这就给热驱方法提出了问题。因此精确测量不整合是十分重要的，不仅是从 EOR 系统设计，而且还要证明在这种条件下的地震解决的能力第一口钻的井为 H-3，在侵蚀面的上部钻遇了一个 4m 厚的含水砂层。假设这个湿的区域影响了蒸汽驱动过程。

随后钻的 HO-7 井表明这个含水层是缺失的，这就给热驱方法提出了问题。因此精确测量不整合是十分重要的，不仅是从 EOR 系统设计，而且还要证明在这种条件下的地震解决的能力。

（4）噪声测试和野外作业。

在进行勘探之前，所有提供的数据都要进行研究。它能决定必要的噪声测试来指导建立最佳的数据采集参数。这些参数将在较宽的高频带范围内数据记录得到较高的信噪比。

图 10.15 显示了选择检波器埋置深度和炸药激发的深度和药量大小进行的试验。图 10.15（a）显示了在地面安置检波器和埋入地下 10m 检波器之间的对比。在 H-3 井位置处，通过声波测井和人工合成地震记录来进行标定地震记录的岩性。图 10.15（b）显示了埋在地下的检波器对不同药量的试验结果，以便在施工中选择最经济的炸药量。

在进行野外试验调查之后，地震记录的观测系统设计为由 22 个检波器组成，在地下 13m 处埋置并固定，其间隔为 8m。激发药量为 18g，在地下 18m 深的井中固定。勘探范围为 196m×168m。为了得到将来井中激发的检测，CDP 面元大小为 4m×4m。检波器井孔为下到井底的 4in 的 PVC 套管。

在两次测量之间，检波器的引线由一个带保护帽的 PVC 管子保护起来。使用 120 道记录系统，用 1ms 采样率记录。

（5）处理。

数据处理采用了完善的处理流程，包括地表一致性衰减损失的补偿，地表一致性反褶积和三维偏移等。

对于三维数据体最终选择的带通滤波器的频带为 25 ～ 220Hz。

图 10.16 显示了三维地震偏移改善横向分辨率的能力。绕射偏移具有缩小菲涅耳带的能力。在偏移剖面上可看到泥盆系不整合界面上有一个河道特征，而在没有进行偏移剖面上却看不到该图像。这个河道已经由井 H-3 和 HO-7 证实了。

图 10.17 显示了三维地震作为发现小幅度构造和地层特性的强有力的工具。交互解释工作站能用于显示三维解释成果。一个有效的研究不整合侵蚀面的方法就是用时间切片，数据处理之后，从这个三维数据体中选取二维垂直剖面或在任何特殊的时间上的水平时间切片是可能的。图 10.18 就是时间切片的一个实例，它是显示偏移前后在 224ms 的

时间切片。在不整合面上的河道，未偏移的切片不能确定在井 H-3 和 HO-7 之间的关系，而在三维偏移之后，很明显井 HO-7 偏离了河道，正如钻井资料所证实的一样。

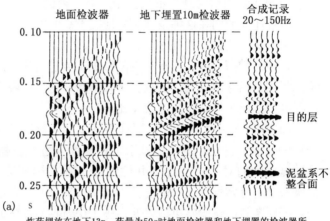

(a) s

炸药埋放在地下13m，药量为50g时地面检波器和地下埋置的检波器所记录的剖面对比

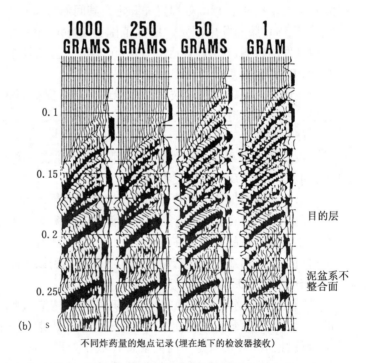

(b) s

不同炸药量的炮点记录(埋在地下的检波器接收)

图 10.15　对检波器深度和激发药量效应的试验结果
(Pullin 和 Matthews，1987)

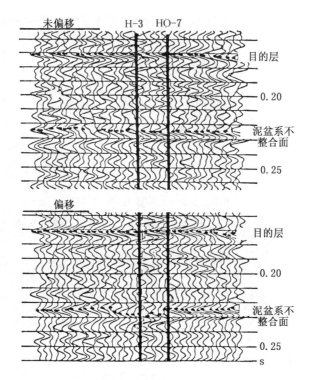

图 10.16　叠后三维偏移改善横向分辨率
(Pullin 和 Matthews，1987)

三维地震偏移改善横向分辨率的能力。绕射偏移具有缩小菲涅
耳带的能力。在偏移剖面上可看到泥盆系不整合界面上有一个
河道特征，而在没有进行偏移剖面上却看不到该图像。这个河
道已经由井 H-3 和 HO-7 证实了。这个高分辨率勘探是通过大
量的野外试验后得到最好的参数实施的。数据处理采用了完善
的处理流程。对于三维数据体最终选择的带通滤波器的频带为
25 ~ 220Hz

10.8.3　三维地震勘探的其他优点

　　三维偏移能够比二维偏移更加准确，能更清晰的确定断层面，确定
深部断层，使深部同相轴相干性加强，以及得到更高的信噪比，这些都
有助于三维解释。在图 10.19 的左上角为三维偏移剖面，与二维偏移剖
面和最终叠加剖面相比，三维偏移显示了圈闭横向范围的精确位置，而
二维剖面绕射现象特别严重。在偏移时间切片上可以看到，是如何利用
同相轴的终止来更好地确定断层的位置。

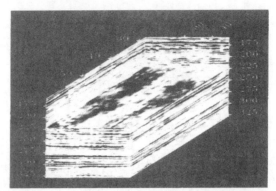

偏移后的部分三维数据体的椅状显示，底座是泥盆系地层

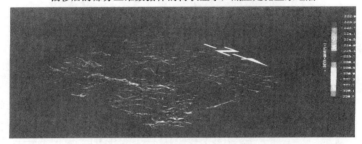

图 10.17　三维图像是小幅度构造和地层岩性的强有力的工具
（Pullin 和 Matthews，1987）

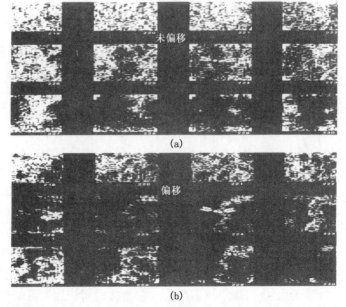

图 10.18　偏移前（a）后（b）的时间切片（Pullin 和 Matthews，1987）

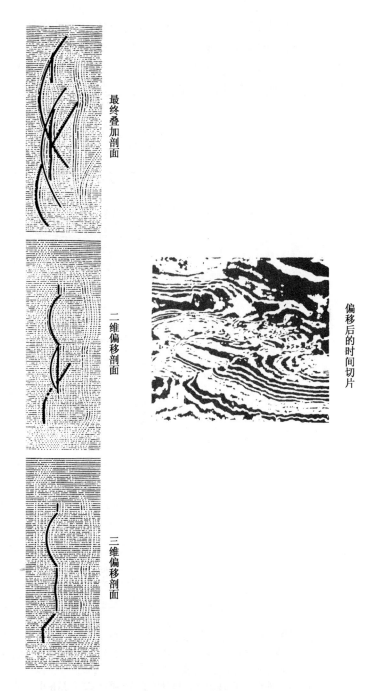

图 10.19　未偏移和偏移的三维显示（Brown, 1991）

（1）三维陆上勘探。

三维静校正程序是用从多道相干数据体中得到的方法，用较好的折射波优化近地表的控制模型，在地表一致性方式下应用剩余静校正。好的静校正结果将能进行好的叠加速度分析，因此，它们能进行较好的叠加和相干，并能改善信噪比。图 10.20 表明了二维和三维剩余静校正剖面的对比图。

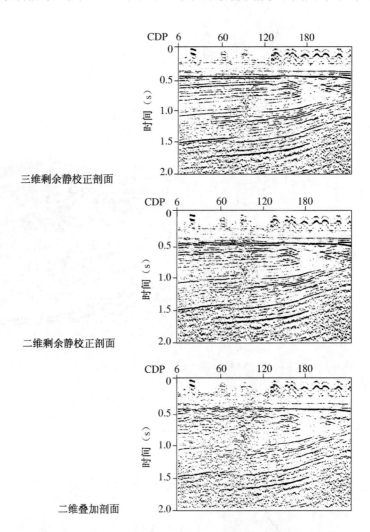

三维剩余静校正剖面

二维剩余静校正剖面

二维叠加剖面

图 10.20　三维陆上勘探（哈里伯顿地球物理服务公司提供）
三维静校正程序是用从多道相干数据体中得到的方法优化近地表的控制模型。上面的剖面显示在三维剩余静校正中的巨大改善。三维叠加剖面显示了较好的连续性、相干性和改善信噪比。这些导致了多次覆盖在三维数据中的应用。并能取得较好的叠加速度

（2）三维海上勘探。

图 10.21 显示了在海上地震测线的二维和三维偏移剖面的差别。可以看到在三维剖面上靠近 Albian 不整合面上的强剥蚀特征和流体接触的平点区。也可清晰看到三维偏移有较好的信噪比。

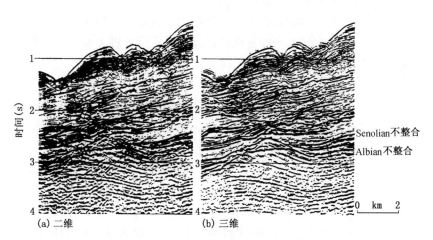

图 10.21   三维海上勘探（Brown，1991）

剖面（b）来自三维海上数据，利用地下测线的很小道距和双震源或电缆。主要优点表明在二维与三维之间由三维纵向剖面利用横向测线偏移的不同：（1）在三维剖面上靠近 Albian 不整合面的强剥蚀特征和流体接触平点的位置有较好的确定；（2）在三维偏移剖面上有较好的改善信噪比

10.9   小结和讨论

三维地震数据能提供比二维地震数据更详细，主要是因为有较密的测线网格。它能帮助提供更准确和完整的构造和地层解释。

在过去，该技术已经用于已知油田的开发。现在，它也被用于了较为复杂的构造和地层地区。

三维地震勘探帮助通过确定储层边界和对更有效的采油提供数据来找到额外的储量。也能帮助确定盐岩构造和河道。

三维勘探证明很成功地用于提高油田采收率的过程，尤其是在蒸汽驱油上。对于三维勘探有许多用途，由于成本经济和可以接受的运行时间，以及可靠的软件处理系统是它广泛使用的原因。

三维地震勘探的费用主要依赖于探区大小、地质条件、目的层深度和网格密度。

在美国的海湾地区，对于一个中型大小的三维地震勘探（为 3mile×5mile 即 15mile²），其典型网格为的价格为 110ft 的面元和 24 次覆盖，每平方英里的费用为 15000 ~ 20000 美元。

数据处理费用是根据勘探目标和遇到的问题难度而定，平均的费用为每平方英里 1500 美元。

在正常的情况下，一个陆上地震勘探队每天可完成一平方英里。对于一个中型大小的勘探数据处理，常规处理需要 6 ~ 8 周来完成。如果遇到困难可能会花更长时间。

以上的费用引自 1993 年第一季度的几个承包人的统计。

价格是随探区而变化的，它取决于在给定时间内施工队伍的能力。

关 键 词

方位角（Azimuth）

面元（面元化）[Bins（binning）]

电缆漂移（Cable feathering）

共面元道集（Common cell gather）

提高采收率 [Enhanced oil recovery (EOR)]

平点（Flat spot）

横向分辨率（Horizontal resolution）

偏移孔径（Migration aperture）

线束状激发（Swath shooting）

习 题

10.1 菲涅耳带的半径 R 由下式给出，即

$$R^2 + Z^2 = (Z + \lambda/4)^2$$

式中，Z 为反射深度；λ 为波长。

对于 R：

$$R = (\lambda Z/2 + \lambda^2/16)^{0.5}$$
$$R = (\lambda Z/2)^{0.5}$$

（1）计算在深度 2000m 处的反射层的第一菲涅耳带的半径，假设地震波的频率为 30Hz，以及地震速度为 3000m/s。

（2）利用熟悉的关系式：

$$Z = vt/2 \quad \text{和} \quad \lambda = v/f$$

这里 t 为到达时间，v 为速度，f 为频率。由上面的公式可以推出：

$$R=(v/2)(t/f)^{0.5}$$

计算对于 20Hz 的反射面在 2s 和速度为 3000m/s 时的第一菲涅耳带的半径。

参 考 文 献

[1] Brown, A. R. Interpretation of Three−Dimensional Seismic Data. *Memoir* 42 (1988)

[2] Dalley, R. M. et al. Dip and Azimuth Displays for 3−D Seismic Interpretation ? *First Break*, (March 1989)：86—95

[3] Dunkin. J. W. and F. IC Levin. Isochrons for a Three Dimensional System. *Geophysics* 36 (1971)：1099—1137

[4] Enacheseu, M. Amplitude Interpretation of 3−D Reflection Data. *TLE* 12 (1993)：678—685

[5] Greaves, R. J. and T. J. Flup Three−Dimensional Seismic Monitoring of an Enhanced Oil Recovery Process；*Geophysics* 52 (1987)：II7, 51187

[6] Hilterman, F. J. Three−Dimensional Seismic Modeling. *Geophysics* 35 (1970)：1026—1037

[7] Kluesner. D. F. Champion Field：Role of Three−Dimensional Seismic in Development of a Complex Giant Oilfield. *AAPG Bulletin* 72 (1988)：207

[8] Nestvold, E. O. 3−D seismic：Is the Promise Fulfilled. *TLE* 11 (1992)：12—19

[9] Puilin, N., L., Matthews, and K. Hirsche. Techniques Applied to Obtain Very High Resolution 3−D Seismic Imaging at an Athabasca Tar Sands Thermal Pilot. *TLE* 6 (1987)：1—15

[10] Reauchle, S. K, T, R. Ear. R. D Tucker, Mid M, T. Singleton, 3−D Seismic Data For Field Development：Land Side Field Case Study. *TLE* 10 (1991)：30—35

[11] Reblin, M T. G G. Chapel, S L Roche, and C, Keller, A 3−D Seismic Reflection Survey Over the Dollarhide Field, Andrews County, Texas. *TLE* 10 (1991)：11—16

[12] Ritchie, W. Role of the 3D Seismic Technique in Improving Oilfield

Economics. *Jour. Petr. Tech.* (July 1986)：777—786

[13] Robertson，j. D. Reservoir Management Using 3D Seismic Data. *Jour. Petr. Tech.* (1989)：663—667

[14] Walton，G. G. Three—Dimensional Seismic Method. *Geophysics* 37 (1972)：417—430

11 层析成像

11.1 概　　述

层析成像（tomography）这个词来源于希腊语的剖面（tomos）和图像（graphy）。地震勘探的最终目的是能够看到地下界面的分布。利用射线和核磁共振的层析成像成功地应用于医学领域，提供了人体内部的详细图像。应用相同的原理，利用地震波能量也可以进行地下地质体内部的成像。

旅行时层析成像的地球物理应用分为两类（Lines 和 LaFehr，1989）。在全球地震中，用了大约 200 万个地震旅行时的层析成像方法得到了地幔的速度模型。在近地表地震中，仅勘探了地下近地表区域几千米的深度，这增加了我们对勘探地球物理学应用于层析成像的兴趣。

通常我们是通过地面的震源和检波器来采集地震资料的。为了提高地震分辨率，下一步合理的做法就是将震源和检波器都放置到地下。

我们可以分析一下地震层析成像和医学层析成像的特征。在有些情况下，地震波前从地层震源到地下检波器的传播路径的几何形状与应用与医学层析成像的射线、放射源和接收器的物理排列相类似。

目前描述地震层析成像领域实验的出版物很少。Bois 等人（1971，1972）解释了如何估算沿着井间射线路径求取地震波速度，并通过实际采集数据验证了他们的结果。Weatherby（1936）就是提出这项技术的最早的美国地球物理学家之一。许多其他的地球物理学家，例如 Butler 和 Weir（1981），也讨论过记录井间地震资料的方法。

在过去的几年中，地球物理学家应用地震层析成像技术对地下速度变化的成像取得了巨大的成功。这些研究提高了深度转换和深度偏移的精度。

地震层析成像是一种反演的方法，这个过程得到的模型，能够精确地描述地震数据和观察结果，以及显示在地震波传播过程中的岩石特性的效应。

正演模拟是用地质描述和对数据采集的地震参数，使用一些基于物理过程的理论模型的解来预测应该从实验中得到的数据。

另一方面，反演是应用数据和数据采集参数来推测地下模型，它能预测用给定的正演模拟方法得到的观测数据。

11.2 地震层析成像类型

层析成像可用于两种模式：反射和透射。

反射层析成像包括从地面到地下反射目的层，再回到地面的地震波传播情况。对于射线路径的计算，确定这些反射目的层或边界是很重要的。这使得反射层析成像的模型建立是困难的。

海湾石油公司的地球物理学家在 1980 年宣布，旅行时层析成像可以成功的应用于由地震反射时间来估计地层速度，它可用于地震成像，例如偏移和深度转换等。这种方法已经被 Amoco 研究所和加利福尼亚技术研究院的科学家所证实。

对于透射层析成像，关注的是穿过地下目的层的地震能量没有被反射。这就需要把震源放在井中而检波器放在地面，反之亦然，或将震源放在一个井中而检波器放在另一个井中。

在井到地面的层析成像中，测量的可能为垂直地震剖面（VSP）中的一系列初至波，一系列的地震能量入射到地层中，产生的波被井中不同深度的地震检波器记录下来。或者，用井下震源在井中一定深度上激发能量，在地面接收（逆 VSP）。

在井间测量中，震源和检波器放在地下两边的井中。地震能量"辐射"了两井之间的区域。图 11.1 显示了在地下和地面震源和检波器位置的射线路径的类型。

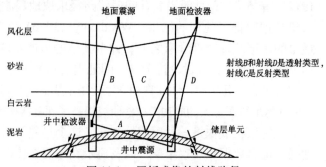

图 11.1 层析成像的射线路径

射线 A 是唯一没有穿过近地表风化层的射线路径，此时有极少的高频成分因为扩散和散射而损失。射线 C 是地震学中的标准界面反射类型。它与其他路径不同的是它最长，两次穿过地表风化层。高频成分已经被衰减了。它也是唯一一包含了储层反射信息的路径

11.3　旅行时层析成像

无论是反射还是透射类型的层析成像，可以按以下步骤进行：

（1）确定实际的地震旅行时；

（2）能量传播路径的射线追踪模拟；

（3）求解旅行时方程称为"旅行时反演"，因为它建立了一个与观测数据最佳拟合的速度模型。

11.3.1　确定实际旅行时

这个过程包括了在交互解释的工作站上进行地震资料解释，以便提取可靠的旅行时。这一步将花费解释人员 2～3 个工作日，它将产生10000～20000 个数据。

旅行时通常是从地震记录中拾取的，例如共炮点记录、共中心点记录或倾斜叠加记录等。数字化可采用手工的数字化桌或更自动化的地震工作站来完成。

11.3.2　射线追踪

层析成像是基于地震波能量沿着从震源到接收器的射线路径的假设。通过射线追踪模拟能量在介质中传播的过程，可以通过求解基于某种速度模型、给定反射边界和炮检距的方程来完成（Aki 和 Richards，1980）。两点边界射线方程的解是通过从反射层向上传播的射线得到的。也可以通过射线路径的模拟来完成。

11.3.3　旅行时反演或层析成像反演

在地震层析成像中，通常需要用到射线弯曲方法。层状介质模型（图 11.2）通常又被细分为一些常速单元。

Lines 等人（1989）描述了旅行时、距离和慢度（$1/v$）之间的关系。通过这些速度单元的第 i 条声波射线的旅行时 t_i，可由表达区域内这些速度单元的距离 d_{im} 和慢度 S_m 的乘积的累加和的形式来计算出来。

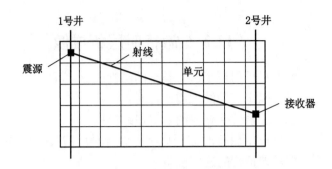

图 11.2　旅行时层析成像模型（Dines 和 Lytle，1979）
在层状介质模型中，地下介质被划分成一些常速的单元

第 i 条射线的旅行时方程可以用下式来表示，即

$$t_i=d_{i,1}S_1+d_{i,2}S_2+d_{i,3}S_3+\cdots+d_{i,m}S_m \tag{11.1}$$

或写成矩阵形式，即

$$T=DS \tag{11.2}$$

式中，T 为旅行时向量；D 为 $n \times m$ 的矩阵代表了射线传播距离；n 为射线路径的数目；m 为慢度单元的数目；S 为慢度向量。

上述方程是非线性的，因为射线距离的数值依赖于速度。

因为射线路径仅仅经过所有速度单元中的一小部分，旅行时方程组是稀疏的（例如，矩阵 D 的 99% 的元素值为 0）。这个巨大稀疏的线性方程组的解是可以求得的。

在计算机上通过"并行计算"的方法可以很快完成旅行时反演，此时处理器求解了一个方程组 $T=DS$。最终结果可用最小二乘法通过多次迭代得到。

一旦拾取了实际旅行时，并进行了射线追踪，则未知的慢度方程组可通过这个大的旅行时方程组求解。

11.4　透射层析成像

前面已经说明，透射层析成像可以是井间或井地的。图 11.3 表明了透射层析成像每一类型的几何路径图。

在井间类型中，震源放在地面以下的井中，检波器放在另一口井中。因为地震频带中的高频成分在近地表风化层中衰减很大，所以这种方式可以记录到期望的高频成分。

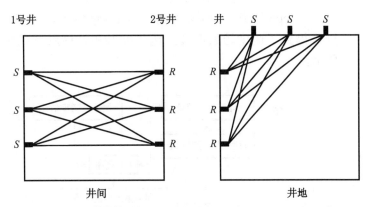

图 11.3 透射层析成像的几何路径图（McMechan，1983）

井地观测方式是一个典型的 VSP 勘探。

在讨论实际数据实例之前，将先回顾反射旅行时和透射层析成像的模型。

11.5 层析成像模型举例

11.5.1 反射旅行时层析成像模型

Bishop 等人（1985）用有限差分方法给出了反射层析成像的几何关系，如图 11.4 所示。

（1）地下模型划分为恒定慢度单元；

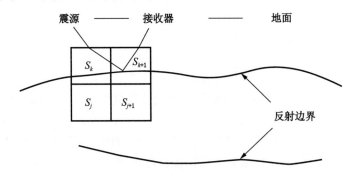

图 11.4 反射层析成像几何关系图（Bishop 等人，1985）

（2）从震源到反射层再返回到地面进行弯曲射线追踪；

（3）反射层是已知的。

Amoco 研究公司的科学家（Bording 等人，1987）利用一个迭代过程得到了速度场的图像。迭代反射和偏移层析成像流程如图 11.5 所示。

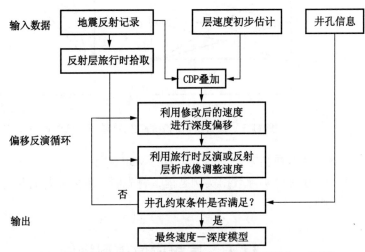

图 11.5　迭代反射和偏移层析成像（Bording 等人，1987）

上述过程将地下速度场层析成像和地下界面偏移成像方法结合起来了。这个过程就称为迭代层析成像偏移。

11.6　迭代层析成像偏移处理

这个过程应用到地质模型如图 11.6（a），图中显示了每层的速度。

11.6.1　初始偏移和旅行时拾取

初始速度模型是由水平的和常速的层状介质组成的，这些速度被用于校正模型剖面的左侧。由该速度模型得到的 CDP 叠加剖面如图 11.6（b）所示。

由这个速度模型可以得到一个深度偏移剖面 [图 11.7（a）]。注意，这个偏移可以很好地重构那个盐丘的左侧边界，但是对模型盐丘的右侧边界和更深的目的层不能很好地成像。

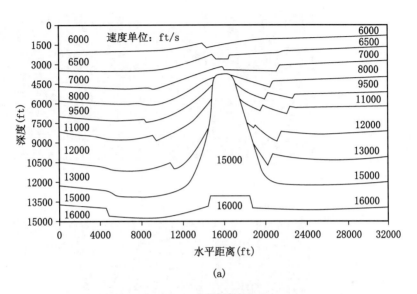

(a)

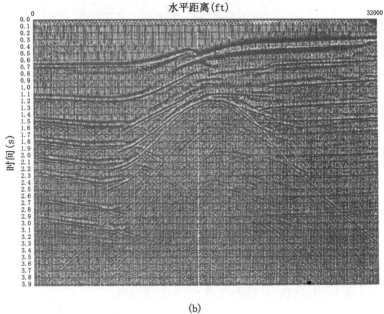

(b)

图 11.6 迭代层析成像偏移（Bording 等人，1987）

(a) 反射层析成像实例的地质模型，层速度如图所示；

(b) 由水平层速度模型得到的 CDP 叠加剖面

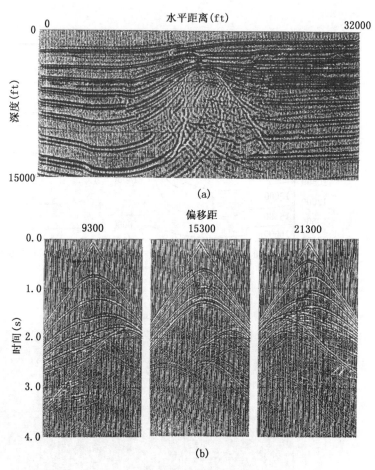

图 11.7　迭代层析成像偏移（Bording 等人，1987）

（a）用水平层速度进行初始深度偏移；（b）偏移距分别为 9300ft，15300ft 和
21300ft 的有限差分共炮点道集，拾取的旅行时就在层位以下的波峰上

　　主要目的就是产生一个精确的速度层析图，通过使用这些精确的速度进行数据偏移，以改善水平层偏移效果。为完成此步骤，选择了一组等间隔的共炮点记录［图 11.7（b）］。然后每 9 个记录拾取 10 个同相轴层位的旅行时，总共得到 4468 个旅行时。

11.6.2　模型的射线追踪

　　模型由 40×80 个单元组成，单元大小为 400ft×400ft。图 11.8 显示了 3 个不同反射层的射线追踪情况。

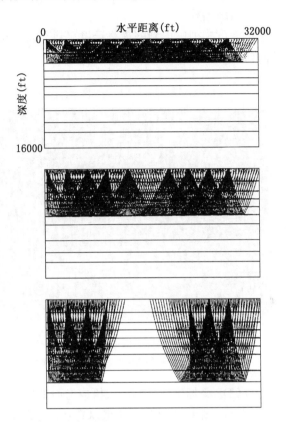

图 11.8 迭代层析成像偏移（Bording 等人，1987）
弯曲射线的例子说明了水平层初始近似

（1）层析成像反演。

从旅行时的估计（来自数据）和由模型计算的旅行时，可以得到一个修正方程，$\Delta T = D \cdot \Delta S$ 为慢度改变量 ΔS 的解，这里的 ΔT 为实际数据与初始模型响应的差值。只有涉及的单元对反演有明显贡献。

D 矩阵是一个大（4468×3200）而稀疏（约 1% 为非零值）的矩阵，因此可以采用稀疏迭代求解。

将慢度差值加到初始的慢度模型上来更新慢度的解。作为最后一步，通常会应用滤波器对输出速度模型的解进行平滑处理。

这个过程一直重复进行，直到 ΔS 中没有变化为止；这就是说我们得到一个最佳的结果，层析成像处理得到满意的结果；我们现在可以准备最终偏移步骤了。

（2）最终偏移。

利用深度模型中得到的最终速度来进行最终叠加，所得到的新的叠加剖面如图 11.9 所示。

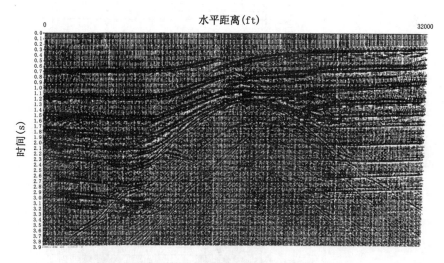

图 11.9　迭代层析成像偏移（Bording 等人，1987）

用层析成像求取的速度得到的共深度点叠加剖面

新的 CDP 叠加剖面是利用层析成像而来的速度进行深度偏移得到的（图 11.10）。与图 11.7（a）相比可以看到，盐丘侧面的成像大大改善了。

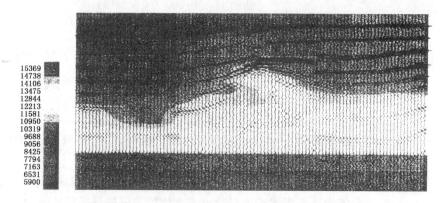

图 11.10　迭代层析成像偏移（Bording 等人，1987）

用层析成像求取速度得到的深度偏移剖面，层析成像速度范围为 6000 ~ 16000ft/s

11.6.3 井间层析成像模型

在反射波法地震学中，由于风化层的存在地震波在地表附近信号的高频成分衰减比较严重。在井间地震中，通过将震源和接受器都放置在风化层以下，可以减弱这种吸收作用（Dines 和 Lytle，1979；Ivanson，1986）。

地震剖面或平面图在深度域比在时间域更容易理解，但这需要知道速度信息。在井孔处的速度控制是由声波测井曲线得到的，而且这些速度是可以插值的。然而，一种更好的方法就是井间测量，井孔之间的速度估算可以通过地震旅行时测量出来。

除了为深度转换和深度偏移提供速度信息外，层析成像还可以确定储层边界，也可以用于提高采收率过程。

透射层析成像可以模拟某区域的近地表地层模型。Lines 和 LaFehr（1989）根据 Amoco Denver 地区的数据资料提出了一种思路方法，它可用于来模拟近地表的地层。这项研究有利于在未来野外数据采集中得到较好的记录质量。

在经典的论述地震反演问题的文章中，Wiggins 等人（1986）把剩余静校正分析当作一般的线性反演问题。在他们的分析中，假设数据道已经进行了"高程静校正"，这种效应是由炮点和接收点的高程变化以及井口时间决定的风化层变化造成的。他们进一步假定数据已经使用了叠加速度进行了正常时差校正。

这些假设基于以下两方面原因：

（1）速度在横向上的变化主要是由于近地表地层引起的，而不是由于速度在深度上的变化引起的。

（2）剩余正常时差校正在横向上平均趋向于稳定的静校正解。

通过线性反演和迭代，就得到了较好的静校正量。

把这个静校正量应用到原始野外数据上，可得到较好的速度分析，进而得到较好的叠加相干性和较高的信噪比。

这种方法对道数比较敏感。正如你知道的，道数越多，则统计数目越大，静校正量就越接近。最小的叠加覆盖次数是 3 次。

图 11.11 说明了应用层析成像方法进行静校正前后的情况。初始模型的地质情况是已知的，在 2s 附近的目的层几乎是平的。

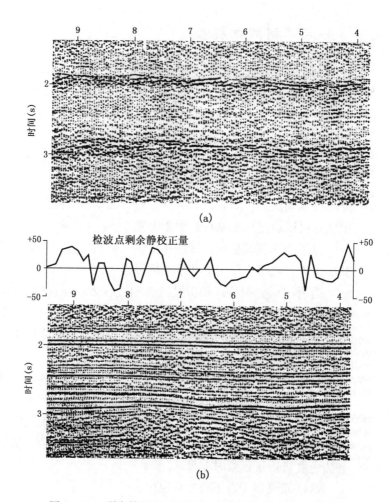

图 11.11 剩余静校正层析成像（西方地球物理公司提供）
(a) 48 道接收 12 次覆盖的叠加剖面，进行了高程静校正，一根电缆的长度跨 4 个道距；
(b) 在 (a) 的基础上经过地表一致性静校正后的剖面，在测线上某些部分
剩余静校正量超过了 50ms

11.7 误差准则选择

为了实现反演，必须建立一个正演模型和它的响应。对于一个地质模型，就必须知道它的地球物理响应——不管是重力、磁力还是地震信号。最佳算法是允许对这个正演模型的参数进行调整。

Treitel（1989）讨论了正演模型选择和最佳算法选择对反演结果的

影响。这是一个非常重要的问题。我们怎样才能够使得观察结果和模拟结果之间的误差最小？可以应用最小平方法吗？最小绝对偏差法？还是极值法？

Treitel 提出把灵敏度分析作为求解的一个重要步骤，因为没有灵敏度分析就不会得到一个满意的结果。例如，我们选择了一系列进行反演过程的参数，当我们改变某一参数 10%，15% 或 20% 时，响应并没变化，显然，模型对这个参数并不敏感。

模型的初始猜测是非常重要的，一个较接近实际的猜测就可以得到一个好的反演结果。

为了说明这一点，图 11.12 显示了进行模型反演迭代 1 次和 10 次的地震记录剖面。它是一个叠前模型，左侧的图（a）显示了一个 4 层模型的共炮点道集。可以看到初始猜测模型（b）与这个模型不匹配，当然，随着迭代次数的增加模拟效果（c）变好了。

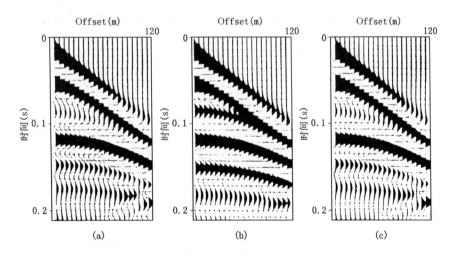

图 11.12　地震记录的模型反演（Treitel，1989）

(a) 待反演的地震数据；(b)1 次迭代后的结果；(c)10 次迭代后的结果

图 11.13 与图 11.14 显示了一个较好的初始猜测和一个较差的初始猜测的结果。它说明了图 11.12 中模型的速度反演过程。

在图 11.13 中，我们从速度模型的一个较好的初始猜测开始，125 次迭代以后，得到模拟速度和实测速度的很好的匹配。

在图 11.14 中，我们从速度模型的一个较差的初始猜测开始，进行相同的次迭代以后，得到模拟速度和实测速度的很差的匹配。

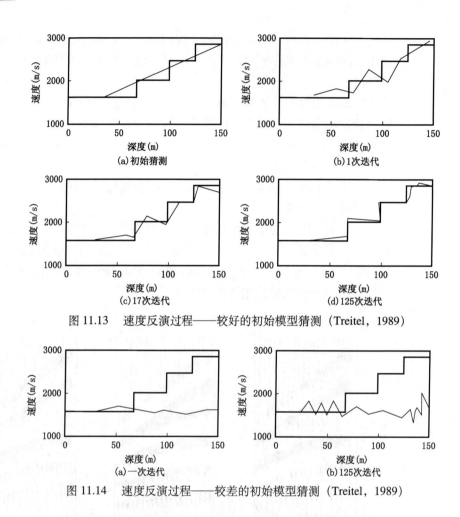

图 11.13 速度反演过程——较好的初始模型猜测（Treitel，1989）

图 11.14 速度反演过程——较差的初始模型猜测（Treitel，1989）

11.8 地震层析成像和储层特征

为了提高现有储层的采收率，对储层的内部构造和流体运移方式进行较好的描述是非常重要的。我们使用的有些信息是根据岩心、碎屑物、测井和试井资料得到的储层属性，但是这些数据是极为有限的，为了能够对储层进行更好的描述，我们需要改善地下数据采样的质量。为了实现这一点，我们不可能钻足够多的井去获得这些需要的数据，因此必须对收集到的大量数据进行挑选。

在 20 世纪 90 年代的 10 年，我们认为井中地震测量和层析成像技术将越来越多的在储层属性方面起着重要的作用。

今天，三维勘探和大量的 VSP 勘探可以更好的对储层采样。对于以下几点，我们坚信不移：

（1）储层地球物理，尤其是储层地震，在未来 10 年将在了解更多的储层特征方面将发挥重要而积极的作用。

（2）井中地震勘探将是联系波场传播和储层构造，以及流体运移情况和地震速度响应的重要方式。

（3）我们将有更好的方法，用来采集和处理所需的地震响应，这将引起储层工程、采油技术和提高采收率方法的革命。

我们现有的勘探方法只能描述离井孔几英尺远的储层范围，由于储层岩性是各向异性的，我们需要获得这些属性在时间和空间的变化。

我们需要获取的储层属性，包括横向和纵向的，主要包括：

（1）矿物学性质；

（2）岩石性质：孔隙度、渗透率、压实性和饱和度；

（3）流体性质：化学性质、黏度、浓度和湿度；

（4）环境因素：温度、应力和孔隙压力。

我们必须强调，如果没有完全理解储层性质、流体流动和地震波传播之间的关系，要想应用现有的方法，要想进一步发展硬件技术去获得更多的测量数据以及发展软件去加速数据处理的进度，都将会遇阻。为此，应该加强地球物理学会和工程学会的团体间合作，以便了解彼此的技术，了解地球物理学家提出方法的复杂性，以及了解更多的应用和局限性。

11.9　最 新 进 展

11.9.1　井下震源

目前，就研究和开发在井中激发产生地震能量的地震震源，形成了一个由主要石油公司组成的联盟，许多其他的组织机构也在震源设备开发方面作了一定工作，几种不同的震源设备还进行了测试，主要包括 3 种脉冲震源——空气枪、改进的岩心枪和电火花震源。其他还有两种震源是液压可控震源和气压可控震源。

在使用空气枪和岩心枪时，会对井中水泥固井造成一定程度上的毁坏。使用可控震源后，这些毁坏几乎没有。

液压可控震源较脉冲震源相比，可以产生更多的能量。而且，脉冲震源会产生管波和其他类型的体波，这些波的信息可能对直达波之后的后续波产生干涉乃至覆盖的负作用，液压可控震源可以产生一个非常宽的频带范围，大约在 5 ～ 720Hz 之间。

Chevron 的 N.P.Paulson 指出，用以进行井间地震成像和逆 VSP 勘探的井下地震震源应该具有以下特征：

（1）没有破坏性；

（2）能产生较宽的频带范围；

（3）能产生足够强的能量以进行逆 VSP 勘探；

（4）具有可重复性；

（5）与深度无关的地震输出；

（6）运行周期短；

（7）适应高温能力；

（8）在套管井和裸眼井中都能施工；

（9）纵波和横波都能发射；

（10）在井径范围为 5 ～ 12in 的井中可以使用；

（11）可靠性。

至今的最好的测试结果就是液压可控震源，它可以产生纵波、横波和转换波，这一震源设备仍然处于研究改进阶段。

11.9.2　储层特征

储层具有各向异性，这种性质往往超乎人们的想象。随着时间的推移，越来越多的储层重新划分为各向异性的，因此，层析成像的首要任务和应用就是准确地描述储层的各向异性。其次是监测采油的过程，采油方案不是固定不变的，它随着开采的进行和需要可能进行重新评估和修改。

为了建立声波速度和地震响应与储层岩石物理性质的联系，许多储层地球物理学家作了大量试验工作。

从地震勘探得到储层性质是可能的，也就是说，假设地震勘探得到的是频散曲线数据，而要得到的储层属性参数是流体渗透率，通过频散曲线数据得到流体渗透率是可能的。这对于储层工程师和地质学家是一个好消息，因为通过地震层析成像，可以得到横向和纵向的渗透率分布图。

图 11.15 描述了 75 块泥质砂岩中孔隙度和黏土含量之间的关系，

以及它对纵波和横波速度的影响。

关于温度对地震波速度的影响如图 11.16 所示。

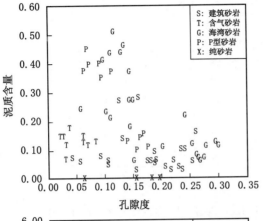

(a) 由75块泥质砂岩得到的泥质含量和孔隙度大小百分比范围，其中：孔隙度大小为2%～30%，泥质含量为0～50%。以上数据表明，泥质含量高的砂岩其孔隙度愈小

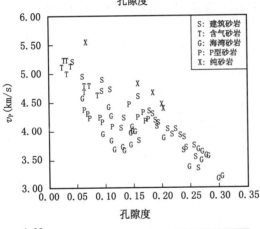

(b) 在 $P_C = 40$MPa，$P_P = 1.0$MPa 的压力条件下，根据75块泥质砂岩样品测得的纵波速度与孔隙度的关系

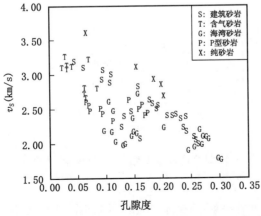

(c) 在相同条件下测得的横波速度与孔隙度的关系

图 11.15　孔隙度和泥质含量对纵波速度 v_P 的影响（Han，1986）

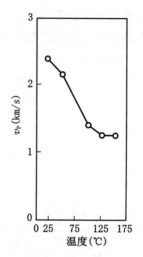

图 11.16　温度对速度的影响（Nur，1989）

饱和度和压力对地震波速度的影响在图 11.17 中作了描述。

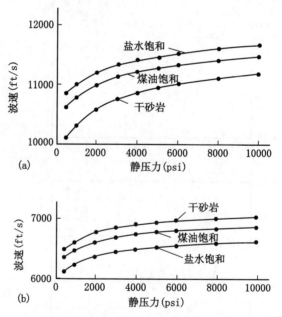

图 11.17　饱和度和压力对速度的影响（King，1965）

(a) Boise 砂岩中的纵波群速度；(b) Boise 砂岩中的横波群速度

　　图 11.18 描述了各种矿物岩石中纵波速度和横波速度之间的关系，并且给出了纵波和横波速度之比与深度的函数曲线图，其中深度是选自

海湾海岸地区地层的深度。

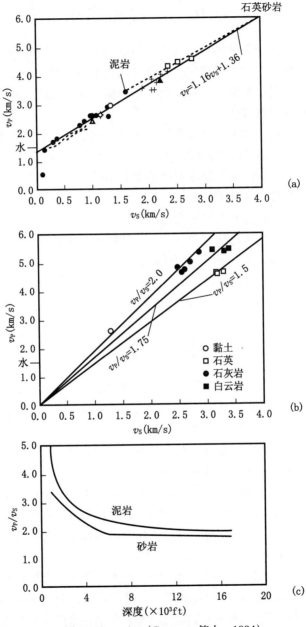

图 11.18 v_P/v_S （Castagna 等人，1984）

(a) 某些矿物的纵波速度和横波速度；

(b) 现场用声速测井和地震测得得到的一些岩石的纵波和横波速度；

(c) 所选择的海湾地区泥岩和含水砂岩的 v_P/v_S 值与深度的函数关系

11.10　在石油工程中应用

由于采油的经济效益变得日益重要，加上发现新油田复杂性和难度的增加，以及对储层各向异性认识的不断加深，使用地震勘探方法的主要手段正悄然发生着变化，了解储层地震勘探和储层特征两者之间的关系是非常重要的。

层析成像一个最重要的应用，就是建立储层描述和采油监测过程储层与地震速度之间的关系。其中一些应用为：

(1) 绘制孔隙度和渗透率分布图；

(2) 裂隙带探测；

(3) 异常孔隙压力探测；

(4) 追踪热驱动前缘，绘制注入带平面图；

(5) 监测天然气帽运动；

(6) 水淹情况；

(7) 监测 CO_2 注入过程。

11.11　小结和讨论

层析成像有两种方法：反射和透射。旅行时层析成像在根据地震反射时间估算速度方面取得成功，这种速度可以用来进行地震成像，例如深度转换和深度偏移。

透射层析可进行井间测量或井地测量。在井间进行时，震源置于一个井中，而接收器置于另一个井中。目前正在进行的研究和开发，试图通过改进以得到一种新的井中震源，使之能够产生纵波、横波和转换波（横波的垂直分量），井中检波器可以对这些波产生响应。震源必须是安全的、重复性好的、适应性强的，而且能够适应井孔条件，并能够产生较宽的频带。

震源可以放到一个井中，而检波器则放在周围的井中，这样可以测量井间的速度并绘制成图。这些速度可以与储层物理特征联系起来，可以绘制出井间的孔隙度图、渗透率图和流体含量分布图，并且进一步对这些参数在纵向和横向的变化进行解释。

这一点对于工程师和地质学家是一个好消息，因为他们可以更多地了解储层岩石的各向异性，并且更加准确地描述储层特征。

层析成像和井中测量相结合，将是改善采油方法和提高采收率的关键技术。这种方法的实施需要综合集成诸多信息，即包括地球物理的，地质的和工程上的信息等等，它需要所有涉及相关学科的努力以及有效的交流。

关　键　词

最小平方（Least squares）　　　　慢度（Slowness）
矩阵（Matrix）　　　　　　　　　稀疏系统（Sparse system）
射线追踪（Ray tracing）

参 考 文 献

[1] Aki, K., and P. G. Richards. *Quantitative Seismology*. W. H. Freeman and Co., 1980

[2] Beydoun, W. B., J. Delvaux, M. Mendes, G. Noual, and A. Tarantola. Practical aspects of an elastic migration/inversion of crosshole data for reservoir characterization: a Paris Basin example. *Geophysics* 54 (1989): 1587—1595

[3] Bois, P. M. La Porte, M. Lavergne, and G. Thomas. Well to Well Seismic Measurements. *Geophysics* 37 (1972): 471—480

[4] Bording , R. P., A. Gersztenkorn, L. Lines, J. Scales, and S. Treitel. Applications of Seismic Traveltime Tomography. *Geophys. J., Roy. Astr. Soc.* 90 (1987): 285—303

[5] Bregman, N. D., R. C. Bailey and C. H. Chapman. Cross-Hole Seismic Tomography. *Geophysics* 54 (1989): 200—215

[6] Castagna, J. P., M. L. Batzle, and R. L. Eastwood. Relationships Between Compressional-Wave and Shear-Wave Velocities in Clastic Silicate Rocks. *Geophysics* 50 (1985): 571—581

[7] Dines, K. A. and R. J. Lytle, Computerized Geophysical Tomography. *Proc. IEEE* 67 (1979): 1065—1073

[8] Dyer, B. C. and M. H. Worthington. Seismic Reflection Tomography: a Case Study. *First Break* 6 (1988): 354—366

[9] Han, D., A. Nur, and D. Morgan. Effects of Porosity and Clay

Content on Wave Velocities in Stanstones. *Geophysics* 51 (1986):
2093—2107

[10] Ivansson, S. Seismic Borehole Tomography: Theory and
Computational Methods. *Proc. IEEE* 74 (1986): 328—338

[11] Ivansson, S. A Study of Methods for Tomographic Velocity
Estimation in the Presence of Low-Velocity Zones. *Geophysics* 56
(1985): 969—988

[12] Justice, J. H., A. A. Vassiliou, S. Singh, J. D. Logel, P. A.
Hausen, B. R. Hall, P. R. Hutt, and J. J. Solanki. Acoustic
Tomography for Monitoring Enhanced Oil Recovery. *The Leading
Edge* 8 (1989): 12—19

[13] King, M. S. Wave Velocities in Rocks as a Function of Changes
in Overburden Pressure and Pore Fluid Saturations.*Geophysics* 31
(1966): 50—73

[14] Krohn, C. Cross-Well Continuity Logging Using Guided Seismic
Waves. *TLE* 11 (1992): 39—45

[15] Lines, L. R. and E. D. LaFehr. Tomographic Modeling of a Cross-
Borehole Data Set. *Geophysics* 54 (1989): 1249—1257

[16] Lines, L. R. Applications of Tomography to Borehole and Reflection
Seismology. *TLE* 10 (1991): 11—17

[17] Lytle, R. J. and M. R. Portnoff. Detecting High-Contrast Seismic
Anomalies Using Cross-Borehole Probing. *IEEE Transactions
Geosci: Remote Sensing* 22 (1984): 93—98

[18] Marcides, C. G., E. R. Kanasewich, and S. Bharatha. Multiborehole
Seismic Imaging in Steam Injection Heavy Oil Recovery Projects.
Geophysics 53 (1988): 65—75

[19] McMechan, G.A. Seismic Tomography in Boreholes. *Geophys. J,.
Roy. Astr. Soc.* 74 (1983): 601—612

[20] Myron, J. R., L. R. Lines and R. P. Bording. Computers in Seismic
Tomography. *Computers in Physics* (1987): 26—31

[21] Nur, A. Four-Dimensional Seismology and (True) Direct Detection
of Hydrocarbons: the Petrophysical Basis. *The Leading Edge* 8
(1989): 30—36

[22] Treitel, S. Quo vadit inversio ? *The Leading Edge* 8 (1989): 38—

42

[23] Wiggens, R. A., K. L. Larner, and R. D. Wisecup. Residual Statics Analysis as a General Linear Inverse Problem.*Geophysics* 41 (1976): 922—938

[24] Wong, J., N. Bregnan, G. West, and P. Hurely. Cross-Hole Seismic Scanning and Tomography. *The Leading Edge* 6 (1987): 36—41

[25] Worthington, M. An Introduction to Geophysical Tomography. *First Break* 2 (1984): 20—27

[26] Zhu, X., P. D. Sixta, and B. G. Angstman. Tomostatics: Turning–Ray Tomography+Static Corrections. *TLE* 11 (1992): 15—23

12 地震解释

12.1 地下构造图

12.1.1 概述

地球表面的地形图反映的是诸如山丘、斜坡、河道等地貌特征，如图12.1 所示。等值线的间距是表明斜坡的倾斜度，间距越小，坡度越大。

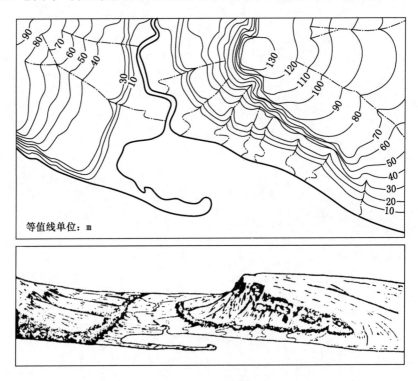

图 12.1 地形图

地下构造图是用等值线来反映一个给定地层层位的地形，相当于地层以上的岩层被剥去显露出的形状。构造等值线图表示地层的斜率、构造形态、地层倾角以及断层和褶皱等。

12.1.2　地震等深线图基准面

利用地震数据绘制地下构造图时，开始绘制之前必须首先选择一个参考基准面。这个基准面可以是海平面，或其他高于或低于海平面的任意高度的平面。

地震测线可以使用不同的基准面来绘制构造等值线图（时间或深度）。但所有的测线都必须校正到相同的基准面或海平面上。这个校正是用新基准面和老基准面之间的差值的 2 倍除以校正速度（有时称为"高程速度"或"替换速度"）来完成的。

最常遇到的问题之一就是两条相交测线的闭合差问题。当在同一探区内使用不同震源激发或接收仪器不同时，这种情况常会发生。

如图 12.2 所示的例子，它是一个浅层地震标志层的双程时间图。从图中可以看到，位于西北 – 东南方向的测线 5 与东北 – 西南方向测线的交点上，测线 5 的时间值小于相交测线的时间值。闭合差大约为 20ms，为了得到一张光滑的等值线图，这个值将会被加到测线 5 所拾取的时间上。这种调整方法并不总是如这个例子一样简单，因为闭合差不可能在整条线上是常数。

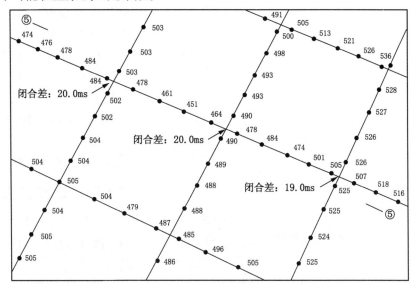

图 12.2　测线相交点的闭合差
图上所标的数值为双程旅行时（单位 ms）

12.1.3　等值线绘制方法

主要有 3 种绘制等值线方法：（1）机械间距法；（2）均匀间距法；（3）解释性等值线法。

12.1.3.1　机械间距法

机械间距法是利用多点划分方法或由计算机等值线程序计算，它是根据数据点的数学关系来绘制等值线的。

在有很少数据点区域，这种技术可能有很大误差，并且经常需要对计算机绘制的等值线图进行修改。

12.1.3.2　均匀间距法

采用均匀间距法绘制的等值线图非常美观，但是它是不合逻辑的等值线图，也不能反映地下的地质情况。

12.1.3.3　解释性等值线法

这是一个用于绘制构造等值线图的技术。对区域的总体特征和构造形态的了解，大大有助于正确地解释在很少有井控制的地下界面形态的制图。

对进行绘制等值线的数据应使构造格局服从于区域的趋势与走向。这种方法绘制出来的等值线通常是互相平行的。

图 12.3 说明了以上 3 种主要技术绘制的等值线图。

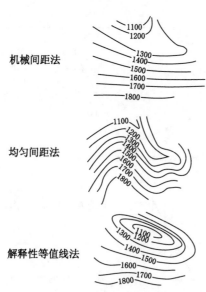

图 12.3　等值线绘制方法

图上标注的时间是双程旅行时（单位 ms）

12.1.3.4　绘制等值线

在绘制等值线图时，要遵循一些基本规则和基本技术，归纳为以下几点：

（1）研究高程（深度或时间），特别要注意最高点和最低点。

（2）等值线必须穿过数值高点和数值低点之间，如图 12.4 所示。

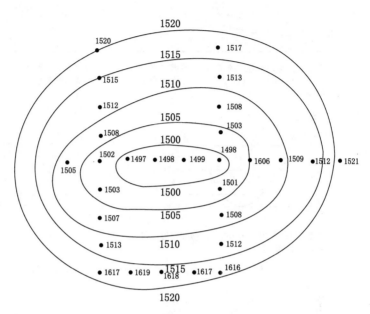

图 12.4　绘制等值线的一般规则
图上标注的数字是双程旅行时（单位 ms），等值线间隔：5ms

（3）除了倒转褶皱或逆断层外，等值线不能穿过它本身或其他等值线。

（4）如果构造斜坡是翻转方向的（如山脊或河谷），最高值或最低值的等值线必须画两条。一条等值线不可能表示出反转轴的位置（图 12.5）。

（5）一条等值线不可能将不同数值的等值线合并在一起，或有相同数值的不同的等值线合并在一起。当一个极陡斜坡面投影到平面图上时，等值线有时看起来会出现合并现象（图 12.6）。

（6）如果有足够的数据，等值线应该是封闭的，或在图的边缘结束。

（7）如果每隔 5 条等值线将一条等值线加粗，那么绘制的等值线图更容易识别。标注等值线的数值能均匀分布在整个图上。

（8）预先选定的等值线间隔，而且在整个探区上都应使用相同的等值线间隔。

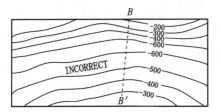
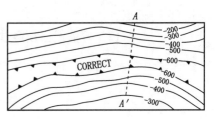

该图绘制的是处于连续的-600ft低势底部的等值线图，它可能是机械法绘制的，但这个最低点可能不存在

当低势底部低于连续-600ft以下时，-600ft的等值线需要再绘一次

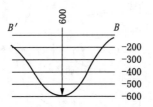

低势底部可能偶尔与-600ft的等值线接触，但肯定不是连续地接触

实际中可以假设低势底部处于-600ft以下

图 12.5　等值线绘制最小值和最大值

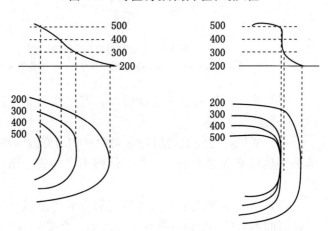

不同值的等值线或相同值的等值线可能并不合并，但如果要在图上反映一个极陡斜坡面时，等值线有时看起来像出现合并现象

图 12.6　高陡倾斜面等值线的绘制

（9）通常情况下要首先用铅笔轻轻绘出等值线，然后再用墨水涂黑。

（10）在河流或山谷中，V 字型的等值线指向上游方向。

（11）当控制点不够时，使用虚线来绘制等值线。

（12）手工绘制多条等值线（多于一条）时应一次完成，并且等值线应尽量光滑，间距也要尽量相等。

（13）尽可能地保持简单。

这样绘制的等值线图仅仅是真实地下构造的一个初步近似。

12.1.4 根据地震数据绘制构造图

（1）经过必要的校正使将要绘图的标志层位的地震测线构成闭合圈，拾取相应的值在图上标出（图12.7）。

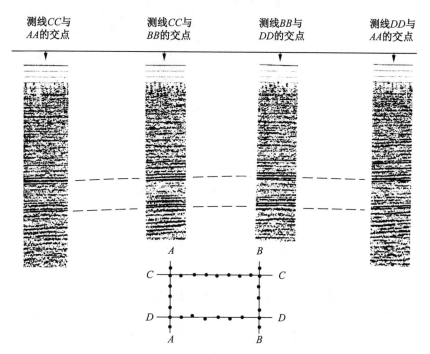

图 12.7 沿着闭合圈进行地震测线闭合

（2）根据前面所讨论的准则，将数据绘制成等值线。

（3）选择等值线的间隔数值必须能够清楚地表示出地下构造的特征。在地下构造等值线图中，表示断层和褶皱的符号如图12.8所示。

（4）用一枝浅颜色的铅笔和橡皮。不断地进行修改，直到得到一个具有地质意义的构造图。然后给构造图涂黑。

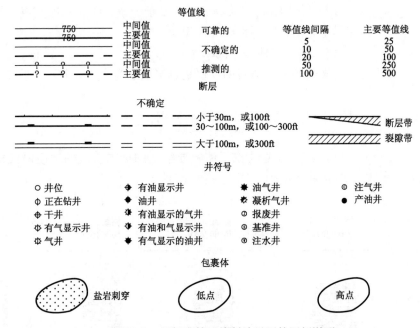

图 12.8　用标准符号绘制地震图件图例说明

12.2　等时图和等厚图

12.2.1　概述

等厚线是将相同厚度的点连接起来的假想线。等厚图表明了地层厚度的变化情况。绘制等厚图需要将两个层位或主要的岩体图件结合起来，一个是感兴趣地层单元的顶，另一个是感兴趣地层单元的底。等时图或等时线，可以显示相同时间或时间差的等值线图。等体积图是用等值线来表示地层的钻探厚度而不是真实厚度，目前这种图已不再使用了。

等厚图在研究区域地质概况中用处很大。它可以用来确定地下构造位置和指示可能的边缘方向，还有助于恢复地层单元的原始沉积边缘。

12.2.2　等时图

等时图就是时间间隔图，它表示的是两个标志层之间的时间差。可以认为它显示的是古构造，也就是说，在时间上沉积的是下部层位与上部层位之间的构造。

　　绘制等时图的方法有两种。一种是由在炮点处将两层时间相减，另一种方法速度较快但准确性较差，它是将一个层位的构造等值线图覆盖在另一个层位的构造等值线图之上，仔细对比好位置。然后将一个层位的等值线减去对应的另一个层位的等值线。就得到一个新的数据点，用前面讨论的方法绘制等值线。图 12.9 说明了这种方法绘制的地震图。

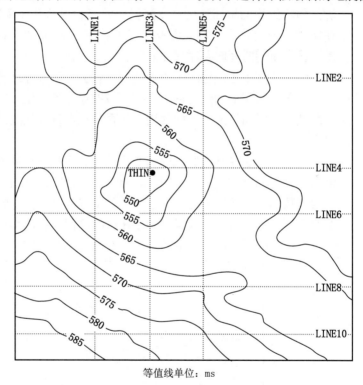

等值线单位：ms

图 12.9　一张典型的双程时间间隔图

12.2.3　地震等厚图

　　如果已知浅部和深部标志层的速度，就可以由地震数据准备绘制等厚图了。将拾取的时间转换为深度，它是简单地将单程时间（在地震剖面上拾取时间的一半）乘以该标志层的速度。

　　将深层的深度值减去浅层的深度值，然后点到平面图上，就可以绘制等值线。这里速度假设为常数。

12.2.4　速度梯度图

在井中用校验炮进行速度测量是非常准确的，但井间距离通常相距很远，而且由于岩性、构造或其他因素的变化，速度可能在很短的距离内就发生改变。

从地震数据中得到的速度，即使最好的叠加速度，也不是非常准确。随着深度的增加速度精度降低，如果利用这些速度值转换到深度，在定井时将有许多问题。因此，我们很有必要建立一个地震反射时间图。通常得到时间图要比深度图好。

由于速度上拉或速度下拉等问题，就会在引起速度异常的地质体下面产生一个时间上的假构造。有些区域的速度值会发生突变，并且在这些区域，在时间构造图上的假构造是很难从深度域测量的构造图中区分出来。

对于速度它在某个区域内是变化的，利用每一个井资料或某些速度信息可以准确建立一张速度图，并使它们拟合一致（图12.10）。通过靠近地震数据几口已知井的界面层位，就可以得到这些井的速度值。将这些速度值绘制等值线，就得到一个速度梯度图。在图上读取炮点的速度值，并记在时间拾取点的下面。你现在就可以绘制该层的深度图了。

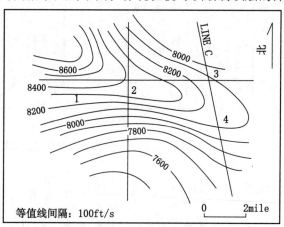

等值线间隔：100ft/s

图12.10　平均速度图

与以上步骤相同，可以得到其他层位的速度梯度图。

等厚图可以由时间拾取和速度梯度图得到的构造等值线图来绘制。其具体做法为：计算深度差值，在平面图上标出来，然后绘制等值线。

12.3　人机交互解释

计算机系统技术的进步是在硬件配置和软件集成方面的迅速发展。目前的硬件系统非常先进、速度快且使用方便。

目前已能制造出体积更小、速度更快的计算机。以前的大型计算机变成了今天的台式个人计算机，也许几个月后称为手提计算机。

软件系统的发展同样迅速，可以用来进行地震分析、储层模拟、储层建模和数据管理等。

桌面系统可以提供强大的可视化成果输出显示功能，可以监测复杂的三维储层特性。这些程序使用方便并指导用户进行更深层次的应用。

随着开发成本的提高，了解更多的储层特征就更加关键了。

计算机图形软件的发展可以帮助地质学家通过使用三维成像软件更好地了解储层特征。解释人员可以灵活地使用软件，让地质学家在屏幕上对大量可能性问题进行试验，来帮助解决构造问题或地层问题。

地震勘探能得到大量的数据，对这些数据进行处理、分类和检索可能非常耗费时间，而且会影响效率和效果。

勘探家和地质家使用更多的系统，可以帮助做好勘探数据管理，并且可以让地质专家从勘探数据库中浏览、选择和查询任何一项内容成为可能。

用户可以在测井曲线、地震测线和底图库中任意选择一点来进行操作。

工作站已经提供了这些软件系统在三维地震数据重建中的应用。

正如第10章所述，水平切片和二维地震剖面结合起来可建立一个三维数据体。计算机已建成了测量、分析、解释和其他储层特性的三维图形，可以帮助解释人员更好地了解更多的储层特征。

除了能对地震数据进行快速分析之外，超级计算机还可以对确定平均速度变化进行层析成像，这些平均速度可用于深度转换和深度偏移。

超级计算机用于层析成像，可以显示某些岩石物理特性的变化，例如孔隙度、渗透率和井间流体连通性等。

系统的价格从几万到几十万美元不等，这取决于系统的目的和用途。

交互解释可以帮助在数据处理和解释上节省大量的周转时间，并且能够使石油公司管理大量的数据。他们可以节省大量的时间和精力，加速钻井、租赁销售或监测二次采油过程。

对于想要更多地了解人机交互系统知识的读者，我们推荐由 PennWell 出版，J.A.Coffeen 编写的 *Seismic on Screen* 一书。

参 考 文 献

[1] Anstey, N. A. *Seismic Interpretation：The Physical Aspects*, Boston：IHDRC, 1977

[2] Anstey, N. A. *Seismic Exploration for Sandstone Reservoirs*, Boston：IHDRC, 1978

[3] Coffeen, J. A. *Interpreting Seismic Data.* Tulsa, OK：PennWell Publishing Company, 1984

[4] Coffeen, J. A. *Seismic On Screen.* Tulsa, OK：PennWell Publishing Company, 1990

[5] Levorsen, A. I. *Geology of Petroleum.* San Francisco：Freeman&Co., 1958

[6] Pettijohn, F. J. *Sedimentary Rocks.* New York：Harper&Row, 1948

[7] Pirson, S. J. *Geologic Well log Analysis.* Houston, Texas：GPC, 1970

[8] Sheriff, R. E. A. *First Course in Geophysical Exploration and Interpretation.* Boston：IHDRC, 1978

[9] Wharton, Jay B., Jr. Isopachous Maps of Sand Reservoirs. *Bulletin of the AAPG* 32, No. 7 (1948)：1331—1339

13　应用实例

本章列出了储层地震学领域中应用新技术的一些成功史例。同时，有一些应用这些技术的单行本。

13.1　AVO 地震响应具有岩性信息吗[1]

我们多次听到："我已试过 AVO 技术了，但在我的工区不适用。"在评价 AVO 之前，让我们先看一下它的处理过程。AVO 分析实际上分两步：第一步是建立地震响应（CDP 道集）与岩石速度、密度和泊松比之间的关系；第二步是将这些岩石性质与岩性（砂岩、泥岩等）联系起来。

对于第一步，R．T．Shuey 在 1985 年推导了一个经典表达式，即岩石性质和 AVO 地震响应的关系表达式。Shuey 的反射系数（RC）近似方程为：

$$RC（\theta）=NI\cos^2（\theta）+2.25\Delta\sigma\sin^2（\theta）$$

式中，NI 为法向入射时的反射系数；$\Delta\sigma$ 为上下介质的泊松比差值。事实上，Shuey 方程和其他类似方程，通常是从 CDP 道集中提取地震岩石特性参数 NI 和 $\Delta\sigma$。

现在解释人员（AVO 处理的第二步）必须从包含 NI 和 $\Delta\sigma$ 的岩石特性参数来预测岩性。为了做到这一步，必须将预测岩性的岩石特性进行分类，然后根据正演模拟试验来预测岩性。

近来发表了很多关于实现 AVO 处理第一步的反演方法，但却没能完成第二步。为了回答 "AVO 地震响应具有岩性信息吗？" 这个问题，在一个小的地层范围内，承担设计利用地震特性参数进行岩性分类的方案，然后用 AVO 模拟来对预测精度进行试验。

---

[1] 本部分内容的作者：Fred Hilterman（地球物理发展公司，休斯敦，得克萨斯）。

13.1.1　研究区

　　图 13.1 说明了一个主要为上新世—更新世沉积中心，它的常规一维合成记录与叠加剖面匹配非常不好。在研究区的主要岩性是具有较低波阻抗差的砂岩／泥岩沉积。为了将岩石特性分类，在全区选择了有代表性的 97 口井。

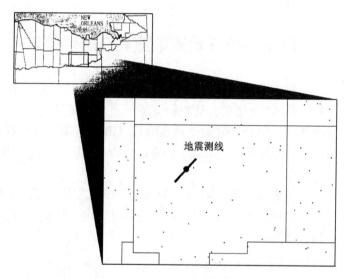

图 13.1　在 Louisiana 近海研究区，通过井位的地震测线和 97 口井的分布图

　　另外，在图 13.1 所示的地震测线上做了 AVO 分析，如图 13.2 和图 13.3 所示。该测线的选择不是随意的，而是基于下列准则：

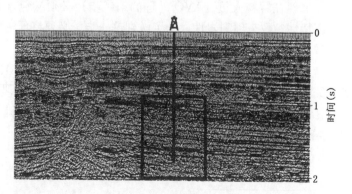

图 13.2　叠前偏移地震测线

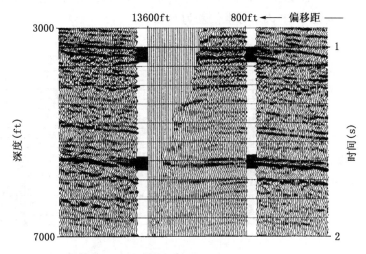

图 13.3　在井位置处插入的 CDP 道集

（1）没有复杂的地质或近地表问题；

（2）CDP 道集上有 AVO 异常；

（3）离测线不到 200ft 的一口井，它包括了含气砂岩、纯含水砂岩和泥质砂岩特征的全套测井曲线（从 200ft 到井底）。

对应于图 13.2 中的矩形阴影区，其反射振幅保持（RAP）剖面如图 13.3 所示，它是过井的 CDP 道集。切割区域代表了入射角大于 60°，相当于覆盖了常规叠加观测两倍的角度范围。在图 13.3 上有两处 AVO 异常：一处为 1.05s（3000ft），另一处为 1.600s（5500ft）。AVO 异常之一为含气砂岩，而另一个为纯含水砂岩。利用 AVO 分析，如何来确定流体类型和相应的厚度呢？

如果我们用模拟或反演作为 AVO 分析的第一步，那么还需要把弹性岩石特性与期望的岩性联系起来。切记：采用传统的方法将岩性与"平均"岩石特性联系起来，并为第二步提供必要的信息。

13.1.2　岩石特性

划分岩石特性的第一步，是从 97 口井中以深度 500ft 为间距来构建 3 个系列（A、B、C）的速度直方图。图 13.4 显示了在 0 ~ 800ft 范围内将每个系列细分成 16 个直方图。岩性的约束条件列于图 13.5。A 系列是范围较广。一般来说，所有的砂岩／泥岩的岩性没有冲洗或含有油气。如图 13.5 所示，在 5000 ~ 5500ft 的深度范围内 A 系列的平均速度为 7528ft/s，标准偏差为 618ft/s。

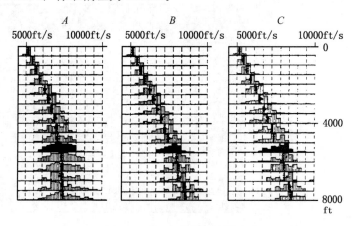

图 13.4   97 口井的速度标定

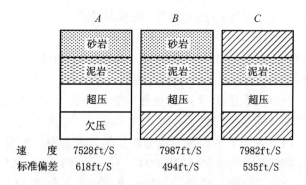

速　　度	7528ft/S	7987ft/S	7982ft/S
标准偏差	618ft/S	494ft/S	535ft/S

图 13.5   从图 13.4 中 5000 ~ 5500ft 柱状图分析

依据典型的统计分析，将岩性进一步细分，标谁偏差就会降低，然后改进分类标准。现在看 B 系列，它的岩性忽略了异常孔隙压力（地压）的影响。如图 13.5 所示，正如所希望的那样，标准偏差减小了，平均速度增加了。然而，当只有超压泥岩（C 系列）时，平均速度几乎没有变化，但标准偏差却增大了。这可以解释为超压下的砂岩和泥岩具有相同的平均速度。另外对速度和密度也作了直方图，在图 13.6 和图 13.7 中显示了平均趋势的对比。注意，在这些结果中，砂岩的平均速度总是大于泥岩的平均速度，而泥岩的密度总是大于砂岩的密度。（阴影区将砂岩和泥岩的趋势分开）。这些平均趋势表示从砂岩和泥岩的速度中不能用一个简单的表达式估算出密度，作为常用的表达式为： $\rho = 0.23 v^{0.25}$ 。

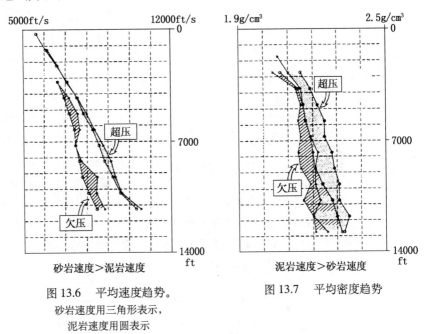

图 13.6 平均速度趋势。
砂岩速度用三角形表示，
泥岩速度用圆表示

图 13.7 平均密度趋势

按照传统的分类方法，速度和密度的趋势曲线拟合为 6 种不同的解析表达式。因为不同岩性之间的岩石物性的变化可以很容易得到，所以这些表达式总是理想的。对于所有表达式，试验表明，速度与深度的线性函数是最好的拟合，而密度与深度的为指数函数关系（图 13.8）。

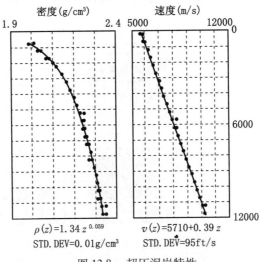

$\rho(z) = 1.34 z^{0.059}$ $v(z) = 5710 + 0.39 z$
STD. DEV=0.01g/cm³ STD. DEV=95ft/s

图 13.8 超压泥岩特性

泥岩:

$$v_P(z) = 5710 + 0.39\,z$$
$$\rho(z) = 1.34\,z^{0.059}$$
$$v_S(z) = 1077 + 0.34\,z \quad (\text{MUD LINE})$$

砂岩:

$$v_P(z) = 5617 + 0.44\,z$$
$$\rho(z) = 1.61\,z^{0.034}$$
$$v_S(z) = \text{GASSMAN}(v_P, \rho, \phi, \text{etc.})$$

图 13.9　超压岩石特性的解析表达式

利用这口井已建立了岩石特性的解析表达式之后，下一步就是对图 13.3 中描述的 AVO 异常之一建立一个模型（图 13.9 和图 13.10）。泥岩的纵波速度和密度的表达式如图 13.8 中一样。在 1985 年，J. P. Castagna 等人描述了"泥岩基线"方程，可以用来近似估算泥岩的横波速度。砂岩纵波速度和密度可由趋势拟合得到，而砂岩的横波速度由 Gassman 方程估算。用这些方程，对 3000ft 深的 AVO 异常的岩石特性进行了预测。改变含水砂岩和含气砂岩的厚度，直到得到一个最佳的拟合（图 13.11）。基于这个主观假定，含气砂岩模型比含水砂岩模型能更好的拟合。

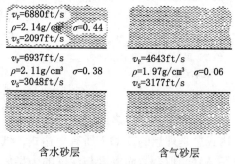

含水砂层　　　　　含气砂层

图 13.10　3000ft 深的 AVO 岩石特性模型

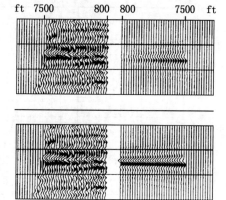

图 13.11　基于图 13.10 中岩石特性做 AVO 合成记录
上右为 40ft 的含水砂层，下右为 6ft 的含气砂层

在该点上得出的结论，在测井曲线上 3000ft 处已经找到了含气砂岩。但令我们遗憾的是，3000ft 处的 AVO 异常是一个纯含水砂岩。现在的问题就是，"用传统方法对岩石特性的推测错在什么地方呢？"

13.1.3 单井直方图

在传统方法中，不是利用多井一起评价，而是选择用单井方法进行直方图分析。这些直方图显示了在一口井中的岩石特性趋势和变化情况。在地震测线附近选择另一口井来说明这个原理。在图 13.12 右边的直方图是以 100ft 深度间隔内用 1ft 采样所绘制的频率值。在图 13.12 左边，只有在涂黑的深度采样点被划为泥岩，并将它们包括在波阻抗的直方图中。从显示的高和低阻抗趋势中，在这口井中意味着至少有两种（如果没有第 3 种）不同的泥岩存在。哪种泥岩类型将是我们以前所用的模拟结果—第 1 种、第 2 种或第 3 种类型？在这口井中，泥岩就不存在一个单一的"平均"岩石特性。

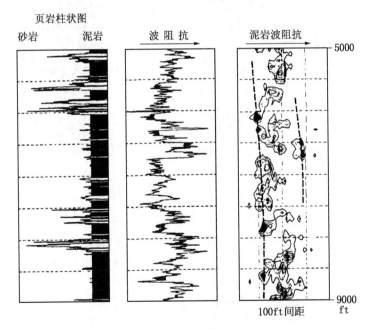

图 13.12 基于单井中波阻抗曲线圈定的直方图

事实上，在图 13.13 中显示的结果更令人吃惊。它是研究区北部的某一井得到的直方图，与所有 97 口井的直方图（图 13.4 的趋势 A）相比较，该井的泥岩速度变化几乎与所有井的速度变化一样大，不对应岩性。这正好指出了划分岩石特性的不足。然而，共同的原因可能是在局部区域泥岩的波阻抗变化较大，如在大断块内。对比研究区南部3口井与北部3口井的相似性（图13.14和图13.15）。在图13.14（南部井的直方图）中，在较高地层压力的上部存在泥岩类型（大约8000ft）。这是第二个高压带，明显不同于大约在2500ft的浅层地压力带。深层顶部的高阻抗的压力带通常出现在研究区南部。

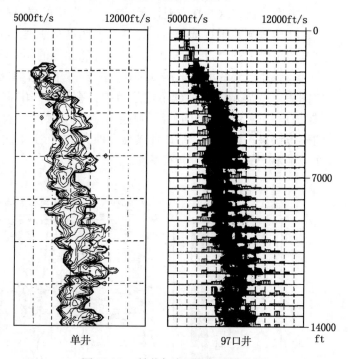

图 13.13　单井与全区井的速度分析

在图13.15（北部井的直方图）中的泥岩阻抗在200ft范围内变化高达25%。因此，需要进行沉积环境的准确描述，因为不选择合适的泥岩类型进行模拟AVO异常，就会导致岩性和厚度的确定是无用的。

13.1.4　岩石物理分析

在了解不同泥岩类型的波阻抗变化很大的规律之后，就可以进行详细的定量分析。在97口井中有47口井有足够的中子—密度测井曲线用于定量分析。图13.16和图13.17给出了岩性物理分析流程图和典

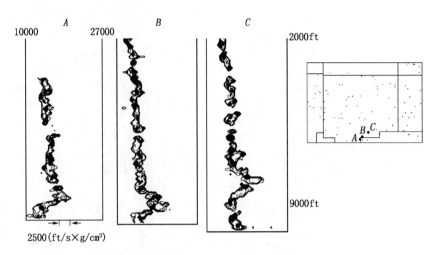

图 13.14　研究区南部泥岩波阻抗曲线

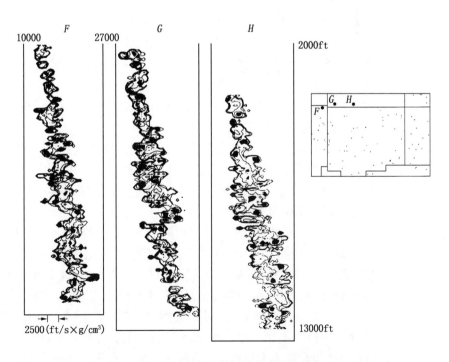

图 13.15　研究区北部泥岩波阻抗曲线

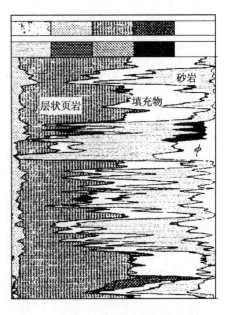

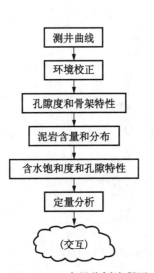

图 13.16   定量分析流程图   图 13.17   典型的定量分析

型的定量分析图。在得到最终结果之前，定量分析需要 5 个质量控制步骤。主要的问题是建立求解岩性特征的基线，以划分各类岩石类型。事实上，根据 47 口井的聚类分析得出了研究区内 5 种泥岩类型，如果建立相应岩性的泥岩模型，就必须分别对待。简而言之，平均特性必定与岩石类型相联系，广义的分类，例如砂岩、泥岩、石灰岩和白云岩对 AVO 分析是不适当的。

　　对 5 种泥岩类型与依据定量分析得到结果进行了回归分析，没有出现太多对解释人员实际有用的结果。相对而言，在分析 AVO 响应时，如果解释过程中"去掉"在主要断块或地质体上最近的井，就可以减少在分选岩石类型时的误差。

　　下一个说明的是砂岩岩性的预测失误，正如 D．Han 等人在 1986 年与 Castagna 所研究的，砂岩的纵波和横波速度不仅与孔隙度有关，而且与含泥质含量有关。因此，定量分析（图 13.17）就是在总的泥质含量中将泥质含量与淤泥含量分开。也能够建立基线估算砂岩和泥岩中的石灰质含量。

　　为了把这些定量岩石特性与过井的 CDP 道集联系起来，就需要估算横波速度。不幸的是，用于泥岩的"泥岩基线"方程和用于砂岩的 Gassman 方程都不太理想。没有确定的泥岩含量曲线将泥岩与砂岩分开。取而代之，在得到基于泥质含量的干燥岩石的泊松比时（图 13.18），一种经验方法就是把 Gassman 方程可用于砂岩和泥页岩的估算。

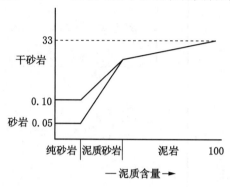

图 13.18　用 Gassman 方程得出的经验的干砂岩泊松比

　　这个经验关系就是紧密结合井数据，建立泊松比与输入纵波速度的交汇图，如图 13.19 和图 13.20 所示。根据泊松比可将纯砂岩从泥岩中区分开，而含泥质砂岩却不能。当然，这些结果要遵循干燥岩石的泊松比（图 13.18）。注意：当纵波速度接近 5000ft／s 时，砂岩和泥岩的泊松比就像所期望的一样会聚合在了一起。

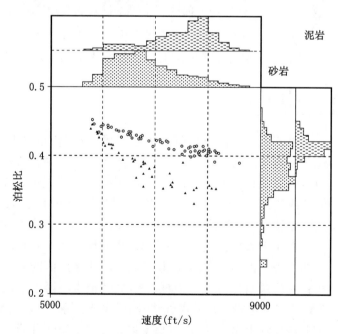

图 13.19　纯砂岩和泥岩纵波速度与泊松比的关系

砂岩用三角型标示，泥岩用圆型标示

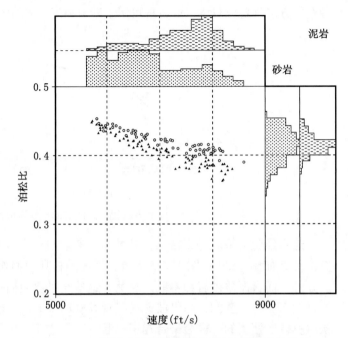

图 13.20　泥质砂岩和泥岩纵波速度与泊松比的关系

在图 13.6 中，速度趋势为不同泥岩类型的平均值，与这口井的趋势相反。图 13.19 中的上部的直方图说明砂岩的速度比泥岩的速度低 1200ft/s。

13.1.5　地震比较

用如上所述的横波提取方法，可用 GDC 的 SOLID 程序合成全弹性波场的 AVO 合成记录。AVO 合成记录和过井的 CDP 道集如图 13.21 所示，两者的匹配没有加任何人为因素。也就是说，没有对声波、密度测井或测井时差进行编辑，就能与地震波场较好地匹配。如果为了更好地匹配而任意调整测井曲线，那么结果解释的可靠性就值得怀疑了。

在图 13.21 中，通过合成 CDP 道集上的 AVO 特征与指定相应岩石的相关，说明了 CDP 道集与定量分析是匹配的。而当地震剖面与一维合成记录对比时有点模糊，AVO 特征也不匹配。最大的区别在剖面 1.6s 处（红色阴影）的含气砂岩十分明显，强于人工合成记录。声波测井曲线显示出仅有 5ft 厚的储层区，而电阻率测井曲线显示有 10ft 厚的储层区。这个区域中，声波测井曲线肯定是有问题的，但在本例中没有对它进行任何编辑。

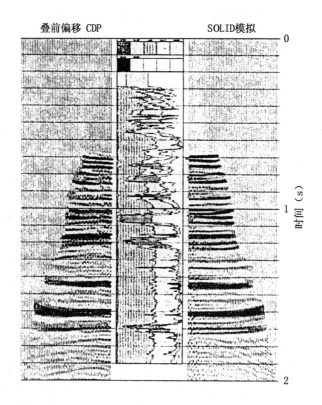

图 13.21　位于井旁叠前偏移 CDP 道集与从测井岩石特性
曲线计算的完全弹性的 AVO 合成记录的对比

　　通过 AVO 合成记录，将过井的 CDP 道集与定量分析联系起来，
这是没有问题的，然后可以与地震测线联系起来，如图 13.22 所示。这
里有几个地方值得注意：首先，在 0.71s、1.0s、1.16s 和 1.45s 处的连续
反射层就像人们期望的一样，它与主要的砂体没有联系。浅层 AVO 响
应（1.02s）是一个在横向上有一定的延伸度的纯砂体。在 1.7s 附近较
厚的泥质砂岩体的反射比较杂乱，没有形成一个明显的连续反射层。事
实上，在砂岩层中含有一定量的泥岩成分，它的叠加响应就比较弱。

13.1.6　AVO 测井模拟

　　将测井 AVO 合成记录与地震测线匹配之后，下一步就是用 AVO 模拟
来修改近期的勘探解释成果。这样就会产生一个问题，如果有几个模型需
要测试是否为全弹性 AVO 的解，这需要进行大量的计算来准确地确定岩

性。只有大型超级计算机可能在有限的时间内得到结果，这就需要寻找其他途经。幸运的是，在某些地区（特别是在速度梯度小的区域），射线追踪模拟与全弹性模拟（图 13.23）相匹配，因此可以较好地替代 AVO 模拟。

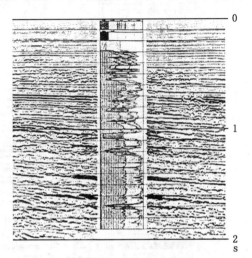

图 13.22　叠前偏移地震剖面与测井定量分析

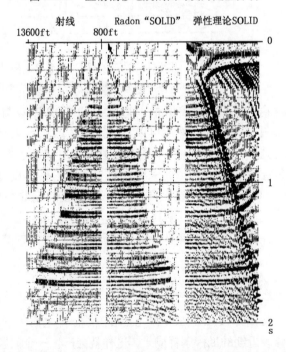

图 13.23　完全弹性波动解与射线追踪解的对比

　　如果在某一地区射线追踪是适合的模拟方法，则 Shuey 近似法可以计算与泊松比有关的 AVO 响应的部分（图 13.24）。在这个模型中，1.2s 处的砂体含气，证实了泊松比变化导致了 AVO 响应。对于泥质含气砂岩，泊松比对 AVO 的贡献几乎就像上面提到的纯含水砂岩一样。因此，要想获得良好的 AVO 匹配就需要知道泥质含量。为了进一步验证这口井的 AVO 响应，泊松比的直方图表明该井的 AVO 响应主要与砂体有关。

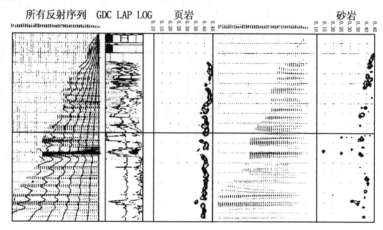

图 13.24　岩石特征

在左侧的图版覆盖了入射角增量为 10°的曲线

　　有必要了解本区泥岩类型以及砂岩中的泥质含量，建立初始 AVO 响应模拟的基本原则（表 13.1）。由该井在现场原位与块状模型借助这个基本原则得到的合成记录如图 13.25 所示。特别指出的是在"气层现场"模型含气砂岩的顶部没有出现垂直反射亮点，这是因为砂体上部的泥岩梯度造成的。所含泥岩也随着偏移距增加而反射层消失。对比"纯

表 13.1　AVO 模拟的基本原则

结合已存在井作为控制；	
岩石物理分析（1ft 采样）	
AVO 模型	
现场	!
用气层替换现场	! ———————— 变化厚度
纯含水砂岩	!
用气层替换纯砂岩	!
其他岩性	

含水砂岩"模型块状砂体界面上的强振幅 AVO 响应与偏移距的连续性，很明显，因尖锐边界导致粗糙块状在合成记录比实际观测资料产生更强和更明显的 AVO 效应。

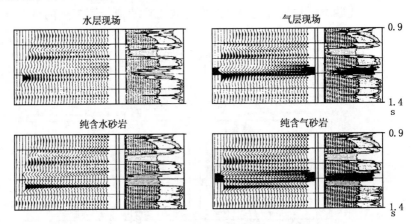

图 13.25　现场测量的泥质砂岩与纯砂岩的模拟记录

13.1.7　结论

在标定了该研究区的岩石类型之后，得出以下几点结论：

（1）本区泥岩没有统一的速度／密度变好趋势，我们将其分为 5 个不同的泥岩类型。

（2）砂体的 AVO 响应不仅与泥岩含量有关，而且与砂体中的泥岩分布有关。

（3）为使地震数据与测井岩性联系起来，AVO 合成记录可以取代一维合成记录。

（4）为了减少风险和解释探区大量的模型，必须将主要断块或同一地质体中的已知井紧密联系起来。

总之，AVO 分析可分为两步：（1）从 CDP 道集上提取岩石特性参数；（2）将岩性与提取的岩石特性参数联系起来。在本区，第二步是一个薄弱环节，岩石特性与期望的岩性之间的关系过于简单，精确的模型只有在现场岩性详细弄清以后才能得到正确的模型。

建议进一步的读物

Shuey 方程能在 A simplification of the Zoeppritz equations（*Geophysics*

1985）中找到。"泥质基线"方程在 Relationships between compressional–wave and shear–wave velocities in clastic silicate rocks J.P.Castagna, M.L.Batzle and R.L.Eastwood（*Geophysics* 1985）中推导出。依据地震速度在泥质含量的试验在 Effects of porosity and clay content on wave velocities in sandstones D.Han, A.Nur and D.Morgan（*Geophysics* 1986）中找到。

致谢

上述研究成果是全体研究人员共同努力的结果，许多同事都作出了巨大贡献。Scott Burns 使得地震处理模拟和整个处理分析协调一致，John Puffer 提出了石油物理理论，Mark Wilson 进行了测井分析，Luh Liang 对计划进行了指导，Folke Engelmark 对岩石属性进行了分类，PegGuthrie 进行了石油物理 AVO 模拟，Richard Verm 将处理分析及石油物理和地震模拟解释为一个统一系统。最后，对 Jebco 近期井间测量提供的非常好的地震资料表示感谢。RAP 是西方地球物理的商标，SOLID 是地球物理开发有限公司的商标。

作者简介

Fred Hilterman 获得地球物理工程学位，并获得美国科罗拉多矿产学院的地球物理博士学位。他一直在 Mobil 石油公司工作，并任休斯敦大学地质教授，他也是该大学地震声波实验室的主要研究人员。自1981 年以来，Hilterman 一直是地球物理发展有限公司的副主席。在1970 年，他荣获 SEG 最佳论文奖，1971 年荣获 CSM Diest 金奖，在1982—1983 年，任 SEG 副主席，1984 年荣获协会 Kauffman 金奖，1986 年成为 SEG 的杰出讲师。

13.2 联合应用三维地震和计算机辅助勘探加速了阿拉巴马州 N.Frisco 市的油田开发[❶]

通过应用最新三维地震和计算机辅助勘探和开发（CAEX）技术，发现和开发油田的方法正在某种程度上发生着改变。

---

❶ 本部分内容作者：Mark Stephenson, John Cox, Pamela Jones-Fuentes（Paramount 石油公司，休斯敦，得克萨斯）。

在许多情况下，三维地震和计算机辅助勘探和开发的联合运用已改变了油田的经济效益。

Nuevo 能源公司在北 Frisco 市的开发为我们提供了一个很好的例子，该区位于阿拉巴马州西南的侏罗系 Haynesville 构造的上倾方向。在北 Frisco 市，通过三维地震技术得到了准确、详细的地下图像。最终钻井成功率比相邻的没有进行三维地震勘探的油田高出一倍。

而且，该区需要的所有地震信息在开发初期都已经得到，不需要重新申请施工许可、开展更多测线的采集和处理工作。

这大大加快了油田的开发周期和流动资金，从而提高资本的回报和投资回报，这对 Paramount 石油公司及其油田合作伙伴 Nuevo 的 Howell 石油公司、Rimco 的 GEDD 公司、Shore 石油公司和油田生产者 Torch 施工公司是极其有利的。

根据管理协议，Torch 公司为 Nuevo 公司和 Paramount 公司提供技术和资金支持。

结果，Paramount 公司原为一独立公司，自 1992 年 2 月被 Nuevo 公司兼并，已经购买了第二代 CAEX 工作站，并用三维地震技术开发其他油田和勘探另一远景区。在下面的应用实例中，将讨论北 Frisco 市油田应用三维地震技术获得的各种优势。

13.2.1 复杂地质条件

1987 年，Paramount 公司的始创人在阿拉巴马州的 Monroe 地区开展了 Haynesville 的行动，偶然发现了北 Frisco 市油田（图 13.26 和图 13.27）。

在这里钻探了第一口井，确定该地区的主要沉积地层——侏罗系 Smackover 地层。出人意料的是，在上覆的下 Haynesville 地层中发现了非常厚的 Frisco 市砂岩层段。

根据北 Frisco 市油田开发过程中得到的井资料，对该地区的岩性和地下构造提出了"独行其是"的假设。

根据北 Frisco 市和其他地区的地震研究和井资料分析提出新的地质模型，侏罗系 Norphlet、Smackover 和 Buckner 地层在古生代基底构造的边缘尖灭，火成基岩和变质基岩构成了背斜构造的核心。

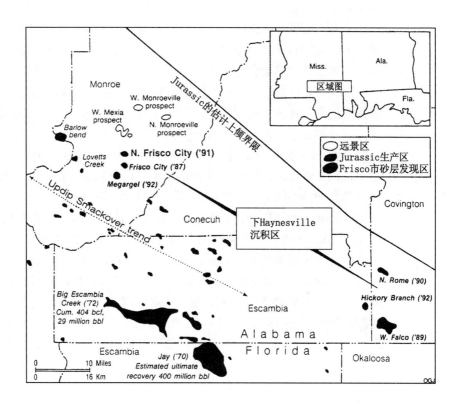

图 13.26 下 Haynesville 走向区域图

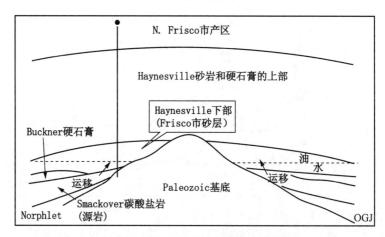

图 13.27 Monroe 地区的油气成藏模型

对于海湾沿岸的大部分地区，Buckner 硬石膏在垂向上封盖了 Smackover 地层。但在本区，基岩上升超过了 Buckner 沉积上界，在 Smackover 地层中形成的油气可以通过 Buckner 硬石膏封盖尖灭处运移进入 Frisco 市砂岩，上覆的上 Haynesville 泥岩在垂向上封盖 Frisco 市砂岩，为油气聚集提供了基础。

Frisco 市砂岩为一冲积扇体系的辫状河沉积。在基底隆起顶部砂层很薄或缺失，在两翼砂层较厚（图 13.27）。结果导致了砂岩偏离构造高点，从而形成了非常复杂的沉积模式。

在北 Frisco 市油田开发之后，Paramount 公司成为 Haynesville 行动中最活跃的勘探开发者。Paramount 公司先后在 1989 年、1990 年和 1991 年发现了西 Falco、北 Rome 和北 Frisco 市油田。

西 Falco 和北 Rome 油田的发现加大了远景区域，目标转向东南方向距离 50mile 的另一个类似的三角洲体系。而明星油田北 Frisco 市油田的发现距离原来的北 Frisco 市油田位置相距仅 2mile。

Paramount 公司找到北 Frisco 市油田远景区，是由于对该区地质情况的深刻了解和精湛的工艺，通过 1984 年的一口钻井进行的二维地震勘探发现的（图 13.28）。虽然在 1984 年钻探井的 Frisco 市砂岩中发现了油气显示，但由于在该区从该层位没有找到其他的产能，因此一直没有尝试完井。

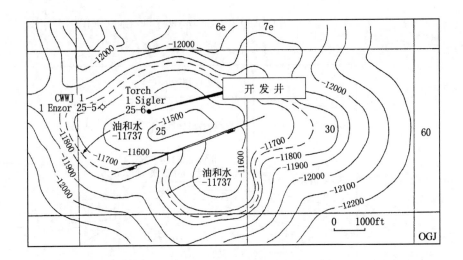

图 13.28 根据二维地震手工绘制的构造图

13.2.2 三维地震采集

1991 年 3 月，Torch 完成了北 Frisco 市油田的第一口发现井——Paramount Sigler25-6。井中发现了 92ft 厚的含油层，使用 14/64in 油嘴每日产油 832bbl，每日产天然气 $1.03 \times 10^6 ft^3$，流管压力为 2410psi。产油条件不错，但对于本地区并不是最好的。

项目合作伙伴考虑在整个北 Frisco 市油田开展小规模三维勘探。影响最终决定的因素包括 Haynesville 地层的复杂性、Frisco 市砂岩沉积的不规则性和不可预测性、邻近北 Frisco 市油田开发中遇到的干井情况。

在北 Frisco 市油田开发过程中，已经完成了一口生产井和 3 口干井。干井的总耗资高达 150 万美元，对小油田的效益产生了明显的影响。

几年来，陆上三维地震的成本在不断降低。在北 Frisco 市油田准备开展约 $3mile^2$ 的三维地震勘探，现在获得许可、采集和处理的费用不到 20 万美元，不到该区通常 45 ~ 47.5 万美元的干井费用的一半。

大量资料表明三维地震勘探比二维地震效益好。3 条二维地震测线采集需要 12 万美元，而所获得的信息量仅为三维地震的一小部分。三维采集和 CAEX 工作站的使用，使地震数据成为一个整体，而不是几条孤立的测线。

这允许提取勘探区域内的任意一条测线快速检验解释人员的观点，而几乎不需要增加额外的花费。通过比较，在开发其他 Haynesville 和 Smackover 油田时，项目合作人员发现，要想实现同样的目的，必须增加额外的二维测线的数量。最终北 Frisco 市油田增加测线数量使二维地震的总成本超过 20 万美元，同时油田开发周期延长几个月的时间。

三维地震勘探的许可申请开始于 1991 年 6 月，由于该地区相对密集的文化地理环境，这个过程持续了 4 个月。10 月份开始采集，11 月进行资料处理，1991 年 12 月初资料提交给项目合作者。

13.2.3 CAEX 技术选择

同时，Paramount 和 Torch 必须对 CAEX 工作站技术作出最后的选择。12 月份，两家公司通过两周的紧张工作，对 50% 的三维地震资料进行了人工解释（图 13.29）。

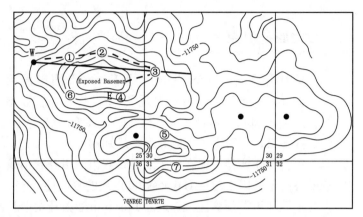

图 13.29　三维资料通过 CAEX 工作站处理得到的北 Frisco 市油田的构造图

根据人工解释结果，确定了北 Frisco 市油田第一口开发井的位置。McCall25−7 1 号钻机在二月中旬开始钻井工作，三月初完井，发现了 150ft 厚的产油层。使用 24/64in 油嘴每日产油 2064bbl，每日产天然气 $2.2 \times 10^6 ft^3$，流管压力为 2087psi。

油田合作者根据人工解释结果又选择了第二口开发井的位置。但现在 Paramount 和 Torch 已经接近他们 CAEX 技术评价过程的尾声。

三月中旬，油田合作者为北 Frisco 市三维地震勘探提供了一个 CAEX 技术供应商。为了演示，供应商对三维地震资料进行了解释，并证实了所选井位的正确性。

演示结果让 Paramount 和 Torch 同时决定购买一台先进的二维 / 三维工作站系统。决定因素，包括系统能力为：（1）加速了解释过程；（2）允许利用任意测线、考虑测井资料和其他各种地质信息使解释结果更完整。

同时，Paramount 和 Torch 相信三维地震技术是 E&P 公司生产能力的关键因素，三维地震技术将在 20 世纪 90 年代得到完善。

因此，他们将购买 CAEX 工作站看作一个重要的战略行动，对于他们目前的项目而言，这也是一个重要的战术优势。

按照 CAEX 解释确定的井位进行钻井，6 月份完井。Lancaster30−5 井使用 34/64in 油嘴每日产油 31.1bbl，每日产天然气 $3.4 \times 10^6 ft^3$，流管压力为 1855psi。

13.2.4　CAEX 的应用

1992 年 6 月，Paramount 和 Torch 采用了 CAEX 工作站系统。生产

证明使用 CAEX 可以直接成倍的增加生产效率，在 2 天内完成全部北 Frisco 市油田 50% 三维地震数据体的解释，而采用人工解释上述资料的一半就需要 1 ~ 2 周时间。

而且应用工作站提高了解释精度，明显增强了管理者确定井位的信心（图 13.30）。

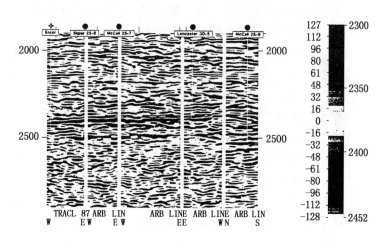

图 13.30   在 CAEX 工作站上得到的任意测线剖面

举一个例子，现在解释小组能够建立任意通过生产井和建议井位的测线（图 13.30）。通过合成地震记录和现有的二维模型进行比较，仅需几分钟就可以将地震资料与井资料联系起来。也可以快速地将声波测井曲线制作合成记录，很容易地在该井中进行与实际反射响应进行比较。

McCall25-9 1 号井是第一口完全通过 CAEX 系统解释确定的生产井，该井的生产情况是已经完成生产井中产量最高的。1992 年 7 月完井时，油层厚度为 211ft，接近阿拉巴马州的最高生产记录。该井使用 34/64in 油嘴每日产油 3559bbl，每日产天然气 $3.4 \times 10^6 ft^3$，流管压力为 1695psi。

根据三维地震资料和 CAEX，项目合作择在北 Frisco 市油田又完成了另外两口钻井。一口是 McCall30-13 1 号井，8 月份完井，使用 34/64in 油嘴每日产油 3060bbl，每日产天然气 $3.9 \times 10^6 ft^3$，流管压力为 1555psi。另一口井 Sigler25-11 1 号井 10 月初完井，使用 24/64in 油嘴每日产油 3007bbl，每日产天然气 $3.3 \times 10^6 ft^3$，流管压力为 1740psi。

CAEX 工作站为北 Frisco 市油田的开发提供了两个方面的重要价值，明显地提高了油田的经济效益。

（1）通过更高质量的解释成果提高钻井成功率和生产决策。

CAEX 工作站利用所有可以得到的三维地震资料，同时最佳地考虑用井控制等其他资料。三维资料与 CAEX 相结合得到高分辨率成像结果，从而提高了地下信息的精度和细节。Paramount-Torch 解释小组利用工作站可以建立任意测线，快速自动拾取水平层，修改成图，从而使工作组快速检验解释结果、精确模型和提高对远景区的认识程度。

对生产和油田经济效益的影响：

合作者已经获得了 100% 的开发钻井成功率，而邻区没有应用三维地震的油田钻井成功率只有 40%。高分辨率成像剖面使合作者通过得到更多的油层使油田实现最大程度的开采率：非常有把握地钻在构造的高点从而避免干井，同时又避开没有砂体的构造顶点。

（2）加快油田的发展。

在北 Frisco 市油田的三维采集有效避免了更多地震资料采集的需要。合作者估计"数据采集到油田生产"的周期已经缩短了几个月，与二维地震资料的发展过程相比，生产速度明显提高。而且 CAEX 工作站明显加快了解释工作组的假设检验和模拟过程，从而加快了油田的开发。

对生产和油田经济效益的影响：

Paramount 和 Torch 公司相信，如果依靠二维而不是三维资料，北 Frisco 市油田的钻井数量至少比目前少 2 口。这可以换算为生产损失，即至少 $4 \times 10^4 \text{bbl}$/月的石油和 $40 \times 10^6 \text{ft}^3$/月的天然气。因此，与二维地震相比，利用三维地震加快了项目合作者的现金流动，增加了投资回报和资本回报。两位项目合作者 Nuevo 和 Howell 公司是两家上市公司，这些因素会对股价的提高具有积极作用，也增加了投资者的信心。

13.2.5 结论

项目中的地质条件非常复杂，独立生产的 E&P 公司首次使用了三维地震资料和 CAEX。

与邻区没有采用三维地震技术的油田相比，三维地震资料和 CAEX 相结合明显提高了项目的开发和生产经济效益。

因此，Paramount 公司迅速购买了第二台 CAEX 工作站，并在两个以上更具远景的地区进行三维勘探，利用三维技术作为富有竞争力的优势，并计划在 20 世纪 90 年代的扩展三维技术的应用。

致谢

作者感谢下面所有人对北 Frisco 市油田成功开发的作出巨大贡献：
Sam Wilson，Torch 施工公司；Bryan Richards 和 Dave Burkett，Howell
石油公司；Guy Joyce，Rimco 公司；Jim Harmon，GEDD 公司；John
Bush，Paramount 石油公司；Bob Gaston，地球物理学家顾问。

作者简介

Mark A.Stephenson 是 1990 年以来 Paramount 石油公司的一位资深
地质学家，从事成藏前景研究。进入 Paramount 之前，他是 Austin 油气
公司的副主席。从 1981—1989 年的 10 年间，他作为地质学家在联合太
平洋资源公司和海湾油气公司任职。他毕业于北卡罗来纳大学地质专
业，获得理学学士学位。

John G. Cox 是 1988 年以来 Paramount 石油公司的一位资深地质学
家。进入 Paramount 之前，他作为地质学家在海湾油气公司和 Champlin
石油公司工作了 10 年。作为资深地质学家，Cox 获得密西西比州杰克
逊地区 Milsaps 大学的理学学士学位，后来获得密西西比大学的地质专
业硕士学位。

Pamela Jones Fuentes 是 1990 年以来 Paramount 石油公司的一位资
深地球物理学家，利用专门的软件包从事叠后地震资料分析。她作为地
球物理学家在 Vulcan 勘探公司，任 Allen 地球物理顾问，在 GECO 和
Texaco 公司工作了 13 年。获得休斯敦大学的数学专业学士学位。

13.3 高效益的三维地震勘探设计 [1]

由于采集成本再次攀升，设计有经济效益的地震勘探就成了一个重
要的问题。采集数据量越大，其成本也就越高，所以三维勘探对这方面
的要求最高。以低成本满足勘探计划的要求通过合理地选取三维采集参
数就可实现。

大多数三维设计的基本问题是如何确定采集参数的理论和数学公式
上。因此，他们并没有列举实例来说明如何选取影响采集质量的参数。
通过几个三维采集设计的研究，我提出了几条基本准则以减少设计中的
问题。通过这篇文章，我力图减少工作中遇到的臆测。希望结果能是有

---

[1] 本部分内容的作者：Ricard D.Rosencrans（Marathon 石油公司，Cody，怀俄明）。

经济效益的三维勘探。也就是说，勘探将能满足工程目标，没有超标也不会欠佳，同时成本也没有超标。

为了说明这些准则，我首先列举一些典型的工程目标及对目标有影响的野外参数。接着利用两个实例，说明两个野外参数（面元大小和偏移孔径）的改变对数据质量和最终解释成果的影响。一些工程目标可能会用不合理的野外参数，然而，其他目标会受到边界采集方法的影响。最后，总结出了确定勘探范围（偏移孔径）和面元大小的详细流程。

勘探设计需要评估的影响因素有：构造或地层方位角、勘探范围、面元大小、面元形状、内插、接收线和震源线的排列方向、组合、排列滚动方向、覆盖次数和测线间距、记录设备（主控系统或分布系统）、三维面积大小（也就是接收道数）。遗憾的是，本文不可能详细讨论所有的影响因素。

两个三维勘探实例都来源于落基山地区，用它们来说明本文讨论的参数。Laredo（一个勘探测量区）的目标是通过对地层目标合适的采样以保证正确成像。以前的三维勘探未能使背斜型生物礁群正确成像。这个勘探设计用来确定礁体未能成像的原因是因为不合理的采集参数。

为了对目标礁体较好成像，因此对 Ladero 数据体用两种方法进行了重新处理，其一模拟较大面元野外采集，其二模拟较小勘探范围的野外采集。在原始的 5mile² 的勘探数据中，对于陡倾角礁体侧翼的偏移孔径达到 5000ft，地下面元为 80ft×160ft，内插后变为 80ft×80ft 的面元。对这些数据首先重新处理来模拟 160ft×320ft 的面元。在另外两个方案中，将总的采集面积分别降到 1mile² 和 2mile²，对应的最大偏移孔径分别为 1000ft 和 2000ft。这项工作的目的是确定勘探目标正确成像所需的最经济有效的野外采集参数。

第二个实例来源于一个生产中的三维采集，该采集覆盖了落基山地区的一个产油背斜。其野外采集参数满足理论设计的准则。然而，当进行数据体的解释时，发现野外采集参数不适用于所期望的储层特性。从这个数据体中选取的实例用来说明正确选取野外参数的必要性。

这个勘探采集参数：地下面元大小为 100ft×200ft，陡礁体侧翼的偏移孔径为 3500ft。勘探目标包括查明 15°～20° 倾斜翼部断距非常小的小断层、确定主要边界逆断层的位置、绘制一个储层顶部 10～20 acre 的石灰岩溶洞地层的构造图。

13.3.1　勘探与开发

勿庸置疑，简明的采集目标对项目的成功运作很重要。第一步要与地质学家和工程师沟通交流，因为他们是最终利用的地球物理解释客户。你必须从这些人中搞清楚存在什么问题以及三维采集应如何解决这些问题。表 13.2 列出了一些常规采集目标要求，从这张表中可以看出，勘探阶段采集与开发阶段采集之间明显存在一个基本的规模差异。这将显著地影响勘探设计和最终的项目费用。

表 13.2　三维勘探目标

勘 探 阶 段	开 发 阶 段
目标体的形态	储层特征
大小	断块体的形态
深度	断块体的大小
倾角及方位角	大断层和小断层
地层厚度	提高采收率过程的设计
断层	产量异常
井位	地层信息
	岩石／流体信息

考虑表 13.2 中的勘探阶段采集目标要求，这些目标要求一般用简单的二维数据（例如，道间距为 100 ~ 200ft）就能满足，可以每 5 炮或 10 炮进行解释。一般来讲最终的目标成图很主观，并可用地质模型来完成解释。三维勘探阶段采集方案可提高采样率并降低对地质模型的依赖程度，但是这适合简单的目标成像。而工程师和开发地质学家要求地震能够分辨 50ft 的断层以及孔隙度和流体的细微变化。虽然这些要求比较困难，但是如果野外采集过程中油藏能够正确成像，那么其中一些目标还是能够实现的。

三维采集目标必须直接与采集参数相关联。表 13.2 中勘探阶段头三个采集目标受采集规模影响；最后四个受面元尺寸影响。采集设计必须保证有足够的采样和适合偏移孔径的偏移距范围，这样才能缩小菲涅耳带。相反，开发阶段的成像受偏移不完全和采样不充分等因素影响。

13.3.2　采集规模

在设计三维采集方案时，第一个要考虑的因素就是规模。构造倾角、绕射倾角、覆盖次数、偏移孔径等因素也在考虑之列。另外，应提前决定勘探要求、勘探与开发的关系以及特定的勘探目标。

勘探要求在目标区域周围有一个较大的镶边带以避免目标大小和定位产生误差。如果二维数据对目标成像效果较差，则射线路径的几何形状可能很复杂，异常体可能模糊不清，大小和位置的不确定性一定要充分考虑。这些不确定性可能会导致很大的误差，在设计中需要补偿。另一方面，勘探目标可能不要求完全的满覆盖区进行成像，偏移要求可能会最小化，勘探面积可以减小。

对比分析，由于在勘探区开发目标需要更高的分辨率，因此就要求更严格地遵守技术规定。采用更大的镶边带才能提高覆盖次数和更精确的成像，这样才能满足精度和细节方面的要求。然而，在生产目标的位置和大小可能存在不确定性，所以可以减小勘探面积。

一旦初始勘探目标确定下来，为了合理地记录和偏移数据，地球物理学家应当估算或测量构造和绕射的倾角，计算偏移孔径。另外，一些操作人员认为，对增加覆盖次数和提高偏移精度来说，添加一半的偏移镶边带是必要的。实际上，对勘探工作来说，这方面的工作不是必要的。

开发勘探要求更高的分辨率，实际上，我发现从理论推出的结果得到的数据体并不理想。如果理论计算表明需要 2000ft 的偏移镶边带，再增加一半偏移镶边带得到的数据更佳。一个勘探目标可能用小于 2000ft 偏移镶边带也能正确成像。

恰当地选取偏移镶边带对于成本的影响，可以通过一个简单例子加以说明。对于一个面积为 $2 \times 2\text{mile}^2$ 的开发勘探区，在南北方向有一临界倾角，偏移孔径为 2600ft。仅为了偏移，在采集勘探区的两端各增加了 1mile^2 的数据。如果每平方英里成本为 4 万美元，则整个勘探成本为 16 万美元，而偏移方面成本为 8 万美元，占了总费用的一半。

正确地设计三维勘探，从经济方面来讲具有重要意义，节省成本的问题非常重要。然而，缩小偏移镶边带，解释人员也许不能实现勘探目标，这就浪费了整个勘探费用，这个方法的可行性就会受到怀疑。

为了保证开发勘探能够实现项目的目标，野外采集参数应达到或超过设计指标，这样才能保证偏移和足够的分辨率。

用两个例子来说明偏移镶边带对数据质量和解释精度的影响。第一个例子［图 13.31（a），（b）］是来自落基山地区的产油背斜。叠加剖面和偏移剖面显示了偏移镶边带对数据的影响。在这个例子中，油田的产油部位恰好在可用数据的边界。实现了最大的成本节约，但是不能评估从储层到非储层岩性之间的变化。对于一个勘探项目，也许无法确定构造的全貌。

第二个例子取自落基山地区的一个岩性勘探远景区。三维勘探［图 13.32（a）］覆盖了二维地震测线所确定出来的礁体。因为礁体的大小和位置不确定，因此三维勘探面积要大于目标正确成像所需要的范围。礁体侧翼的地层倾角变化很大（12°～60°，平均为 19°）。偏移孔径的理论值为 3500ft。在勘探的大部分范围内实际的偏移孔径为 5000ft。

对礁体数据进行重新处理来模拟偏移孔径的极限值。一条测线（图 13.33）表明将勘探范围降至理论最小值后的影响。在这个例子中，最大偏移距从 5000ft 降至 2000ft。在理论极限值 3500ft 以内，随着偏移距的减小，礁体的模糊现象越来越严重。当偏移距降至 1000ft 后，其他的特征也变得模糊了。

虽然在所有的剖面上都能对礁体成像，但细节明显地减小了。为了确定项目目标是否实现，将最终解释结果进行了对比。图 13.32、图 13.34 和图 13.35 为原始勘探数据和最大偏移距为 2000ft 的勘探的几幅图件。从等时线图［图 13.32（a），（b）］上可以看出，模糊现象出现了。比较各幅图件定量计算的结果表明差异可能很大。这种差异将会影响到勘探和开发的经济效益，尽管对两者的影响程度不同。

地震振幅信息对地层学的最终解释结果是非常重要的。由于没有完全偏移，发生了低振幅值模糊现象［图 13.34（a），（b）］。这种模糊现象将对地层厚度测量中，使低于调谐厚度的地层产生不利的影响。

地质人员经常需要利用最终的地球物理解释结果进行预测沉积相，以确定有效的储层大小和孔隙度。在这种情况下，通过对比礁体的透视图［图 13.35（a），（b）］可以得到很多的地质特征，但是如果地球物理采集未能满足要求，则很多特征将会丢失。在这个例子中，地质人员利用这副图能准确地预测出了钻井中的礁体沉积相，并能利用所有的地质信息改进了地质模型。

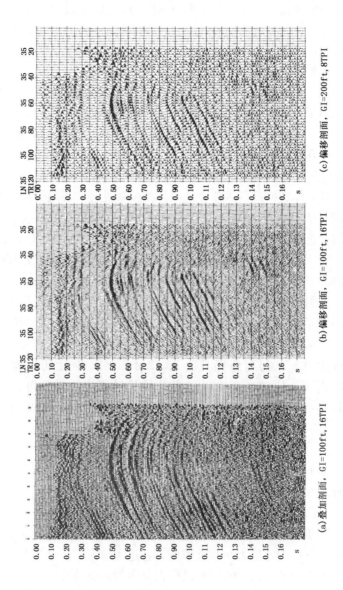

(a) 叠加剖面，GI=100ft, 16TPI

(b) 偏移剖面，GI=100ft, 16TPI

(c) 偏移剖面，GI=200ft, 8TPI

图 13.31　受绕射能量和倾斜层的影响，记录范围超出了地质层实际所处的位置。偏移实现反射能量归位，但是留下了空白带。在未能成像的右侧翼部，理论面元大小为 150ft，从勘探阶段角度来看，两个偏移剖面都能正确确定构造位置。从开发阶段角度来看，两个剖面都不能提供足够的细节来充分评估构造

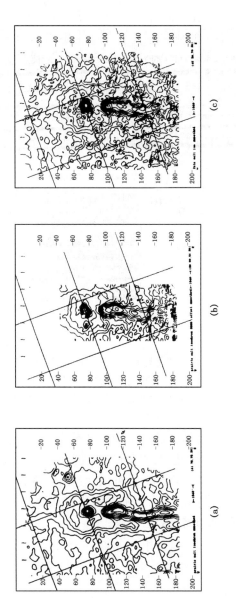

图 13.32 （a）礁体上方的盐丘等时线。这是利用原始三维数据体构造，其偏移距超过了 5000ft，野外面元为 80ft×160ft，内插后为 80ft×80ft。（b）利用重新处理的三维数据体构造的盐丘等时线。重新处理过程用来模拟偏移距限制在 2000ft以内，（该偏移距超出了已知的礁体范围）以内。（c）利用重新处理三维数据体构造的盐丘等时线。重新处理过程用来模拟面元为 160ft×320ft，内插后为 160ft×160ft 的采集方案

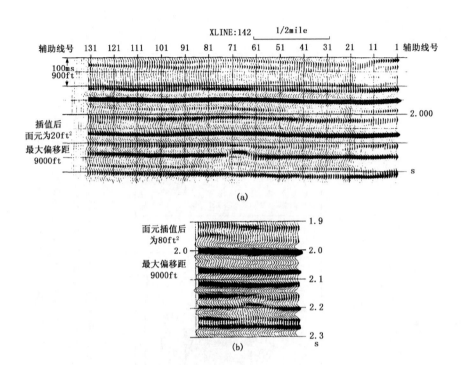

图 13.33　横向测线 142。随着最大偏移距在理论最小值内减小，礁体的分辨率降低了。数据位置和振幅都模糊不清了

(a) 原始采集数据，礁体周围的镶边带大于 5000ft；(b) 镶边带限制到 2000ft

从原始勘探数据体的透视图中可以看到大量的细节特征。礁体的迎水方向、回水区和潟湖区都能看到。从图上也可看到，在长而弯曲的礁体上陡礁体面以下的滑塌构造。可以计算出倾角的变化范围从北部礁体后面的 14°到迎水面的 58°。随着镶边带从建议的偏移镶边带值开始减小，很多好的细节特征将会消失。

13.3.3　面元大小

对于勘探所选取的面元大小可能对最终解释结果有非常大的影响。表 13.3 列出了勘探设计时需要考虑的因素。限制利用小面元优化所有这些因素的是成本问题。

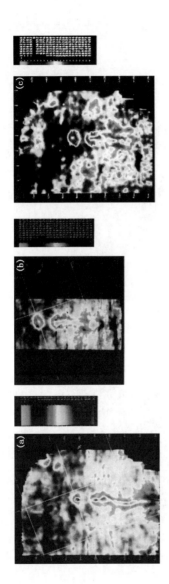

图 13.34　Winnipegosis 顶部的振幅图显示
随着采集参数的改变，分辨率逐渐变差。
(a) 原始采集数据，镶边带为 5000ft，面元大小为 80ft × 80ft；
(b) 镶边带限制到 2000ft，面元大小为 80ft × 80ft；
(c) 原始采集面元大小为 160ft × 160ft

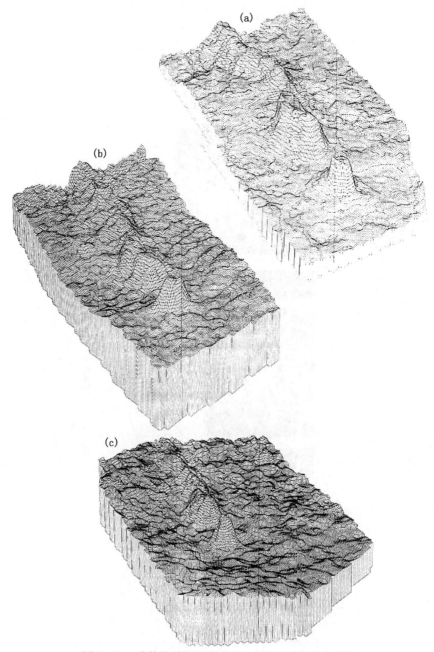

图 13.35　礁体的透视图表现了丰富的地质和地貌特征

随着为了采集成本最小化而调整野外参数，许多特征消失了。

(a) 原始采集，镶边带为 5000ft，面元大小为 80ft×80ft；(b) 镶边带限制到 2000ft，面元大
小为 80ft×80ft；(c) 原始采集面元大小为 160ft×160ft

表 13.3 决定面元大小和形状的地质参数

构　造　倾　角	断　　　　距
绕射倾角	（叠瓦状断层）
倾向方位角	菲涅耳带
断层倾角	地层走向
断层方向	构造走向

在选择合适的面元大小时，考虑的主要问题是空间假频。理论计算很容易实现，它需要估算构造倾角、绕射倾角以及最大可用频率。偏移后的构造倾角要陡于绕射倾角，因此在计算时叠加速度和偏移速度都要考虑到。缩小菲涅耳带来分辨小的地质体也需要小面元。

对项目的最终目标的深刻理解是设计一个高效益勘探的重要因素。勘探项目可能不需要对倾斜地层的过细采样。考虑图 13.31（b），（c）中的两条地震测线，陡倾角右侧翼区的面元大小估计值为 150ft。图 13.31（b）中测线的面元大小为 100ft，图 13.31（c）中测线的面元大小为 200ft。出于勘探目的，三维采集方案利用上述任一间距都能对背斜正确成像。对于开采目的，甚至图 13.31（b）中的小倾角侧翼也不能充分采样，虽然理论上右部陡倾角侧翼能够成像，但是却看不到。显然在开发项目中，严格遵循理论值是不明智的。

小而又近似垂直的断层在地震数据上一般很难探测出来，但是如果断层两侧有足够的采样，可以从倾角大小和倾向方位角图上推测出来。在前面的背斜例子中，地质人员从背斜上绘出一系列近似垂直的断层，其间距为 200 ～ 300ft。这些断层是利用 10mile 的井距得到的。在这个勘探中，面元大小为 100ft×200ft，这样的采样密度在断层之间只能有一个数据点，不足以绘制出跨断层的小而陡的变化情况，在倾角大小和倾向方位角图上显示不出这些断层来。为了防止空间假频，面元大小的理论极限值为 150ft，但是对间距为 200 ～ 300ft 的断层来说却不是解释极限值。

小面元可以有效提高地层分辨率。最后一个实例也是取自 Winnipegosis 礁体勘探，这个例子说明了小面元和正确的三维偏移是如何缩小菲涅耳带，以获得小于菲涅耳带的信息很好成像。这次勘探进行了重新模拟 160ft×320ft 面元（即实际面元的双倍）的野外采集。数据内插后面元大小变为 160ft×160ft。比较地震测线［图 13.36（b）］和原始数据［图 13.36（a）］。在大面元数据中可以看到礁体模糊了。再次提醒，在设计经济有效的勘探时对最终解释成果的影响是决定性的因素。比较原始与重新处理后的等时线图 [图 13.32 (a)，(c)] 可以看出，大面元时模糊现象更严重了，且储量计算也可能有错误。再比较一下振幅图 [图 13.34 (a)，(c)] 也能看到模糊现象，并指出了那些高度依赖振幅分析的结果存在着潜在的问题。最后，比较透视图 [图 13.35 (a)，(c)] 可以看出，对于原始勘探能进行详细的地质相解释，但在重新处理后的数据体上却不能这样做。

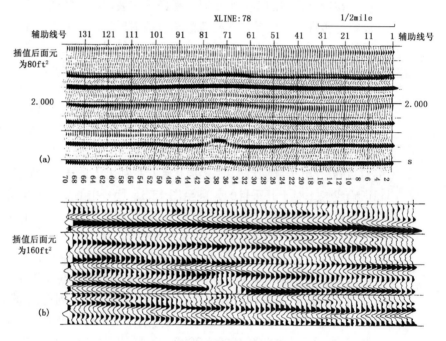

图 13.36　横向测线 78

当面元大小从 80ft² 增大到 160ft²，数据质量降低了。

振幅和数据位置都受到了影响。（a）原始采集方案，最终面元尺寸为 80ft×80ft；

（b）重处理的数据，最终面元尺寸为 160ft×160ft

13.3.4　三维设计流程

在设计三维勘探时，考虑下面的流程以保证设计工作的严谨性。在底图上，将需要准确成像的区域勾画出来。根据已有的地震数据确定目标层的双程旅行时以及该层的叠加速度和偏移速度。根据已有的地震数据或地质剖面计算最大构造倾角，并标出在目标区的位置和方向。如果可行的话，可根据绕射能量计算出倾角。为了保证正确的偏移，绕射能量也必须进行充足的采样。从已有地震资料上确定出三维数据体上可用的最大频率。接着利用理论公式（可利用几个商业软件程序），计算出偏移孔径和面元大小的理论值。这些计算可利用电子表格的形式实现，这样在输入某个信息存在不确定性的情况下试算而得出一个范围值。计算得到的理论计算值并不一定是野外采用的参数。

采集目的是什么？是勘探还是开发勘探？项目能承受多大经济风险，或者说数据体存在多大的不确定性？储层采样精度有多大才能进行解释？这只是一些你需要自问的问题。在这一点上，二维或三维目标模型计算能提供一些指导设计工作的重要信息。面元的减小和采集范围的加大（偏移孔径）都能导致采集成本的增加。

上述实例表明，如果经济允许的话，理论结果对勘探工作来说是足够的，这些参数在原有基础上减少 10% 以后仍能得到可靠的数据。然而，对于开发工作来说结果是相反的。如果理论上偏移孔径为 2500ft 及面元大小为 100ft，则调整 10% 以后面元大小为 90ft，偏移孔径为 2750ft。这考虑到了初始测量的不确定性及实际应用与理论结果的调整。如果经济上可行的话，可将偏移孔径增大 50% 以增加偏移时窗内的覆盖次数。这会改善和提高偏移的质量（图 13.35）。

现在在底图上勘探目标周围标出偏移孔径。如果工区仅有一侧存在最大倾角，可将镶边带减小。一般来讲，最好保持镶边带不变，这样可确保目标的覆盖次数。

现在应该得到利用勘探范围和面元大小来评估勘探成本。如果正方形面元太贵，可考虑将某一方向的边长增加两倍或三倍。你必须检查地质倾角和断层间距，以便在两个方向上确定它是否为常数，或者确定面元长边长所在的方向是否采样充足。

到此，勘探设计工作还没有结束。其他的因素也需要搞清楚。本文主要讨论两个比较重要的参数。其他的参数也就自然而然地确定下来了。

13.3.5　结论

勘探范围和面元大小会显著地影响三维数据体的质量及解释精度。我们都承认，勘探范围越大且面元越小，采集质量也就越好。然而，由于勘探和开发预算限制及经济地发现新储量的影响，完美的数据采集并不能总是可行的。地球物理人员必须决定什么因素对设计底线至关重要。在上面礁体的例子中，获得详尽的透视图，进而能得到礁体的地貌，这对油田开发是很有用的。然而，100ft 大小的面元也许就能对礁体有充足的采样。从勘探的角度来看，160ft 的面元和 2000ft 偏移距就能确定目的层的形态，从而可以确定井位。

在背斜的例子中，从开发的角度来看，识别小断层对开发来说至关重要，但对勘探目的来说却不是必需的。对油田开发来说该背斜也许不能充分成像，80ft 的面元也许就已绰绰有余了。该勘探设计作为勘探项目将是超标的。对于勘探决策，二维数据网格将足以确定构造信息。

在设计过程中按照一个合理的流程能得到更好的三维勘探效果。流程应如下进行：确定勘探目的层、确定倾角、地层走向和断层间距。通过对勘探目标、理论计算与模型结果的评价，可以决定偏移孔径和面元大小。重新检查初始工作和最终的决定，接着确定其他的野外参数。

我认为项目管理要求我们进行有经济效益的地震勘探。我们将能得到适合于特定项目目标的数据。

致谢

作者感谢 Marathon 石油公司允许其发表该文章。也感谢 J.A.Kent、P.L.Fonda、J.V.Guy、M.D.Greenspoon 对本文作出的贡献。

作者简介

Richar Resencrans 于 1983 年在 Pennsylvanian 州立大学获得地球物理硕士学位。毕业后加入 Marathon 并参与了多个落基山地区盆地的工作。在最近三年里，他涉及陆上三维地震设计、采集、处理和解释等。

13.4 层析成像在井孔和反射地震学中的应用 [1]

大约 10 年前，Amoco 研究中心组织了一批地球物理学家来预测下个 10 年中的重要地球物理问题。Amoco 地球物理研究中心的创始人 Sven Treitel 写下了这样的数学符号 $v(x, z)$。接着 Amoco 反演研究组的主持 Ken Kelly 写下了这样的数学符号 $v(x, y, z)$。这两位地球物理学家分别把二维三维速度估计作为勘探地球物理的主要问题。

[1] 本部分内容的作者：Larry Lines（Amoco 研究中心，达拉斯，俄克拉荷马）。

很难想像还有比地震速度估算更重要的问题。速度的变化决定了数据的旅行时和振幅，而这些正是我们要记录、处理和解释的。在这篇文章中，我要讲述一下旅行时层析成像的应用，并指出层析成像是一种基本的地震速度分析方法。

13.4.1　层析成像

无论是井孔地震学还是地面反射地震学，地震层析成像都是一种极其重要的速度估算工具。"tomography"一词来自于希腊"tomo"一词，是切片的意思。该词字面上的意思是物体的图像切片。层析成像的目的是利用穿过物体的地震波对物体属性进行成像。层析成像应用广泛，应用的领域有医学成像、物体检验、土木工程及地球物理勘探。在这里我们主要讨论利用旅行时信息估算地震速度。目前旅行时层析成像有几项应用，由于层析成像基于地球内部的基本假设条件，所以该方法是解决这些问题的一个重要的方法。由于层析成像的通用性和广泛应用，所以层析成像已在井孔地震学和反射地震学中得到应用。旅行时层析成像包括以下3步：

（1）拾取不同震源—检波器的地震旅行时——数据采集阶段；

（2）利用射线追踪构造旅行时方程——正演阶段；

（3）求解旅行时方程并估算速度模型——反演阶段。

第一步通常最耗费时间，这是因为拾取旅行时本质上讲包括了叠前数据的解释。一般的解释任务要拾取成千上万个初至，这意味着一个人要在一台解释工作站上花费2～3天的时间。对于好的数据来说，自动拾取能有效减少工作量。但是即使在数据质量高的情况下，自动拾取旅行时也可能会带来误差。由于旅行时在层析成像中意味着数据反演，因此解释这一步骤非常重要。尽管这一步很耗费时间，但是熟练的解释人员利用旅行时拾取这一步来绕开噪声，即利用解释处理这一步在视觉上虑掉了噪声。

第二步涉及基于速度模型进行旅行时正演。在这一步一般利用射线追踪计算旅行时。Langan、Lerche 和 Culter（Tracing rays through heterogeneous media，1985 Geophysic）及 Stork（Ray trace topographic velocity analysis of surface seismic reflection data，1987 PhD thesis，California Institute of Technology）等给出了可取的射线追踪方法。这种射线追踪方法利用 Snell 定律在网格中基于速度梯度调整射线路径。该速度网格模型可有水平速度梯度和垂直速度梯度。

第三步，结合第一、二步求解旅行时方程。这些公式将射线旅行时表示为距离与慢度的乘积。由于在直射线的情况下这些方程的慢度是线性的，因此在这些方程中利用的是慢度（速度的倒数）而不是速度。旅行时方程可表示为 $t=Ds$。式中，t 为旅行时向量；s 为慢度向量；D_{ij} 为第 i 条射线在第 j 个网格中的射线路径长度。

乍一看，旅行时和慢度表现为线性关系。但是射线路径按照 Snell 定律而改变，而距离又是慢度的函数，所以该系统是非线性的。对于大多数非线性系统，我们迭代求解一系列线性问题来得到一个解。

对于这个非线性问题，求解速度或慢度时首先给一个最佳起始猜测值，然后迭代求解 $D\delta s=\delta t$。式中，δs 为慢度向量的改变量；δt 为每次迭代时拾取旅行时与初始模型计算旅行时之差的向量。

旅行时方程系统是大型稀疏和病态的系统。D 为 n 行 $\times p$ 列矩阵，n 为拾取旅行时的个数，p 为速度网格的个数。n 和 p 一般都为 104 数量级。D 通常为大型系数矩阵，也就是说，D 的大部分元素都是零，这是由于射线路径只经过有限的速度网格。因此稀疏方程算子在求解旅行时系统是非常有用的。在这个病态系统中 D 为矩形矩阵，因此方程通常有最小二乘解。但是最小二乘法易受采样不准及数据奇异点问题的影响。庆幸的是，我们可以利用加权最小二乘法（IRLS）来求得数据与模型相互之间的旅行时差的最小绝对偏差（LAD）。与最小二乘法相比，最小绝对偏差法对大的误差不灵敏。如 Scales、Gersztenkorn 和 Treitel（Fast LP solution of large，sparse linear systems：Application to seismic traveltime tomography，1988，Journal of Computational Physics）所述，求解重加权最小二乘方程可实现稳健估计，这样最小绝对偏差的标准就满足了。在这种情况下 IRLS 在寻找最优解的过程赋予大的旅行时提取误差小的权系数。Justice 等人的文章（Acoustic tomography for monitoring enhanced oil recovery，Feburary 1989 TLE）在对比各种旅行时反演方法后也提倡在层析成像中使用 IRLS 方法。在旅行时反演过程中连续使用 IRLS 方法能提高数据的符合程度。

13.4.2　井中地震层析成像

井孔地震层析成像的射线模拟是透射过程中，在已知震源点与已知检波点之间没有反射能量。如图 13.37 所示，透射层析一般用在井间剖面和垂直地震剖面（VSP）。对井间地震的情况，一个井孔沉放震源，另一个井孔沉放检波器，而 VSP 将震源放在地表，检波器沉放在井中。

我最初的透射层析经历之一为
VSP 成像问题，如 Whitmore 和 Lines
的文章所述（Vertical seismic profiling
depth migration of a salt dome flank,
1986 GEOPHYISCS）。通过反演 VSP
透射旅行时和反射旅行时可估算速
度。该速度模型改善了岩隆侧翼的深
度偏移成像质量。图 13.38 为盐隆最
终模型的反射射线路径。有趣的是，
该 VSP 项目采用了层析成像和深度
偏移，这在以后的很多项目中都采用
了，比如反射数据和井孔数据。

　　井间问题近年来很受人瞩目，
这是因为井孔震源的出现使跨井采集
数据成为现实。在利用层析成像对油
气前缘绘图方面，Justice 等人的应用
是非常优秀的实例。层析成像主要基
于这样的事实：随着温度从 20℃升
至 120℃，沥青砂的声波速度逐渐递
减（20% ~ 30%）。多次使用跨井层

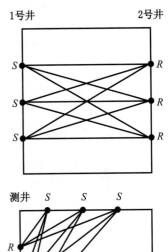

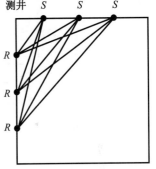

图 13.37　两个典型的透射层析问题：
井间透射层析和 VSP 透射层析

析成像检测速度随温度升高而降低，从而检测油气前缘的情况。Pullin
等人也利用反射旅行时成功地对油气前缘成像（3-D seismic imaging of
heat zones at an Athabasca tar sands thermal pilot，1987 12，TLE）。旅行
时层析成像经常用来绘制油气前缘图。

　　图 13.39 展示了另外一个成功利用跨井成像发现油源的例子，这
是由 Harris 等人提供的（Cross-well tomographic imaging of geological
structures in Gulf Coast sediments，1990 SEG abstracts）。图 13.40 表明可利
用跨井层析成像检测断层及井间的多孔砂岩。层析图片来自墨西哥近岸
地区的一个由 Amoco-standford 联合进行跨井勘探，该勘探大约有 6700
道。速度层析图片两侧为测井。左边的测井为接收井，粗线代表有压电
震源的测井。测井曲线分别为电导率曲线、自然电位曲线、由重力仪得
到的密度曲线。两个断层（F1，F2）是根据声速差异探测出来的。断层
下面有一系列低速、低密度、多孔砂岩层，分别标为 M9、M10、M10A。
这些结果是联合利用自然电位响应、密度变化及层析图像确定下来的。

速度图像是由 Amoco 和 Standford 两家研究机构利用两种不同的方法得到的。两种方法得出的结果非常相近，这很鼓舞人。毫无疑问，随着井孔震源和检波器技术的进展，将有更多的跨井层析成像应用实例。

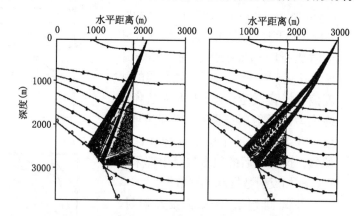

图 13.38　盐隆侧翼 VSP 反射模型

岩隆侧翼的位置是利用层析成像和深度偏移得到的

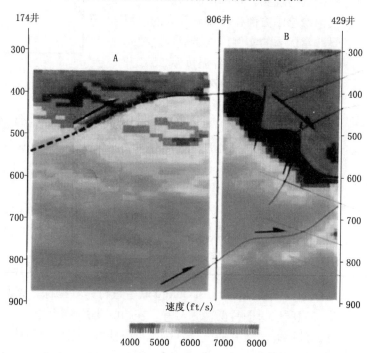

图 13.39　Californian Mckittrick 油田的井间层析成像图

该图揭示出了具有不同纵波速度的盐层

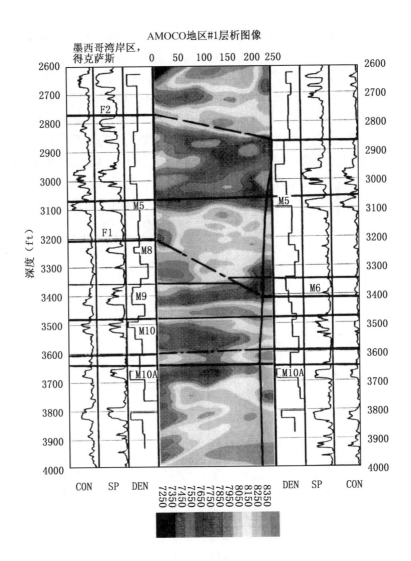

图 13.40 Harris 等人的井间层析成像图（1990 年 SEG 年会）

图上有两个断层（F1，F2），分别在 3200 ~ 3400ft 和 2780 ~ 2880ft 处。层析成像图及测井
曲线也揭示出在断层下方有多孔砂岩层（M9，M10，M10A）。这些层在图上以黑色显示，
深度大约为 3380ft，3500ft，3630ft。图上也显示了电导率曲线、
自然电位曲线、井中重力仪密度剖面

13.4.3 地面地震层析成像

图 13.41 为 Bording 等人做的反射层析成像示意图（Application of

seismic travel-time tomography, 1987, Geophysical Journal)。 在 1984 年 SEG 年会上 Gulf 研究中心发表了大量的文章之后，反射层析成像很受地球物理学家欢迎。Bishop 等人总结了这一前沿研究（Tomographic determination of velocity and depth in laterally varying media, 1985 Geophysics）。在 Gulf 研究过程中，反射层析成像主要用来估计反射体位置及速度变化情况。反射层析实质上利用的是双程透射，地震波传播到反射界面后又反射到接收器上。由于反射体的位置难以确定，因此反射层析成像要比透射层析难。正演旅行时与拾取旅行时的匹配能得到可靠的层速度估算值，利用这一速度估算值可实现高质量深度偏移。

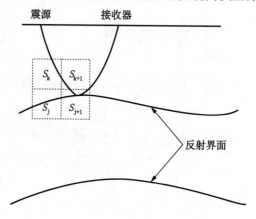

图 13.41　反射层析成像几何形态示意图

　　深度偏移和层析成像是互相补充的。为了得到可靠的深度偏移结果，深度偏移需要可靠的层速度估算值，而这可由层析成像提供。层析成像可从深度偏移结果得到可靠的反射模型。两种处理方法可迭代使用，这样可得到可靠的深度偏移结果。按照 Godon Greve 的建议，我们将速度层析图片叠加到深度偏移剖面上。由于旅行时是沿射线路径对慢度积分的结果，所以可从层析图像上看出速度的变化。反射界面与地球内部的速度差成比例，因此从偏移剖面上可以看出速度的突变值。虽然两种结果速度的空间变化不同，但是我们仍能看出两者之间存在一致性。我们的经验表明，迭代使用层析成像和深度偏移可成功地对不同的地质特征进行成像，比如上冲褶皱，碳酸盐岩礁，盐体构造及砂岩透镜构造。

　　在 The Leading Edge 前几期刊登了几篇反射层析成像的实例。1989 年 12 月那一期的封面就是我们迭代使用两种方法得到的 Wyoming 逆掩构造。该结果与经过详细常规速度分析得到的结果相类似，这给了我们进一步应用该方法的信心。Amoco 研究中心的 Sherwood 给出一个砂岩透镜成像的实例。(Depth sections and interval velocity from surface seismic data，1989.9.TLE)。在该例中层析得到了低速围岩中的高速透镜体构造。

图 13.42（a）为基于层析速度得到的一盐岩楔体偏移结果（该结果为我与 Amoco 研究中心的 Adam Gersztenkorn、Sam Gray、Phil Johnson、John Scales 合作的结果）。高速盐岩（速度为 13500 ~ 14800ft/s）构造位于低速围岩中。从图 13.42（b）可以看出，层析深度偏移准确估算出了盐丘结构的顶界面和底界面。图 13.42（a），（b）中的深度误差小于 2%。

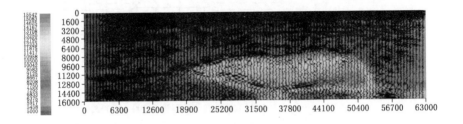

图 13.42（a）　速度层析图（与深度偏移剖面重叠显示）显示出了高速地层和低速地层之间的差别层析图的大小为 63000ft（宽）×16000ft（深）

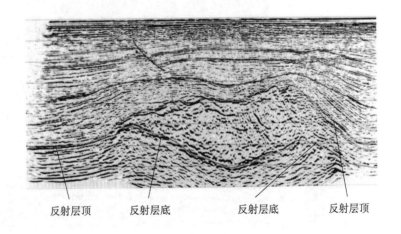

图 13.42（b）　利用层析速度结果进行深度偏移。盐岩层的顶部和底部分别做了标注根据钻井结果得 x=25000ft 处的深度估算误差小于 2%。
剖面大小为 63000ft（宽）×16000ft（深）

图 13.43 为一典型礁体的示意图，图上标出了地球物理学家试图得到低速盆地页岩和高速碳酸盐礁体之间的过渡带。从图 13.44 可以看出，迭代使用层析与深度偏移找到了低速盆地页岩和高速碳酸盐礁体之间的过渡带这样就找到了碳酸盐礁体的边界。该层析图基于 Amoco 休斯敦地区的 Frank Ariganello 的解释结果（数据体记录大小为 40000 旅行时）。在图上，礁体边界已从 x-z 坐标的（11600，8000）点到（21500，6500）点用线勾画出来。在这个例子中，层析速度图与偏移图相吻合，并且与测井数据一致。这个例子表明，反射层析能够估算速度横向变化。

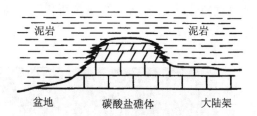

图 14.43　泥岩圈闭碳酸盐礁体构造的示意图
本文中，泥岩的速度变化范围为 11000 ~ 14000ft/s，
碳酸盐速度变化范围为 14000 ~ 20000ft/s

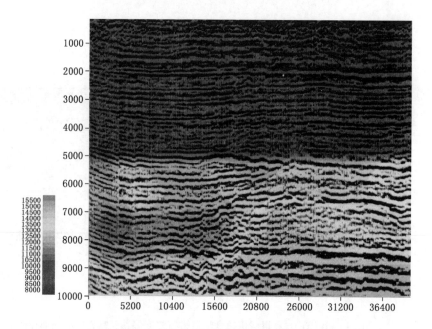

图 13.44　对碳酸盐礁体进行层析偏移的结果
该图的大小为 40000ft（宽）×10000ft（深）

13.4.4　讨论

经验表明层析成像对井孔数据和地表反射数据都能成像。在井间成像的情况下，层析成像是一种精选的方法，而在反射地震中，层析成像是进行速度估算的可选方法之一，它对深度偏移有帮助。

近年来，层析成像的重点在井孔问题上而不是地面反射问题。可以确信这一趋势有理由继续下去。就用户角度而言，井间数据的初至旅行时要比地面反射数据的初至旅行时容易拾取。反射层析也易受反射体深度—速度多变性影响。在偏移距与反射体深度之比较小的情况下，这种多变性是地震勘探中存在的问题。此外，层析成像是对井孔数据进行速度分析的主要手段，而反射数据速度分析则有多种手段（包括叠前偏移）。最后，若能获得层析所需的井间数据，那么层析方法就会成为井间速度估计的一种重要手段。毫无疑问，将来旅行时层析成像将得到更多的应用。

致谢

如果没有以下同事的通力合作，该层析项目就不可能成功。作者向以下人员致谢：Frank Ariganello、Phil Bording、Paul Docherty、Adam Gersztenkorn、Sam Gray、Jerry Harris、Phil Johnson、Ken Kelly、Ed Lafehr、Joe Lee、Jim Myron、Mike Sabroff、John Scales、Chritof Stork、Henry Tan、Paul Thomas、Sven Treitel、Dan Whitemore 及 Amoco 其他参与该项目的人员。

作者简介

Larry Lines 在阿尔伯达大学获得地球物理学士学位和硕士学位，在 British 哥伦比亚大学获得地球物理博士学位。1976 年 Lines 加入加拿大 Amoco 公司从事地球物理勘探工作。1979 年他进入达拉斯的 Amoco 研究中心成为研究人员直到现在。1980 年到 1982 年他成为达拉斯大学的地球科学副教授。他的主要研究方向为地球物理正演和反演。Lines 为 SEG、IEEE、EAEG、CSEG、GST 会员，并且是加拿大区阿尔伯达著名的地球物理学家。

13.5 一个多学科方法联合应用的成功案例 ❶

地震成像技术为广泛的开发应用提供了强有力的工具。但是地震成像能准确反映储层的形态么？当我们在确定一个循环注气的井位（加拿大 Albertaz 省中西部的泥盆系的 Nisku 地层上部）时，就遇到了这一问题。人们认识到这一问题，并通过将地震数据与地质和工程信息仔细地结合在一起，得到更好的储层模型，来解决这一问题。

13.5.1 地质概况

在 Nisku 地层沉积初期，浅水的大陆架延伸到研究区，沉积了含化石和黏土的碳酸盐岩台地（图 13.45）。珊瑚类和层孔虫类生物遍布整个地区。在沉积旋回末期，相对海平面的突然抬升，这就形成了在横向上岩相的多样化。在东南方向的浅水碳酸盐岩陆架沉积的是层孔虫碳酸盐。沿陆架边界随着礁体的生长标志着沉积突然转变为盆地环境。在盆地的浅水区，沿东北—西南方向形成了大量的塔礁（图 13.46）。然后，盆地为钙质泥岩填充，接下来在研究区内沉积了碳酸盐岩的浅滩沉积。

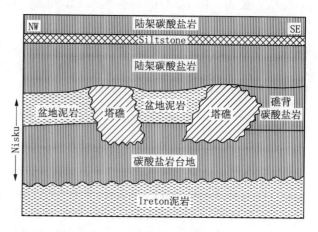

图 13.45　由于 Nisku 地层上部截断了区域碳酸盐岩沉积，
　　　　　从而导致了沉积相的不同

---

❶ 本部分内容的作者：T.S.Dickson，A.P.Ryskamp，W.D.Morgan（Amoco 加拿大石油有限公司，卡尔加里，加拿大）。

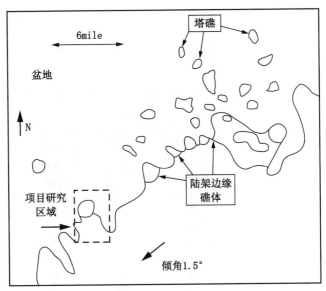

图 13.46 在 Nisku 地层上部，礁体在盆地内和沿大陆架（岸滩）的发育图

Nisku 地层受到很多成岩作用的影响。最重要的是淋滤作用和白云化作用，使礁体中产生了丰富的孔隙。尽管晶体间和裂缝间的间隙为孔隙连通提供了通道，在本质上孔隙结构主要还是多孔的。在沉积过程中早期的胶结作用保持着礁体的坚实度，受盆地泥岩的影响，将发生差异压实作用。

上覆的大陆架碳酸盐岩和粉砂岩层形成了礁体储层的盖层。塔礁顶部被横向上的盆地泥岩封盖。盆地向西南方向微倾（约 1.5°），并与不规则的陆架边缘相连结，使油气圈闭在某些陆架边缘的礁体中。根据礁体隆起的大小和盖层的有效性，计算出油藏的储量为 $(0.5 \sim 300) \times 10^6$bbl 或气储量为 $(100 \sim 1000) \times 10^8$ft^3。

13.5.2 地球物理特征

图 13.47 为该区上泥盆系地层的地震响应。浅滩和陆架的碳酸盐岩具有最高的相带速度（约 6000m/s），泥岩的速度最低（约 4700m/s）。礁体的速度随着孔隙度的变化在上述两个速度值之间变化。受陆架碳酸盐顶部速度上升的影响，地震剖面的极性呈现为波谷（Wabamun 地层处的反射）。在下伏泥岩的顶部极性又出现了波峰（Ireton 地层处的反

射）。在整个研究区都出现了这种区域标志层的同相轴。

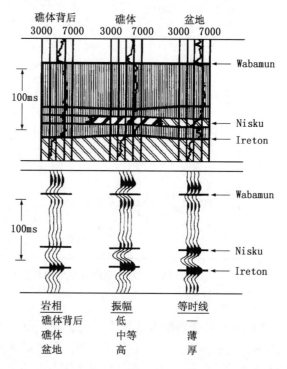

图 13.47　礁体的特征：Nisku 层为中等振幅，Wabamun 到 Nisku 层为薄的等时线

　　Nisku 地层的地震属性与沉积相有关。在碳酸盐致密的地方速度差异很小甚至没有变化，因此也就不会产生反射。多孔碳酸盐岩和盆地泥岩的速度都低于围岩，因此在地层的顶部就会出现一个波峰（Nisku 地层处的反射）。盆地地层的振幅响应要强于礁体的振幅响应，这是因为盆地地层速度低的缘故。由于盆地内泥岩的早期压实作用，所以其同相轴就地层而言通常要小 5ms。同相轴的地层位置是通过绘制 Wabamun 到 Nisku 地层的等时线图，并标出 Nisku 地层上部弱同相轴的终止位置来确定的。

13.5.3　工程信息

　　Nisku 储层的天然气中富含液化天然气、凝析油和硫化氢。在原始储层的温压条件下，所有这些成分构成了单相气体混合物。在常规的生产实践中，随着油气的开采，储层压力降低，当降低到露点以下，较重的天然气开始冷凝（图 13.48）。一旦达到液体状态，就不易流动，从而不能有效地采出。

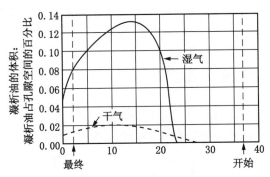

图 13.48　与干气气藏相比，湿气储层中的初次开采产生大量的凝析油，使气藏报废

为了提高这些储层的采收率，采用了气体循环法（图 13.49）。向储层中注入干气以代替采出的湿气。这样压力就保持在露点以上，也就不会出现冷凝现象。干气前缘逐渐向生产井运动，直到到达生产井为止。然后，将注入井进行完井作业使其成为生产井，这样储层又开始生产了（井喷）。

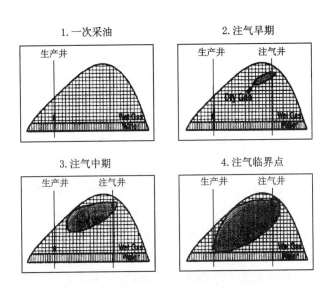

图 13.49　在露点以上的气压条件下，循环注气法用干气置换湿气，提高了油气的采收率

通过该技术提高油气采收率与注入气波及区的大小有关，而该区域
又受到 3 个相互作用的因素影响。首先，压力差越大，注入气越向生产
井移动。第二，由于干气密度低，因此它易升至储层湿气的顶部。最后
一个，采收率还受储层不均匀性的影响，这会降低注入气从注入井到生
产井的流通量。

13.5.4　项目实施过程

项目组计划在一个接近露点的优质储层上钻一口有效的注入井。根
据以下标准来选择优化的钻井位置：

（1）注入井必须与生产井之间压力通畅；

（2）两井要足够远以保证水平方向上的波及区域；

（3）为了改善垂向上的注气波及区域，注入井应穿过储层的最高位
置；

（4）注入井应有良好的储层物性。

油藏的发现井每天大约产气 $0.1 \times 10^8 ft^3$ 的天然气和 1200bbl 液体，
共计产出了 $120 \times 10^8 ft^3$ 天然气、$120 \times 10^4 bbl$ 的凝析油和 $15.2 \times 10^4 t$ 硫。
图 13.50 中的压力特性表明储层体积变化的线性关系是该区油气藏共有
的特征。将 P/Z 线外推到横轴上，得到原始天然气地质储量（OGIP）
的估算值为 $710 \times 10^8 ft^3$。气体循环注入法将增加采收凝析油 $90 \times 10^4 bbl$
（或 12%）。

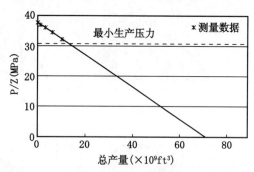

图 13.50　发现井的产量 / 压力曲线（其 OGIP 为 $7.1 \times 10^9 ft^3$）

图 13.51 显示了有关井的位置。发现井钻遇了 44m 的 Nisku 礁体，
其中在水面之上总的生产层为 23m。以孔隙度下限 3% 计算，产油层有
效厚度为 19m，该层的平均孔隙度为 9.5%。相比之下，西部礁体背面
的井仅钻遇了 1m 产油有效厚度的地层。

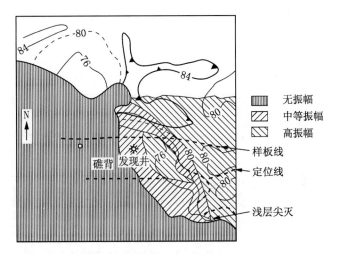

图 13.51　主要地震测线和地震属性的等时线图（标注了井位）

图 13.51 中的地震测线图来自地震采集的 1/2mile × 1/4mile 不规则的网格，它是由不同施工队伍在 20 世纪 70 年代后期和 80 年代早期得到的。在图的东部，Wabamun 到 Nisku 的等时线是大的（80 ~ 84ms），靠近发现井周围的台地则变小（72 ~ 76ms）。由于在该地区的西部没有 Nisku 地层，所以图的西部没有等时数据。Nisku 地层的振幅通常向东增加。

图 13.52 显示的是一条过井的东西向地震测线。该测线东端 Nisku 地层表现为强振幅，从 Wabamun 到 Nisku 为大的等时线，这是盆地泥岩的地震响应特征。在 Nisku 标志层之上越接近礁体边界，振幅就越弱，同相轴也逐渐尖灭。在发现井附近能看到典型的礁体特征。在测线的西端，Nisku 振幅表现为低值，这是礁体背面的地震相标志。在井的南侧另一平行测线，也表现出了相同的特征（图 13.53）。根据发现井进行类推，确定了一口井位。

项目组提供了一幅产油层分布图［图 13.54（a）］来证实该储层解释结果是准确的。低振幅的礁体背面和解释出的盆地区并没有解释为有效油层。等时线较小的区域储层参数的赋值与发现井参数一致。礁体向东倾斜与等时线的形状一致，区域倾角也重叠在礁体模型之上。这一观点与提供的地震数据和测井数据相一致。然而，相应的原始天然气地质储量估算值低于 $200 \times 10^8 ft^3$，不到根据压力数据预测值的 1/3。

第二幅储层图［图 13.54（b）］的礁体倾角要陡于第一幅图的倾角。储层的形状没有变化，但是东部的倾角变陡了，这也增加了油气藏的储量。该图给出的原始天然气地质储量大约为 $300 \times 10^8 \text{ft}^3$，也明显低于根据压力数据提供的储量。

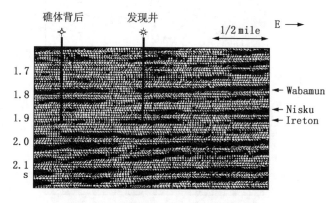

图 13.52　该测线证实了礁体的地震特征

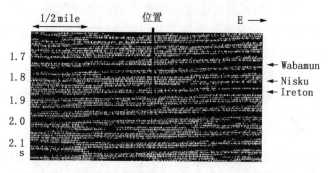

图 13.53　初始位置是根据与发现井的相似性确定的

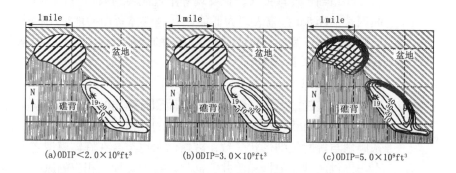

(a) ODIP<2.0×10⁹ft³　　(b) ODIP=3.0×10⁹ft³　　(c) ODIP=5.0×10⁹ft³

图 13.54　（a）初始的储层解释结果认为礁体与等时线图具有相同的形状；（b）第二次解释结果认为平台礁体的东部边界较陡；（c）最终的解释结果认为等时线倾斜地区礁体最发育，这与与西北向的礁体类似等厚图的间隔为 10m，孔隙度为 9.5%

该地区的其他礁体资料表明，在朝东侧边界礁体等厚线趋向增加，平均孔隙度也增加。这可能与东侧引起生物群在强能量的向风边界上繁荣茂盛，从而使礁体生长快速有关。

注入井的位置是根据更新后的储层模型确定出来的。其位置在地震剖面图 13.55 上用一条粗线表示。在该处，振幅属性和等时线属性介于已知的礁体特征与盆地泥岩特征之间。很难相信，这些中间地震特征能意味着最大的储层厚度。

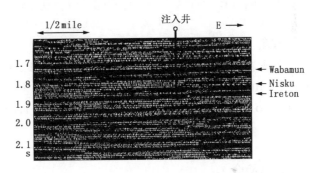

图 13.55　与图 13.53 相比，井的位置移到了指定的位置

然而，钻井的结果证实了第三个储层模型。注入井钻遇了 41m 的有效产油层厚度，平均孔隙度为 11%（发现井为 23m 和 9.5%）。图 13.56 表明，厚而多孔的礁体地震特征介于典型的礁体与盆地泥岩地震特征之间。

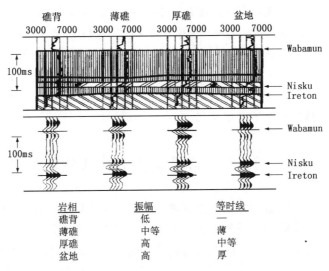

图 13.56　合成地震记录表明，厚礁的地震特征介于薄礁与盆地之间

13.5.5 总结

储层的地震图像并不能反映地下储层特征分布情况。地质解释缺乏足够的钻井控制。工程信息给不出储层位置的信息。这些困难可通过地震数据得到的地质轮廓与工程人员得到的地质形态与体积信息相结合来克服，达到对储层作出精确描述的目的。大多数储层开发项目都有上述的数据。困难在于将这些信息有效地结合在起来。

致谢

作者对以下人所做的工作表示感谢：Rob Kostash 对该项目所做的贡献；Mike Kusman 和 Lynn Peacock 准备了文章的图片，并感谢加拿大 Amoco 石油公司、加拿大 Esso 资源公司、Encor 能源公司的管理层能够允许发表这篇文章。

作者简介

Tom Dickson 现为加拿大 Amoco 地球物理工作人员。他于 1980 年在 Saskatchewan 大学获得学士学位，之后加入休斯敦海湾油气公司。从那以后，他的工作主要是加拿大西部盆地地区的开发地震解释、地震采集和处理等。

Phil Ryskamp 于 1980 年加入位于卡尔加里的休斯敦海湾油气公司。后来公司连续合并，他分别进入 Dome 石油和 Amoco 加拿大公司，现在他是 Amoco 加拿大的地区地球物理学家。Ryskamp 在卡尔加里大学获得地球物理学学士学位。他的主要工作为加拿大西部盆地地区的勘探及开发地质工作。

Bill Morgan 为 Amoco 加拿大的高级工程师。他在生产及储层工程方面具有 12 年的工作经验。他在 British 哥伦比亚技术学院获得化学工程文凭和冶金学文凭。

13.6 储层开发中的地球科学 [1]

随着发现新的储层难度增大，工业生产的注意力转移到在老油田上寻找新的开采量。在许多应用实例中，地球科学团体对这些储层的开发帮助很少；因此考虑到更好地描述储层的需求，组建地球科学或工程科

[1] 本部分内容的作者：Gordon M.Greve（Amoco 石油生产公司，休斯敦，得克萨斯）。

学团队将成为一种工业趋势。如果将地球科学用在储层开发中，我们将得到巨大的回报。

在油气开采中地球科学的最终目的是提高开采油田的效益。正如我所看到的，不能在经济上证明其可行的项目是不会进行的。尽管在勘探项目中这也是真的，但采集定义的自由度要大的多。在储层开发中，如果应用了地球科学技术，结果将直接得到利润。在科学与利润之间存在一个平衡点。

现在不谈利润（但并不等于不谈），我们将目光转向地球科学。地球科学在储层开发中的应用可以分为 4 类，另外还有一个第 5 类（储层工程），它能提供信息进一步约束地球科学的储层描述结果。这四类为地质学、地球物理学、地球化学、岩石物理学。它们构成地球科学的框架，也是实现利润的关键所在。

综合利用这些分类是目前开发中的一个重要研究领域。我们也在地球科学工作站上一起查看数据和方案。很明显有必要使储层可提供的所有信息成为研究人员触手可及的东西。上届 SEG 年会上展示了许多这样工作站。然而，这些工作站要发挥作用，必须将其应用到具体的任务中。

这些任务可分为 3 类：井孔岩石参数的确定、井间属性外推和监测提高采收率。

13.6.1　岩石特性

确定井孔岩石特性通常是利用测井记录和岩心分析实现的。但是这些特性究竟是什么？孔隙度、孔喉大小、渗透率和岩石类型通常是最主要的，但是其他的重要特性有矿物类型和液体类型（特征和饱和度）等。然而，这些并不全面，在我研究储层特征科学时，发现似乎还有许多其他的岩石特性。

孔隙度很明显是关键特性之一。建议读 1991 年 10 月的 AAPG 公报（会刊），在该期上，Bob Ehrlich 和他的南卡罗莱纳大学的同事论述了孔隙度特征，孔隙度与孔喉大小的关系，以及与渗透率的关系。他们通过对薄片进行数学分析来定量地确定出这些参数。

许多较大规模的岩石特征（例如裂缝孔隙度）可容易通过地层微扫描器（FMS）得到。它的高分辨率结果能得到井壁的详细特征。这能更好地解释其他测井曲线，因为人们可以确定测井曲线是否得到了有价值的地层特征或异常点的特征。

另一个研究领域是将钻井得到连续岩心应用到石油工业上，并对岩心进行全面地测量，在这方面已取得很大的进步。利用钻井，能连续得到整孔的岩心。要想从岩心中得到有用的信息，需要利用特殊的装备，并置于钻井位置以避免大量的岩心流失。因此，这种装备必须是便携式的。通常得到的岩石特性有密度（骨架的和饱和的）、孔隙度、纵横波速度（高压情况下）、横波双折射率、磁化率、渗透率、总的有机物含量、矿物质含量和耐压强度。输出结果也可以测井曲线的形式显示出来，也可以数据形式存档和处理。对岩心进行连续测量的好处之一是能够得到储层岩石特征外，也包括泥岩、硬石膏和任何其他岩石的特性。在一般的取岩心过程中，通常只有储层的岩石特性能够恢复出来。这只是地球物理人员需要计算反射系数所需信息的一半。即使有些情况下有连续取心钻井设备，连续取心和根据岩心测量岩石的特性技术也仅仅是刚出现的技术。

13.6.2　地表外推

地球科学在储层描述中的第二个应用是地面外推和岩石特性外推。表 13.4 列出了在该任务中用到的许多技术。其中有些技术不做讨论，例如测井技术和古相关分析技术。其他方法，如地质模型法（尤其在没有地震数据或数据很差的情况下特别有用）和层序地层学法（在地震数据质量高的情况下有用）这样的技术要尽可能地详细讨论。

表 13.4　地表外推和岩石物理特性

测井曲线对比
地质模型（包括层序地层模型）
古生物对比
地震信息
随机建模
井中层析成像
垂直地震剖面
压力分析

毫无疑问，三维勘探的出现和应用是储层开发中的一项主要因素。参见 E.O.Nestvold 的文章，可得到有关该技术最新的应用情况。但是我要论述三维勘探在美国陆上的应用情况。这里的主要障碍是成本问题。

不但勘探成本高，而且地面和地下的补偿成本也升到了不能容忍的地步。当然这种情况要发生改变。要么应用经济的技术，要么土地和矿产所有者降低它们的补偿费。由于补偿费不可能降低，所以要发展经济的三维勘探技术。

图 13.57 给出了两种相对经济的技术。一个是利用老的盒式技术，该技术将检波器沿着勘探区的边界布放，而震源在边界周围激发。该技术得到结果为两次覆盖，并且费用降低了。滚动盒式布局就能得到更多的覆盖次数。在地面上仅在勘探区边界处需用地补偿费。如果土地所有者利于自己或他人的名义进行勘探，则地下赔偿费也可省掉了。另外一个技术为十字交叉技术。在这种技术中接收器布放在一条线上，震源布放在另外一条线上。现在已经出现了其他技术，但还没有进行实践。

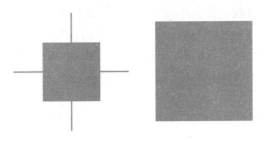

图 13.57　经济的陆地三维勘探

另外一个发展非常快的技术是地质统计法，利用它可将控制点处的地表或岩石特性扩展到远处的位置上。通常，从二维或三维地震勘探中，能可靠地绘制地表或推断地层间的总体特征。然而，将具体的细节与总体特征联系起来需要地质统计法。对于那些不熟悉这个名词的人来说，需要提醒一下，前缀 geo 并不代表地质（geologic）而是地貌（geographical）（这也许有助于着手研究该项技术）。地质统计法是利用统计学来推测空间关系。在 1991 年的 EAEG 会议上，有几篇文章讲述了基于层序地层学模型利用地质统计法测量岩石特性。有些人讨论了如何利用地质模型技术预测地层层序，进而将这些层序赋予从露头和测井数据得到岩石特性值。在有地震控制的情况下，利用地质统计法这一整合工具可将这些地质信息添加到模型中。希望将来看到地质统计法在工作站上更多的应用。

地质统计法的应用对地下情形具有多解性，所有这些都与输入控制相吻合。当控制条件越多时，多解性就会减少，但是我怀疑我们能够得到足够多的控制数据来得到理想的结果。我们承受不了高密度地采样。

这意味着地质统计法将继续应用在更广的范围内。我们期待着基础数学和计算机程序设计的进步来对其进行应用。

另外一个工具是井孔层析成像和它的近亲——垂直地震剖面法，它既能实现地面数据和岩石特性的外推，也能应用在提高采收率的监测上。因为成本与所获经济效益之间的关系，在该区开发需要合作研究方式。也许这种合作开发方式将是我们行业中未来研究的里程碑。

这种技术成功的关键在于井中震源和检波器的开发研究。目前，包括可行的和正在开发的震源在内，其类型不少于 8 种，最大的激发深度范围在 300 ～ 2500ft 之间，尽管它们之中没有一种能够达到理想的激发效果。在检波器开发方面，可行的包括正在开发的在内，有 4 种具有商业价值的检波器类型，到目前为止，大部分检波器要么面临接收频带宽度问题，要么其在井中的配置数目不合理。

井中地球科学最重要的是仪器在井中应用的可能性。图 13.58 描述了井中地震技术常用的 4 种不同的方案。左上角的方案表示震源和检波器处于同一井孔之中，可以发现，这种方案对于确定井到盐丘的距离、

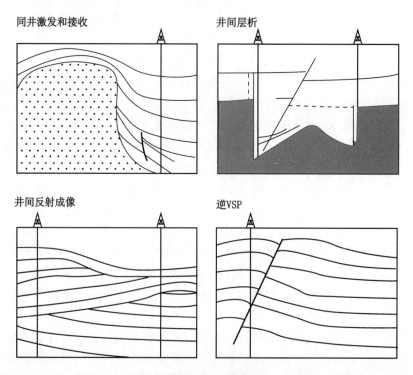

图 13.58　井中地震技术

反射断层和其他近乎垂直的地质现象是有益的。右下角是垂直地震剖面的将震源放置在井中的情形。右上角是井间层析成像方案，可以得到地震直达波的旅行时、振幅和一些其他的特征和信息。这种方案对于地面数据内插和井间岩石特性参数的内插是有益的，井间层析成像的例子在许多论文中都出现过，到目前为止，地震走时层析成像似乎是最为流行的，但是我们将会看到，利用初至波振幅进行吸收层析成像也会发展很快。左下角的方案是井间反射方案，可以记录到直达波和后续反射波两种波的信息，这种技术和井间层析成像技术相结合，可以在井间寻找到其他更多的勘探目标层，或者在井下更深的地方发现目标层。

13.6.3 监测提高采收率

这一领域是井孔层析成像法广泛应用的领域，大多数应用涉及到监测由某些热源引起的地下稠油的运动，这种热源可以降低地下岩石的速度，而这种现象可以通过测量地震波旅行时的延迟而被监测到。另外一种方法是通过地面测量来监测油气的运动。这两种方法在于其测量方式不同，而这种差异可以提高其探测地下微小结构变化的能力。可以肯定的是，地面测量仍处于初步应用阶段，在未来几年将会有大的发展。

13.6.4 其他问题

到目前为止，还没有提及到的一个领域就是储层工程。当储层正处于生产条件之下所采集的数据对于推断其地质特征是极为重要的。储层中历时多年所观测的压力测量数据，能提供关于储层规模的重要信息。这些信息加入到计算的地球科学中去，这也是油田所期盼和要求的，并进行错误之处的调整。长期的压力测量也可能导致微小的压力障碍，这在油田普遍存在，但是以前未曾发现。

在本书结束之际，不能不提到定位问题。如果地球物理勘探中所控制的点不在我们所设想的位置，那么所有的地球科学将是没有价值的。勘探调查，尤其是在老油田进行调查，显得很粗略简单。一些地图和地图投影有时控制点很少，当按照这些地图进行调查时，或者当使用未知的地图坐标系统时，结果就会出错。有许多实例表明，有些地图坐标系统使用了几年，却未对它以前的坐标系统作任何校正。当在这些老油田或者一些新一点的油田施工时，这些地方的调查可能不能达到最佳效果，这个时候，就应该使用 GPS 全球卫星定位系统对这些工区进行二次定位。

13.6.5 总结

切记的重点为：

（1）经济因素促使了在油田开发中地球科学的应用。

（2）Ehrlich 及其同事们的工作是重要的，这主要是他们提供了一种定量的方法来分析孔隙度、渗透率和孔喉半径。

（3）地层微扫描器显著地改进了井中岩心的成像质量。

（4）随着连续岩心测量技术的发展，将大大增加我们对非储层岩石的了解。

（5）尽管三维地震技术在外推技术及地表测量方面有了很大的改进，仍需要寻找更为经济的方法来大规模应用于美国的陆上勘探。

（6）地质统计技术将会应用得越来越广。

（7）在未来几年，井孔层析成像技术将会被广泛应用于井间内插和提高采收率检测的新技术。

致谢

在此，作者感谢那些发展该项技术的地球物理学家和地质学家，只有有了他们的工作，作者的报告才能成文。作者特别感谢 Amoco 研究中心提供图片的地质学家。

作者简介

Gordon M.Greve 在斯坦福大学分别获得电子工程学士学位、地球物理硕士学位和博士学位。从 1960 年开始他在 Amoco 生产公司工作。1986 年他提升为 Amoco 全球地球物理经理。他曾任 1990—1991 年 SEG 执行委员会的第一任副总裁、学生部/学术联络委员会主席、1984 年亚特兰大年会的副主席。他也是 AAPG 和 EAEG 会员。

14 结 束 语

尽管现代科学充实了石油技术，油气勘探和开发仍包括相当多的技巧和应用科学。一项方案可能是作为一个地质学家的想象开始的，但经济上的成功可能依赖于地球物理学家和工程人员的努力，以及他们适当地解释所处理的数据和集成成果的能力。解释人员的技术和经验将影响数据的可用性。任何人员不能正确地应用他的知识，或将他人经验与自己相结合，都可能导致经济上的巨大损失。

作为地质科学家，我们如何防止这样的事情发生呢？通过彼此交流才能充分利用每个学科的专门技术。我们必须学习他人的技术，彼此传授知识，以便我们理解所有这些学科的价值、潜力和局限性，然后进行有效的交流。因此，我们可以在一起向一个目标努力工作：那就是发现和开采更多的油气。

对于勘探地质学，地震勘探的价值是众所周知的。然而，工程人员还是怀疑地震数据是否有足够的分辨率以帮助储层勘探。在一段时间内，这可能是真的，但是像垂直地震剖面法、三维地震勘探、层析成像，以及大大改进的数据处理等先进的技术正在改变着这种观念。监测提高采收率就是从地震到采油的一个重要应用。

石油工业的未来不仅取决于发现新的储量，而且还在于从目前的储量中采出更多的石油。应综合所有地质的、地球物理的以及工程的信息，从地下获取所有可能的储量。其关键在于了解相互的技术，进行明智的交流，以消除这些学科之间的隔阂。

交叉学科培训和交流应该是第一步，工程人员应着手通过传授地质学家和地球物理学家工程技术的方式把自己的需要传达给他们，如需要什么工具和它们的局限性等。地球物理学家将一直传达地球物理领域中最新的技术，并尽可能地帮助工程人员更好地了解储层。地质学家将能够传授关于岩石特性与其他学科进行交流，以及了解产量与储层岩性的关系。

由于现在的油价不稳定和钻初探井的水平很低，因此必须将勘探的风险降到最小。储层地球物理将在帮助找油方面起着重要的作用，例如通过运用井孔地震测量的方法更好地描述储层特性来提高采收率。

　　总之，更好的交流和交叉学科培训将在不同学科的地球科学家之间开辟一个更明智的交流通道。如果我们能够做到这一点，在更短时间里我们将解决更多的问题。我们也将从地下开采出更多的油气，也可能以更低的成本找到新的储量。地下所剩的油气储量可能比我们未来勘探能找到的更多。通过发现和掌握更好的开采方法，监测提高采收率过程，采收效率只要提高10%，我们就可能得到已勘探储量中可采石油的两倍。

附 录 A

为了理解 f-k 偏移，在深度域了解偏移是很重要的。Chun and Jacewitz（1981）以一种非常有条理的方式解释了这种方法。

A.1 深度域偏移

图 A.1（a）说明了垂直地质模型（$\theta_a=90°$）。

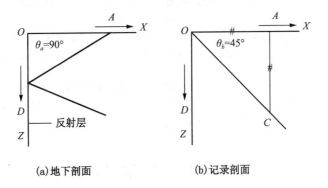

(a) 地下剖面   (b) 记录剖面

图 A.1 90°反射层模型（Chun 和 Jacewitz，1981）

只有水平路径的在 A 点记录的能量是符合射线理论方法的。任何非水平传播的地震波将向下反射，不会返回到 A 点。在 X–Z 平面上绘出射线的传播距离 $OA=AC$，反射倾角是 45°，偏移将（b）中 45°反射映射到（a）中 90°反射层上

考虑在相同点上记录信号的地震震源 A，那么只有水平路径的在 A 点记录的能量是符合射线理论方法的。任何非水平传播的地震波将向下反射，不会返回到 A 点。在图 A.1（b）中显示了在（X，Z）平面内 Z 方向的水平传播路径的距离。

因为 $AO=AC$，在记录剖面中的反射界面倾角等于 45°。这样，对于 90°的反射层，反射仅在地表某一点上发生，当 A 点沿着地表移动时，反射记录在深度平面上被绘制在沿着 45°线的位置。

下面，考虑如图 A.2（a）所示的倾斜地质模型。假设激发点和检波点都在 A 点，从 A 点出发的地震波在 C' 点反射，并在 A 点接收记录。因此，传播距离 $AC'=AC$。当（a）中的地质模型叠置在（b）上

时，我们就可看出：

$$\sin \theta_a = AC'/AO = AC/AO = \tan \theta_b$$

这个方程描述了偏移角 θ_a 和记录角 θ_b 之间的关系。因为偏移后 C 点归位到了 C' 点，这个处理过程将数据向上倾方向移动了。

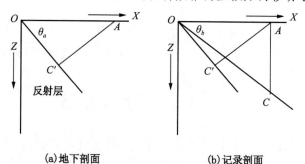

（a)地下剖面   (b)记录剖面

图 A.2   倾斜反射层模型

从 A 点出发的地震波在 C' 点反射，并在 A 点接收，将传播距离 AC' 垂直绘到 X-Z 平面上就像（b）中线段 AC，这样，传播距离 $AC'=AC$。当（a）中的地下模型叠置到（b）上时，我们就可看出：

$$\sin \theta_a = AC'/AO = AC/AO = \tan \theta_b$$

这个方程描述了偏移角 θ_a 和记录角 θ_b 之间的关系。因为偏移后 C 点绘到了 C' 点，这个处理过程将数据向上倾方向移动了

A.2   绕 射 概 念

要正确地理解偏移，必须了解绕射的概念。绕射通常与不连续性有关，而反射可看作是绕射的叠加。

因此，把反射层或绕射点归位到地下模型的常规处理被描述为绕射处理。

偏移过程是从地面记录到地下模型的过程。绕射过程正好相反，是从地下模型到记录剖面的过程。

附 录 B

B.1 最大偏移距设计（非倾斜情况）

图 B.1 解释了非倾斜目的层的最大偏移距的计算。可看到最大偏移距是深度和入射角的函数。注意，最大偏移距是从震源到反射界面，再到接收点的水平距离，它用 $2X$ 表示。

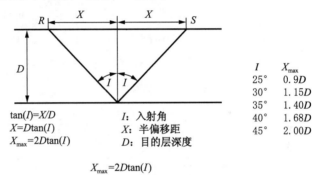

I	X_{max}
25°	0.9D
30°	1.15D
35°	1.40D
40°	1.68D
45°	2.00D

$\tan(I)=X/D$
$X=D\tan(I)$
$X_{max}=2D\tan(I)$

I：入射角
X：半偏移距
D：目的层深度

$$X_{max}=2D\tan(I)$$

图 B.1 最大偏移距——非倾斜情况

B.2 最大偏移距设计（倾斜情况）

图 B.2 和 B.3 显示了怎样计算倾斜情况的最大偏移距。

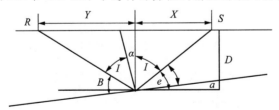

I：入射角
α：倾角
X：反射点到震源的偏移距离
D：反射层深度
Y：反射点到接收点的偏移距离

$$X=D/\tan(90-I+a)$$

图 B.2 最大偏移距设计——倾斜情况

偏移距是单位距离的深度、入射角和倾角的函数。

注意，图 B.2 是对 X 计算，它是从震源 S 到反射点的偏移距。

图 B.3 是对 Y 计算，它是从反射点到接收点的水平距离。X 与 Y 的和就是倾斜目的层情况下的最大偏移距。

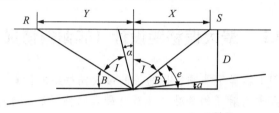

I：入射角
α：倾角
X：反射点到震源的偏移距离
D：反射层深度
$Y=D/\tan(90-I-a)$ Y：反射点到接收点的偏移距离

图 B.3　最大偏移距设计——倾斜情况

为了计算炮线间距（图 B.4），必须首先计算炮点间距。

$$炮线间距 = \frac{每条接收线的道数 \times 道距}{炮线方向上的覆盖次数}$$

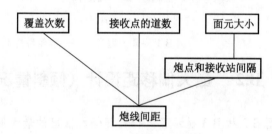

图 B.4　炮线间距计算

计算炮线间距时，以上提到的参数是必需的，以后可能会修改

例子：假设在接收线方向所需的覆盖次数为 4，炮线方向覆盖次数为 6，则最大覆盖次数为 4×6=24 次。每条接收线的道数为 60，则道距为 55ft。

炮线间距 = 60 × 55/6 = 550ft，即需要以增量为 550ft 间隔布设炮线。

附 录 C

部分习题答案

3.1：下层的传播角度为 43.16°，临界角为 30°，旅行时为 3.293s。

4.3：周期 $(T) = 1/f = 1/50 = 0.02s$，波长 $= v/f = 2000/50 = 40m$。

5.1：(1) A：$(-2, 3, 14, 3, -2)$ B：$(-1, 2, -1)$

     (2) A：14 B：2

5.3：C：$(4, 2, 3, -5, 1, 3)$

5.5：(1)：1−1.00 s.   2−1.248 s.   3−0.248 s.

     (2)：1−1.16 s.   2−1.223 s.   3−0.063 s.

5.9：(1) 射线 A：$P=0=\sin\theta_1/1.25=\sin\theta_2/1.875$

             θ_1 和 $\theta_2=0$

      射线 B：$P=0.333=\sin\theta_1/1.25=\sin\theta_2/1.875$

             $\theta_1=\sin^{-1}(0.416)=24.59°$ $\theta_2=\sin^{-1}(0.624)=38.64°$

      射线 C：$P=0.167=\sin\theta_1/1.25=\sin\theta_2/1.875$

             $\theta_1=12.05°$ $\theta_2=18.25°$

    (2) 射线 A：$\Delta h_1=\Delta Z_1\tan\theta=0$ $\Delta h_2=\Delta Z_2\tan\theta=0$

           半偏移距 $=\Delta h_1+\Delta h_2=0$

      射线 B：$\Delta h_1=(3300)\tan24.59=1510ft$

            $\Delta h_1=(4950)\tan38.64=3957ft$

            半偏移距 $=1.035mile$

      射线 C：$\Delta h_1=(3300)\tan12.05=704ft$

            $\Delta h_1=(4950)\tan18.25=1632ft$

            半偏移距 $=0.44mile$

    (3) 射线 A：$\Delta t_1(0)=\Delta Z_1/v_1=3300/(1.52\times5280)=0.500s$

            $\Delta t_2(0)=\Delta Z_2/v_2=4950/(1.87\times5280)=0.500s$

            垂直单程旅行时 $=\Delta t_1+\Delta t_2=1.00s$

      射线 B：$\Delta t_1=\Delta t_1(0)/\cos24.59=0.55s$

            $\Delta t_2=\Delta t_2(0)/\cos38.64=0.64s$

            倾斜单程旅行时 $=\Delta t_1+\Delta t_2=1.19s$

      射线 C：$\Delta t_1=\Delta t_1(0)/\cos12.05=0.511s$

$$\Delta t_2 = \Delta t_2 \ (0) \ /\cos18.25 = 0.526s$$

倾斜单程旅行时 $=1.037s$

7.1：（1）$R_1 = 0.688$，$R_2 = 0.161$，$R_3 = 0.143$，$R_4 = 0.150$，$R_5 = 0.174$

（2）$T_1 = 0.527$，$T_2 = 0.974$，$T_3 = 0.980$，$T_4 = 0.978$，$T_5 = 0.97$

7.3：（1）合成子波（C）：（1.6，1.4，-3，-2，4，3，3.2，-2.6，-3.2，1，1.8，0.4，-0.8，-0.4）

（2）主频 $=50Hz$，这个例子表明调谐影响相消干涉。

10.1：（1）$R = (\lambda Z/2)^{0.5} = (100 \times 2000/2)^{0.5} = 316.2m$

（2）$R = (v/2) \ (t/f)^{0.5} = (3000/2) \ (2/20)^{0.5} = 474m$

专业术语表

异常高压带（Abnormally high-pressure zone）

在某一深度上高于所期望的静水压力的地层压力。正常静压力梯度为 0.5lb/in，非正常压力的储层通常表现出低的地震速度。

异常压力（Abnormal pressure）

不同于正常静水压力的地层流体压力，它是由延伸到地表的流体柱产生的压力。

吸收（Absorption）

当地震波穿过某种介质时，将地震能量转变为热能，并导致了地震波振幅衰减的一个过程。

加速度（Acceleration）

速度梯度——速度随时间的变化率。

波阻抗（Acoustic impedance）

地震速度与密度的乘积。

假频（Aliasing）

由于信号采样处理导致的频率不定性。

去假频滤波器（Alias Filter）

在采样前用来消除不希望频率的滤波器，它又称为反假频滤波器。

环境噪声（Ambient noise）

与周围环境有关的噪声。

振幅（Amplitude）

波形距离平衡位置的最大摆动幅度。

异常（Anomaly）

物理特性中一致性的偏离，在地震的用法中，一般指构造。偶尔用于无法解释的地震同相轴。

自相关（Autocorrelation）

子波与自身的互相关。

方位角（Azimuth）

与正北顺时针方向旋转所指定的水平夹角。在三维勘探中，方位角作为采集参数，对每一条记录测线都需计算。

带宽 （Bandwidth）

（1）传输信号必须的频率带；（2）频率范围，在指定限度内操作的设备频率范围。

面元 （Bin）

面元是由主测线方向的道距的一半与联络测线方向上标准测线间距（与 CMP 线相同）所组成的单元。在数据处理中，在单元中的抽道集称为面元化。

二进制增益 （Binary gain）

一种增益控制，其放大系数每级只能变化 2 倍。

井喷 （Blowout）

由于异常高压储层引起的意外流体或气体的突然流出地面。储层压力超过了钻井液的压力。

回转效应 （Bow-tie effect）

这是地震剖面上出现的地下焦点。它是两个交叉的地震同相轴，其下方有明显的向斜现象。

亮点 （Bright spot）

由于从上覆泥岩到充满气体的饱和砂岩储层的波阻抗降低所引起的反射波振幅明显增强现象。小到 5% 的气体饱和度就能导致振幅的异常，它是含气砂岩的烃类直接显示。

地下焦点 （Buried focus）

对于零偏移距和常速情况，如果反射界面的曲率中心在记录平面下方，这种焦点就会出现。

拖缆漂移 （Cable feathering）

由于侧向海流引起的拖缆以一定角度偏离了海上地震测线。

井径测井 （Caliper log）

记录钻孔直径的一种电缆测井方法。

校准 （Calibration）

关于已知值的装置读数检测。

碳酸盐 （Carbonate）

由碳酸钙形成的岩石。石灰岩和白云岩都是碳酸盐岩，它们是潜在的储层岩石。

套管 （Casing）

防止钻孔坍塌（塌陷）的管子。

固井 （Cementing）

泵吸水泥泥浆填充套管和井壁之间的孔隙，保护钻井避免坍塌。

褶积（Convolution）

通过线性滤波器后波形发生改变。它是为了得到期望的函数，在两个函数之间进行的数学运算。

共角度叠加（Constant angle stack）

通常用于检测振幅随入射角变化的 AVO 分析。在叠加之前，在 CMP 中选择一定的入射角度值，然后进行叠加。

闭合高度（Closure）

从顶部到最低闭合等值线的垂直距离。面积闭合度是在最低闭合等值线里包含的面积。

共面元道集（Common cell gather）

在三维地震勘探中，数据抽成共面元道集就像二维勘探中的 CMP 一样。

共深度点（CDP 道集）[Common depth point（CDP gather）]

具有共同深度点的一系列地震道集合。每道都来自不同震源和接收点，它用于水平反射层情况下。

共中心点（CMP 道集）[Common mid-point（CMP gather）]

具有共同深度点的一系列地震道集合。每道都来自不同震源和接收点，它用于倾斜反射层情况下。

共炮点（Common shot point）

记录的是相同震源、地面上不同检波器点的地震数据。

纵波（Compressional waves）

纵波或质点运动与波的传播方向相同的波，它在介质内部传播。

岩心（Core）

从钻孔里切取的岩石样本。

临界角（Critical angle）

折射射线传播平行于不同速度岩石之间界面时的入射角。

相关（Correlation）

对道与道之间线性关系或两道之间相似程度的度量。

互相关（Cross-correlation）

确定两个函数之间的相似性。从数学意义上，它是样点值的对应相乘再相加，移动一个样点后，再进行对应相乘再相加，依此类推。零结果表示函数之间没有相似性。

反褶积（Deconvolution）

设计用于提高地震数据的纵向分辨率的处理，它是通过衰减不期望的信号，例如短周期多次波等来实现的，它又称反滤波。

解编（Demultiplex）

它是重新编排记录的数字野外数据，以这样一种方式进行：所有属于记录中每道的样点合起来成为一道，叫做道序列形式。

密度（Density）

每单位体积的重量，通常用 g/cm^3 来度量。

绕射（Diffraction）

波的能量沿波峰横向传播的现象。当波的一部分被障碍阻断时，绕射能使波传播进入障碍物的几何阴影区的范围。

数字化仪（Digitizer）

一种对曲线、地震道或其他记录的数据以模拟形式采样的仪器。

暗点（Dim spot）

地震振幅的缺失。它是由异常低的反射系数引起的。上覆于多孔隙的或饱和气体的礁体的泥岩可能导致这种振幅异常。

频散（Dispersion）

速度随频率的变化。频散使波列的形状发生畸变，当它传播时，波峰和波谷向着波的起始方向移动。

频散波（Dispersive wave）

由于频散在形态上改变了的波。因为近地表速度层的存在，面波通常都会有非常大的频散。

倾角时差（DMO）[Dip moveout（DMO）]

由于反射界面倾斜，从而导致的反射波初至时间的变化。当对倾斜反射层进行叠加时，DMO 处理就是对反射点画弧现象的校正。

下行波（Downgoing wave）

能量从上方到达检波点的地震波。它广泛地用于 VSP 技术中。

停工时间（Down time）

在这个时间内，停止钻井操作，进行其他的操作，例如测井、VSP或打捞作业等。

动校正（Dynamic correction）

正常时差（NMO）是动校正的一种类型。动校正依赖于到震源的距离和地震波同相轴的时间。正常情况下，越深（更多时间）动校正越少，因为速度随深度增加了。

弹性（Elastic）

在扭转力消去后，物体返回其原始形状的能力。

电导率（Electrical conductivity）

物体传导电流的能力。

电法勘探（Electrical method）

通过这种方法，在地球表面或附近测定自然的或人工激发的电场，来确定矿床的位置。

提高采收率[Enhanced oli recovery（EOR）]

在一次开采后，用于使石油产量达到最大化的技术。

蒸发岩（Evaporite）

一种沉积岩层，例如盐岩，它是由于水蒸发之后形成的，其他的蒸发岩还有石膏和酐。

勘探（Exploration）

寻找有用经济价值矿床的技术，例如油气勘探。

开发（Exploitation）

石油储层的开发，为了最佳开采储层和降低风险进行钻井。开发井在附近钻井单位距离内可能有几口生产井。

外推（Extrapolation）

由已知观测或间隔范围内的值对未知值的预测或延拓。

断层（Fault）

由于错断而产生的岩石类型的不连续，张应力产生正断层，挤压应力产生逆断层。

费马原理（Fermat's principle）

参见回转效应（地下焦点）。

初至时间（First break times）

来自震源的能量首次被接收到的信号，这些反射记录的初至用于获得近地表低速层的信息。根据 SEG 极性标准，初始纵波通常是表现为向下脉冲形式的。

平点（Flat spot）

由两种流体，例如气体和水之间的界面形成的一种水平地震反射同相轴。

褶皱（构造）[Fold（Structure）]

在岩层中的拱起。褶皱通常是由于外力的作用导致岩层的变形而形成的，褶皱包括背斜、向斜、翻转等。

覆盖次数（地震）[Fold（seismic）]

共中心点数据被重复观测的次数。

岩层 (Formation)

一种特殊的岩性单元或岩石类型。

岩层速度 (Formation velocity)

某种类型的波穿过某一特殊地层的速度。

浮点（记录）[Floating point (recording)]

用有效数字乘以基数来表示的数。这防止了丢失非常小或非常大的数，计算机用 2 的幂次作为基数而不是 10 的幂次作为基数。

频率 (Frequency)

在 1s 内周期性波形的重复率。以周 / 秒或 Hz 来度量。

频率—波数域 (f–k) (Frequency–wavenumher (f–k))

这个域中自变量是频率 (f) 和波数 (k)，它是由地震剖面的二维傅里叶变换产生的。k 为波长的倒数。

门限 (Gate)

又称时窗，它是一个时间间隔，在这个范围内完成某种处理或功能。

虚反射 (Ghost)

当地震波向上传播，在遇到风化层底界面或在地表后反射向下传播的多次波类型。

重力勘探 (Gravity)

根据地球重力场中的变化来调查地下地质体的方法，这种变化是由于岩石密度的不同产生的，它的单位由 mGal 来度量。

地滚波 (Ground roll)

沿着地表或地表附近传播的面波。它看作是地震记录中的噪声，又称为瑞利波。

非均质的 (Heterogenous)

岩石特性在横向和垂向上是变化的。

均质的 (Homogenous)

整个岩石的特性是不变的。

横向分辨率 (Horizontal resolution)

确定横向上靠得很近的两个反射点，仍能作为两个分离的点被识别出来，它被称为第一菲涅耳带。

地垒 (Horst)

两个正常断层的上升盘形成的岩块（断块）。

惠更斯原理（Huygen's principle）

波前面上的每一个点都看作是二次震源。

层间多次反射（Intrabed multiple）

又称微曲多次反射。由于在不同界面间连续反射，然后反射到地表产生的多次反射，层间多次反射具有不规则传播路径。

内插（Interpolation）

在没有测量值的位置确定出数值。它是在两个测量值之间进行的。

反演（地震）[Inversion（seismic）]

它是从观测到的野外数据来描述地下模型的处理过程。它也能用于由地震道计算波阻抗。

迭代（Iteration）

这是一种重复改进结果，直到某些条件得到满足的过程。

最小平方（Least squares）

这是一种解析函数，它在拟合一组数据时使得拟合数据与实际数据差的平方和为最小。

石灰岩（Limestone）

是一种主要由碳酸钙组成的沉积岩，它是一种重要的储层岩石类型。它的岩石骨架密度为 $2.7g/cm^3$，骨架速度大约为 23000ft/s。

测井曲线（Log）

一种测量记录，特别是在井孔中完成的那些记录（例比电阻率、声波和密度测井等）。

勒夫波（Love wave）

它是一种地面地震波，其特征为质点水平运动与地震波的传播方向垂直，且无垂直方向的运动。它接近于地面横波。在纵波中的对应部分是地滚波或瑞利波。

磁法勘探（Magnetic method）

这是一种根据地球磁场的变化来调查地下地质情况的测量方法。

矩阵（Matrix）

是一些数字的矩形阵列，这些数字称为这个阵列的元素。一个 $m \times n$ 的矩阵 A 有 m 行 n 列，如果 $m=n$，它就叫方阵。

偏移（Migration）

是一种处理，就是将倾斜地震反射、绕射归位到它们地下正确的位置，以便得到构造和地层更好的成像。

偏移孔径（Migration aperture）

能覆盖地震勘探中地质特征的长度，通常比地质特征体尤其是倾斜地质特征体的实际横向范围要大些。

多偏移距 VSP（Multioffset VSP）

是一种勘探方式，它是在进行 VSP 测量时，将一系列的检波器放置在钻井周围。用于井孔地下地质情况的调查，它是个很好的地层推断方法，例如河道砂体描述或描绘小断层。

多次波（Multiple）

在反射层之间不止一次反射的地震能量。多次波可能会掩盖地层和构造的细节，是不希望出现的一种信号，需要将其消除。

多路编排格式（Multiplex format）

这是一种野外数字记录格式。先记录第 1 道的第一样点值，接着是第 2 道的第一样点值，然后是第 3 道的第一样点值，依此类推，直到所有给定道的第一样点值都被记录，接下来记录的是第 1 道的第二样点值，然后是第 2 道的第二样点值等等。SEG 制定了一些野外数字记录的标准格式，例如 SEGA、SEGB、SEGC 等，一些记录系统生产商还修改了这些格式的版本。

切除（Mute）

这种处理将一部分地震数据去掉。在正常情况下，它用在包含初至波和体波的各道前部，叫做浅层切除。也可以在某个时间范围内进行切除，以便将地滚波、声波和噪声从剖面上去除，这个过程称作局部切除。

动校拉伸（NMO stretch）

由于对有偏移距的地震道进行正常时差校正而引起的周期增大（频率变低）现象，它主要出现在地震记录中的远道上。

噪声模式（地震）[Noise pattern（seismic）]

除了一次反射信号，其他任何地震信号都是噪声，它包括多次波、地滚波、声波、震源噪声以及环境地震噪声等等。

干扰波调查（Noise test）

为了设计最佳野外记录参数，分析一个地区的噪声模式而进行的一个或一系列的试验，用所设计的最佳记录参数将得到高信噪比的地震记录。

渗透率（Permeability）

岩石透过流体的能力，单位为毫达西。

岩石物理特性（Petrophysical properties）

是储层的物理性质，例如孔隙度、渗透率、饱和度等。

试注水（Pilot flood）

小型注水或提高采收率过程，为了确定其效率，只在野外一小部分地区进行。

扫描信号（Pilot signal）

具有预先确定的频率范围，通常用于可控震源系统的一种信号。这个信号与已记录的信号互相关得到地震记录。

泊松比（Poisson's ratio）

它是一个弹性常数，定义为当一个小长方体被拉长时，横向收缩量与纵向伸展量之间的比值。在地震方法中，它是纵波速度和横波速度的函数。

极性（地震）[Polarity（seismic）]

以基线为参考，振幅为正或负的状态。

孔隙度（Porosity）

定义为孔隙体积 / 总体积的比值。

二次拟合（Quadratic fit）

对一组数据点进行二次近似，以便获得最佳拟合。

随机噪声（Random noise）

没有一个统一模式的不期望的信号，它可以通过叠加处理来衰减。

射线（Ray）

波前面的法线。

射线追踪（Ray Tracing）

确定在检波器位置的到达时间。

瑞利波（Rayleigh wave）

见地滚波。

踏勘（普查）（Reconnaissance survey）

确定工区主要地质特征的调查方法。进行踏勘是为了确定感兴趣的研究区，以待重点勘探。

采收率（Recovery factor）

可以从储层油藏或气藏采出的百分比。这个比率在不同油田是变化的，它取决于这个地区的地质背景。

反射法勘探（Reflection method）

通过分析来自不同速度和密度（波阻抗）界面反射波的地震波响应，来研究地下地质情况的方法。

反射序列 (Reflectivity series)

通常，在法线入射的情况下，代表反射界面和作为时间函数的反射系数。

折射法勘探 (Refraction method)

通过分析以临界角入射到界面上进入高速介质的波，绘制地下地质构造的一种技术。它是沿着折射界面在高速介质中传播的。

储层 (石油) [Reservoir (petroleum)]

聚集油气的岩层。

剩余静校正 (Residual statics)

在运用高程静校正后还剩余的静校正量。这是因为近地表地层和速度的不规则并导致地震波畸变而引起的。通过应用地表一致性方式进行折射法或短波长静校正来解决这个问题。

地震分辨率 (Seismic resolution)

分辨靠在一起的两个特征的能力。

均方根速度 (VRMS) [Root−Mean−Square velocity (VRMS)]

均方根 (RMS) 速度是指在接近零偏移距情况下，在正常时差校正基础上，由速度分析得到的叠加速度。假设条件为层状速度和平的反射界面，并且在层内没有变化（各向同性）。

饱和度 (Saturation)

某种岩石填充特定流体（水、油或气体）的孔隙所占百分比。

地震检测器 (Seismic detector)

探测接收地震信号的一种装置。陆上勘探是检波器，海上勘探是水听器。

地震标志层 (Seismic marker)

地震剖面上一种连续而明显的地震特征。

地震记录 (Seismic record)

由单个震源点得到地震道的显示图，或地震记录。

地震剖面 (Seismic section)

地震数据沿一条测线的显示。横坐标用距离单位，纵坐标一般是用秒表示的双程时间或有时用深度作为单位。

地震信号 (Seismic signature)

由地震震源在某种介质中产生的波形。

地震道 (Seismic trace)

又称"波形道"，它是单个地震检波器对地震能量引起的地球运动的响应。波形道的每一部分都有意义，既有来自地下岩层的反射能量又有折射能量，或还有各种模式的噪声。每道偏离中心线的摆动表现为波峰和波谷，通常波峰表示正的信号电压，波谷表示负的信号电压。

地震速度（Seismic velocity）

地震波在特定的介质中传播的速度。它的每单位为距离/时间。

屏蔽区（盲区）（Shadow zone）

不存在地下反射波的区域，是由于射线没有到达检波器而引起的。

横波（S波）（Shear wave（S—wave））

是一种地震波，其质点运动与传播方向垂直。横波速度大约为纵波速度的一半。

炮点（Shot point）

炸药被引爆的地点，也用于表示任何地震能量的震源位置。

信号（Signal）

包含所期望信息的波的部分。

慢度（Slowness）

速度的倒数（l/v）。

斯内尔定律（Snell's law）

它表明了入射波和反射波之间的关系。

斯内尔反射定律（Snell's law of reflection）

定律规定，入射角（入射射线与界面法线之间的夹角）等于反射角（反射射线与界面法线之间的夹角）。

斯内尔折射定律（Snell's law of refraction）

定律规定，入射角的正弦值除以上覆地层的速度等于折射角的正弦值除以下伏地层的速度。下伏地层的速度高于上覆地层的速度。

稀疏方程组（Sparse system）

一个大的方程组，只有约1%的非零值（例如：稀疏矩阵）。

中间放炮排列（Split spread）

检波器组与震源点的排列关系。在这种情况下，震源点是在检波器组的中间。

叠加（Stack）

将来自不同记录的道合并得到的合成记录。它的目的是为了改善信噪比，及揭示地下地质情况。

静校正［Static correction（statics）］

为了校正地震数据由于地表高程起伏、近地表风化层以及风化层速度变化、或相对基准面的影响，而使用的一种校正方法。

地层柱状图 （Stratigraphic column）

岩石单元从下（老）到上（新）按年代顺序排列的图表。

线束状激发 （Swath shooting）

在陆地上进行三维数据的采集的一种方法。接收电缆平行测线（主测线方向）放置，炮点在正交方向（联络测线方向）放置。也称为多线激发。

合成地震记录 （Synthetic seismogram）

根据声波和密度测井曲线，计算反射系数序列，得到地震道记录。为了更好的相关性，使用与地震剖面相同的滤波器对反射系数进行滤波。它是人工合成的地震道，其应用之一是将岩性转换为地震剖面。

透射系数 （Transmission coefficient）

透射振幅与入射振幅之间的比值。

透过时间 （Transit time）

岩层声波速度的一种量度，是由声波工具获得的。透过时间的单位为 ms/ft，它随着岩石类型、孔隙度以及流体含量的不同而变化。

圈闭 （Trap）

能够限制流体（例如石油）在岩层中运移的地质单元。为了防止流体逸失，圈闭应有岩石盖层。地层圈闭可由不存在渗透率的岩石来形成。

层析成像（地震） [Tomography（seismic）]

这个词来自希腊词 Tomos（剖面）和 graphy（绘图）。它是充分描述地震数据观测和显示地震波传播中岩石特性的影响所得到模型的一种方法。

调谐效应 （Tuning effect）

它是相隔很近的地震反射层引起反射波的干涉现象。它能引起个别反射层的增强或模糊。

不整合 （Unconformity）

它是埋在地下的一个剥蚀面。它把老岩层和上覆的新岩层分开。不整合通常是一个好的地震标志层，油气聚集就在不整合面之上或之下。

上行波 （Upgoing wave）

它是在反射层反射后，从下面到达检波器的地震波。

速度上拉 （Velocity pull-up）

由于某种介质如盐岩的异常高速所引起的反射同相轴上拉的现象。

速度测量（Velocity survey）

在井中进行确定平均速度的一系列测量，平均速度是深度的函数。有时它用于声波测井或垂直地震剖面（VSP）。

纵向分辨率（Vertical resolution）

分离靠得非常近的两个反射层特征的能力。最大纵向分辨率是波长的 1/4。

垂直地震剖面［Vertical seismic profiling（VSP）］

它是一种在井口附近的地表激发，并由放置在井中不同深度的检波器接收信号的一种地震勘探方法。

垂直叠加（Vertical stack）

将几乎同一位置的不同炮的记录没有经过静校正或偏移距校正而进行的叠加处理。

波动方程（Wave equation）

以波动形式描述扰动在横向（空间）和纵向（时间）传播依赖关系的方程。

波前面（Wave front）

相同传播时间的圆圈或波形的前缘。

波长（Wave length）

速度（距离/时间）乘以周期（地震子波的两个波峰或两个波谷之间的时间）；可用单位距离来度量。它也可以由速度除以频率来表示。

测井（Well logging）

在井中用一个特殊的装置能够测量反映变化的岩石特性，例如孔隙度、饱和度、岩性和岩层边界等。

钻井预报（Well prognosis）

在钻井之前进行对地质目标的预测。

初探井（钻井）［Wildcat（well）］

在没有发现商业价值的油气新勘探区所钻的井。

参 考 文 献

Hyne，N.J. *Dictionary of Petroleum Exploration，Drilling & Production.* Tulsa，Oklahoma：PennWell Books，1991

Sheriff，R.E. *Encyclopedic Dictionary of Exploratton Geophysics.* Tulsa，Oklahoma：SEG，1991

《石油科技知识系列读本》编辑组

组　长：　　　张　镇

副组长：周家尧　杨静芬　于建宁

成　员：鲜德清　马　纪　章卫兵　李　丰　徐秀澎

　　　　林永汉　郭建强　杨仕平　马金华　王焕弟